# 비행(飛幸)의 정석(精石)

# 비행의 정석

飛幸 ─────── 精石

飛幸의 精石, 행복한 비행을 위한 마음가짐

정성조 지음

좋은땅

목차

Why, How & What — 008

**Chapter 1** **CRM** ········································· ✈

- CRM은 여러분에게 무엇인가? — 014
- CRM은 언제부터 시작되는 것인가? — 018
- CRM, 비행의 출발점이 된다 — 021
- How to build up good CRM? — 024
- CRM, Crew Relationship Management — 030
  〈KLM & Pan Am〉 — 033

**Chapter 2** **Preparation for Flight Duty** ········· ✈

- 건강관리와 비행 자격 사항 유지 — 039
- Airport and route familiarization — 045
  〈Air Florida 90〉 — 055

**Chapter 3** **Flight Preparation** ····················· ✈

- Flight Plan — 062
- Aircraft condition(MEL, CDL) — 064
- NOTAM(Notice To Airmen) — 068
- Weather reports — 070
- NOTOC(Notice To Captain) — 075
- Special airport information — 079

**Chapter 4** **Preparation in cockpit** ··············· ✈

- Crew Briefing — 082
- Collaborate with staffs helping you — 084
- Time Management — 088

〈Pan Am 103〉 — 091

## Chapter 5  Pushback and Taxi Out ✈

- Airway Clearance(Departure Clearance) — 098
- Door Closure and Pushback — 103
- De/Anti-Icing Procedure(DAIP) — 110
- Low Visibility Operation(LVO) on Departure — 117
- Taxi Out — 123
- Rescue and Fire Fighting(RFF) Aerodrome Category — 133
- ICAO Aerodrome Reference Code — 135
- PCN(Pavement Classification Number)
  & ANC(Aircraft Classification Number) — 139
- Before Takeoff — 142
- Runway Structure — 147
  〈Helios 522〉 — 149

## Chapter 6  Takeoff & Climb ✈

- Wake Turbulence — 157
- Review Emergency Procedure as first action — 160
- Rolling down Runway — 162
- Liftoff from Rotation Speed and Rate — 167
- Comply with climb gradient required — 171
- Maintain Takeoff Pitch Attitude Target until 500ft AAL — 176
- Wait 1sec prior to input — 178
- Fly first! — 180
- NADP(Noise Abatement Departure Procedure) — 182
- Follow Flight Director behind — 187
- Head Up below 10,000ft AAL — 190
- EODP(Engine Out Departure Procedure) — 192
  〈Air France Concorde 4590〉 — 195

## Chapter 7   Cruise ✈

- Alternate Airport Nomination in En-route    — 203
- Contingency Procedure    — 206
- Optimum Flight Level    — 209
- Passenger Care and Welfare    — 211
- RVSM    — 214
- PBN(Performance Based Navigation)    — 216
- Weather Avoidance    — 220
- Volcanic Ash Encounter    — 227
- TCAS alert    — 229
- Va vs. Cruise speed    — 231
  〈Air Transat 236〉    — 234

## Chapter 8   Descend ✈

- Prepare all possible Arrivals and Approaches    — 241
- Plan Fuel Scenarios    — 242
- Nominate Suitable Destination Alternates    — 246
- Descend Profile    — 249
- Holding    — 252
- TCAS Avoidance    — 256
  〈Bashkirian Air 2937 & DHL 611〉    — 258

## Chapter 9   Approach ✈

- Approach Category    — 265
- Type of Approaches    — 268
- ILS approach category    — 270
- Brief your approach plan to your partner pilot    — 273
- Runway & Approach Lighting System    — 275
- Stabilized Approach Criteria    — 279
- Circling maneuver & Radius    — 281

**Chapter 10**  **Landing** ·················································· ✈

- Transition Instrument to Visual reference   — 287
- Flare is NOT to stop descending   — 291


**Chapter 11**  **Missed Approach & Go Around** ··········· ✈

- Go Around as final protector   — 301
- Pilot Monitor as final decision maker   — 304
- Missed approach phase design   — 306
- Missed approach vs. Go around   — 309


**Chapter 12**  **Taxi in and Parking** ························· ✈

- Runway remaining distance marking and lighting system   — 315
- Rapid Exit & 90°Exit   — 317
- Safe Parking Zone   — 320


**Chapter 13**  **ATC Communication** ····················· ✈

- Standard Phraseology   — 326
- Prepare my message and Expect ATC instructions   — 328
- "SAY AGAIN!"   — 331
- CPDLC   — 334
- MAYDAY/PANPAN/Fuel emergency & Minimum fuel   — 337


**Chapter 14**  **Abnormal Situations** ···················· ✈

- Time Critical situation   — 344
- Non-Time Critical situation   — 346
- 서두르지 마라! Do Not RUSH!   — 348
  〈Swissair 111〉   — 350


My airplane, my crews 그리고 my passengers   — 355

## Why, How & What

'비행을 하려면 도대체 무엇부터 공부를 해야 할까?'

내가 비행을, 좀 더 정확하게 말하면 Airline에서 Commercial Pilot으로 비행을 시작하면서 매일 나 스스로에게 했던 질문이었다. 뭔가 들은 건 많은데, 뭔가 본 거는 많은데 그리고 책장에 진열되어 있는 비행 관련 책들이며 manual들이며 참 많은데 그들을 실제 내가 하고 있는, 또 앞으로 해야 할 비행들에 어떻게 접목시키고 대입시켜야 한단 말인가? 뭔가 잘 짜인, 그냥 그대로 따라가기만 하면 되는 비행의 틀, Operational Frame 같은 건 없을까? 내 생각의 출발점이다.

사실 조종사 면장을 취득하기 위해 모든 학생조종사들이 공부하는 정해진(?) 과정 그리고 그 과정에서 의무적으로 주어지는 Manual들을 공부하고 시험을 통과하는 것은 어찌 보면 단순하고 쉬운 것이다. 왜냐하면 내가 뭐를 공부해야 하는지 고민할 필요없이 이미 정해져 있고 그 정해진 과정을 하나씩 따라서 마치면 되는 것이다. 왜냐하면 그 모든 과정은 오로지 조종사 면장Pilot License을 취득하는 데 집중돼 있기 때문이다.

➔ 비행을 처음 시작하면서 기본적으로 공부했던 Jeppesen Text books

Commercial Airline pilot으로서 나의 첫 비행기였던 Airbus A320은 내 기억에 참 어려운 비행기였다. 다른 비행기들보다 비행하기 더 어려워서가 아니라 학생 조종사 시절을 마치고 처음으로 현장에 뛰어든 신참 Commercial Airline pilot으로서 비행을 어떻게 준비하고 비행을 어떻게 Manage해야 하는지 도무지 감이 오지 않았기 때문이었다. 왜냐하면 Commercial Airline, 즉 민간항공사의 비행은 단순히 비행기를 조종manipulation하는 것에 그치는 것이 아니라,

**3 Major Factors of Commercial Flight**

**Safety,** 승객의 안전을 확보하고,

**Legality,** 민간 항공 규정을 준수하며, 그리고

**Efficiency,** 항공사의 요구와 목적에 부합하여야 하기 때문이다.

위에 언급한 'Safety Legality Efficiency'는 그 중요도의 순위이기도 하고 서로 유기적으로 연결되어 있기 때문에 각각의 Factor들이 분리될 수도 없고, 또한 어느 하나를 생략Drop시킬 수도 없다. 만약 그렇게 되면 각 Factor들의 자체적 의미 또한 없어지기 때문이다.

사실 이것이 이 책의 결론이고 궁극적인 목적이다.

자, 다시 나의 처음 비행 얘기로 돌아가 보자.

비행을 막 시작해서 첫 항공사에 취업할 때까지 대부분의 조종사들은 비행기를 움직이는, 즉 Control하는 데에 많은 시간과 노력을 할애했을 것이다. 사실 또 조종사는 그렇게 해야 한다. 비행기 Control이 뛰어나지 않은 조종사가 존재할 수는 있지만 그리 이상적이진 않기 때문이다. 싱가폴 항공청,[1] CAAS(Civil Aviation Authority of Singapore)의 조종사 면장으로 Type Rating을 취득하기 위

---

1   정확한 한국어 표현이 없어서 항공 관련 국가기관은 '항공청'이라 하겠다.

해서는 Base Training, 즉 실제 그 해당 항공기로 Takeoff, Landing & Go Around Maneuver를 해야 한다. 물론 승객이 타고 있지 않은 빈 비행기로 한다. 비행기 Control에서는 나름 자신이 있었던 터라 비록 처음 조종해 보는 실제 A320이었지만 Takeoff, Landing 그리고 Go Around까지 멋지게 해내고 드디어 감격에 빛나는 CAAS Commercial Pilot License와 A320 Type Rating을 받았다.

문제는 그 다음부터였다. 첫 비행으로 싱가폴-홍콩 Turn Around Roster를 받고 비행 준비를 한답시고 책상에 앉았는데, 어느 것부터 준비를 해야 할지 도무지 생각이 나지 않았다. 이런 저런 책들은 책장에 가지런히 꽂혀 있는데 어디서부터 손을 대야 하는지, 뭐가 중요한 건지, 뭐가 이번 비행에 필요한 건지 도통 알 수가 없었다. 이 책을 빼 들었다가 다시 다른 manual을 건드려 봤다가, 뭐 이런 식이었다. 같은 항공사에 이미 그 길을 가본 선배라도 있었으면 물어보기라도 할 텐데 혈혈단신 혼자 다 하려니 막막할 따름이었다. 지금까지 내가 조종사가 되기 위해서 나름 열심히 노력했던 것들은 비행기를 움직이는 것, 즉 control에 집중되어 있었기 때문이었다.

그렇다면 민간항공사의 조종사에게 요구되는 또 그들이 숙지해야 할 부문들은 무엇일까?

| 3 Divisions required for commercial airline pilots | |
|---|---|
| **Airplane Manuals** | 항공기 운항에 관련된 제작사 Manual (FCOM-Flight Crew Operation Manual, MEL, CDL 등) |
| **General Aviation Rules & Regulations** | 국제민간항공규정 및 각 지역별(Regional) 국가별(Country) 항공규정. (Jeppesen General Information, LIDO General Part or Aeronautical chart company publications, AIP-Aeronautical Information Publications) |
| **Company Policy** | SOP(Standard Operation Procedures) |

자, 그럼 이러한 민간 항공사의 업무를 조종사의 관점에서 한 문장으로 표현해 보자.

**"민간 항공 조종사의 업무(Duty of Commercial Airline Pilot)는, 상업항공사의 내부적 요구와 절차에 따라(Efficiency) 비행 경로상의 국가와 국제항공 규정에 부합하여(Legality) 항공기를 안전하게 운항하는(Safety) 것이다."**

결국 앞에서 언급한 3 Major factors가 모두 충족되어 있어야 하는 비행이 바로 commercial airline pilot으로서 우리들이 해야 할 비행인 것이다.

이 책은 민간항공조종사로서 비행을 처음 시작하는 조종사Commercial Pilot들이 어떠한 마음가짐으로(Desired Airmanship & Attitude), 무엇을 근거로 비행을 해야 하는지(Reference Based Flight)를 함께 알아 가고자 하는 목적으로 시작되었다. 무엇보다도 처음 비행을 시작하는 조종사로서 그 처음에 지니게 되는 비행 습관 그리고 나름의 반복되는 형식(Ritual)들이 결국 앞으로 수년 동안 계속해서 이어질 비행 생활 동안 쉽게 바뀌지 않고 여러분의 비행경력 전반에 걸쳐 영향을 줄 것이기 때문이다. 처음 만들 때 좋은 비행 습관과 마인드를 가지고 시작하는 것이 그 무엇보다도 중요하다. 왜냐하면 한번 정해진 습관들은 잘 안 바뀌니까.

이 책엔 객관적인 사실(Facts) 지식(Knowledge) 그리고 비행 상식(General Airmanship) 들도 포함되어 있지만, 먼저 그 길을 가본 조종사로서 체득한 나름의 기술적 요령 Technique & Tip들도 함께 기술될 것이다. 찾아보면 나오는 객관적 내용을 넘어 경험에서 취득된 것들이야말로 먼저 겪은 조종사로서 기꺼이 후배 조종사 그리고 동료 조종사들과 나누어야 할 소중한 자산이라고 생각한다. 물론 한 사람의 조종사로서 품은 나름의 의견과 소신도 담길 것이다. 이에 대해서는 나의 주관적인 신념이라는 것을 염두에 두기 바란다.

조종사가 아닌 다른 직업에서는 처음 시작하는 이른바 '초짜'는 분명 경험 있는 선배들과 그 performance에서 다를 수 있고 또 실수도 할 수 있다. 그럴 수 있고 허용되는 부분이 있다. 하지만 조종사는 그렇게 할 수 없다. 10년 된 고참 부기장이나 이제 막 Line Check을 마친 신입 부기장이나 같은 조종석에 앉아서 같은 임무를 수행한다. 그 어깨에 지워진 책임의 무게는 서로 다르지 않다는 말이다.

시작하는 조종사로서 익혀야 할 비행 지식들이 부담으로 다가올 수도 있다. 충분히 이해한다. 나도 그랬으니까. 하지만 '고민은 하되 걱정은 하지 마라!' 선배들도 모두 같은 고민을 하며 그렇게 시작했다. 여러분들처럼 말이다.

내용은 집중력 있고 간략할 것이다. 그래야만 실제 비행에서 효과적인 자료로서 제 역할을 다 할 수 있기 때문이다.


**"Are you ready to fly?"**

# CHAPTER

# 1

........................................................

# CRM

# CRM은 여러분에게 무엇인가?

CRM(Crew Resource Management)은 굉장히 범위가 넓은 개념이다. Wikipedia 의 내용을 인용하자면, CRM이란 '인적 요소의 실수(Error)로 인하여 엄청난 충격을 줄 수 있는 분야에 활용되기 위한 훈련과정'이라고 말한다.[2] 도대체 이게 무슨 말이지?

간략하게 이런 얘기다.

인적 요소의 실수(Human Error)로 인하여 어떠한 큰 문제가 일어날 수 있는 분야가 있다면(항공분야뿐만이 아니라 어떠한 분야라도), 그 부분에 있어서 인적 실수를 줄이기 위해 실시하는 훈련이라는 거다. 그렇다면 항공분야는 그런 인적 실수가 일어날 수 있는 분야인가? 그렇다. 첨단 공학의 집약체라는 항공기를 운용하는 분야이지만 Crew라는 인적 요소(Human Factor)가 집약되는 산업이 바로 항공산업이다. 그 인적 요소(Human Factor)들이 만들어 낼 수 있는 실수들을 CRM을 통해서 어떻게든 좀 줄여 보자는 것이다.[3]

---

2   Crew resource management or cockpit resource management(CRM) is a set of training procedures for use in environments where human error can have devastating effects

3   Used primarily for improving air safety, CRM focuses on interpersonal communication, leadership, and decision making in the cockpit of an airliner.

CRM의 부재(Lack of CRM)로 인하여 야기된 항공기 사고는 국내에서 그리고 국외에서 역사상 많이 일어났으며 지금 이 순간에도 잠재적 항공사고들이 CRM의 부재에 노출되어 있을 수도 있을 것이며, 또 어떠한 항공기는 적절한 CRM을 통하여 그 잠재적 위험이 제거되는(Mitigation of Threat & Error) 순간을 겪고 있을지도 모른다.

→ Flight Radar 항공기들(snap shot)

---

**Communication + Cooperation + Leadership**
**→ Proper Decision Making**

---

그렇다면 항공산업의 CRM은 무엇에 초점을 두어야 하는가?

비행에 참여한 주요 인적 요소들(Human Factors)인 Crew(Cockpit & Cabin)들이 서로 충분한 의사소통(Communication)을 하고, 이를 통하여 Cockpit & Cabin Crew 상호 간에 협력(Cooperation)할 수 있도록 비행 책임자(PIC-Pilot In Command)가 적절하고 관대한 포용력과 지도력(Leadership)을 발휘함으로써 인적 요소로 인한 실수를 최소로 하고 최선의 비행 결정(Proper Decision Making)을 해야 하는 것이다.

이것이 항공분야에서 요구되는 CRM이다.

항공에 있어서 CRM은 단지 Cockpit Crew뿐만 아니라 Cabin Crew를 포함하여 이루어져야 한다. CRM의 용어가 Cockpit Resource Management에서 〈Crew Resource Management〉로 바뀐 근거가 바로 여기에 있다.

➜   항공의 주요 인적 요소(Human Factor)로서의 Crew

여러분은 소속되어 있는 각각의 항공사에서 이미 충분히 CRM의 이론적인 지식을 습득하였고 실제 훈련을 통하여 CRM이 무엇을 의미하는지, 그리고 무엇을 향하여 가야 하는지 충분히 인지했을 거라 생각한다. 여기에선 더 이상 그런 이론적인 내용은 다루지 않고 실질적으로 조종사들이 공감하고 체득할 수 있는 방향에서 CRM에 접근해 보겠다. 여기에서는 나 스스로 조종사로서 비행 생활을 하면서 보고 겪고 그리고 느꼈던 사항들을 함께 접목시켜 설명할 것이다. 나의 주관적인 의견이 가미되었다는 것을 다시 한번 밝혀 둔다.

# CRM은 언제부터 시작되는 것인가?

　이런 질문은 어떨까, 여러분은 언제 다음 주어질 비행 업무를 인지하게 되는가? 대부분 다음 달 또는 다음 주의 비행 근무할당(Flight Roster)을 회사로부터 받았을 때일 것이다.

　그렇다면 그 비행 업무를 인지한 순간 머릿속에 무슨 생각이 드는가? 물론 각각의 목적지에 따른 비행 경로 그 공항의 특이 사항 또는 그 시기의 기상 상태, 이미 비행을 해 봤던 공항이라면 그 때의 경험들 등등 비행에 관련된 전문적인 내용들을 생각하기도 하겠지만 이런 것도 분명 있을 것이다.

　'나랑 비행하는 기장님은 어느 분일까?' 또는,

　'처음 들어 보는 부기장이네? 아. 사무장은 지난번 같이 비행했던 그분이구나!'

　CRM의 시작점이다. 인적요소(Human Factor)를 처음으로 머릿속에 떠올린 순간이기 때문이다. 물론 항공사의 CRM은 그 훨씬 전인 Roster 생산 단계에서부터 시작된다.[4]

---

4　항공사는 비행 근무할당(Flight Roster)을 생산함에 있어서 각 조종사들의 구성에 대해서 고려해야 한다. CRM적인 면에서 두 조종사가 조화를 이루지 못한다는 정보나 보고 또는 조종사 스스로의 신청에 대해서 의미 있게 살펴야 하고 이를 비행 근무할당에 적극적으로 반영해야 할 것이다. 어떠한 이유에 의해서든지 서로의 조종사들이 안전한 비행을 할 수 없는(CRM적인 면에서) 경우라면 이들을 같은 비행에 할당해서는 안 될 것이다. 이것이 항

여기에서 조종사는 비행 내용 자체뿐만 아니라 그 비행을 구성하는 인적요소 (Human Factor)가 비행의 주요한 부분이라는 것을 본능적으로 깨닫게 되는 것이다.

## 비행 ROSTER를 받는 순간, CRM은 시작된다.

앞에서 언급했듯이 CRM의 중요한 요소 중의 하나가 Communication이라고 했다. 비행을 인지한 순간부터 각각의 Crew들은 '그 비행에 영향을 줄 수 있는 사항'에 있어서 서로 소통하고 연결될 준비가 되어 있어야 한다.

예를 하나 들어 보자. 현재 내가 근무하는 항공사에서는 '각각의 조종사들은 35일 이내에 이착륙을 적어도 한 번씩 해야 한다.'라는 규정(Takeoff Landing Recency)이 있다. 어떠한 이유든 장기간 이착륙을 못한 경우가 생겼다고 하자. 만약 이번 비행에서 이착륙을 못한다면 35일이라는 Recency 규정을 지킬 수 없게 되고, 그렇다면 이런 사항들은 비행 전에 함께할 기장 또는 부기장에게 연락해서 서로 조율(Coordination)해야 할 것이다. 왜냐하면 우연히 그 조종사도 같은 상황에 처해 있을 수 있고, 비행 직전에 이를 서로 인지하게 된다면 이는 이미 늦어 버릴 수도 있기 때문이다.

이는 규정에 관련된 하나의 예에 불과하지만 그 외에 많은 것들이 있을 수 있을 것이다. 건강에 관련된 사항이라든지, 예를 들어 비행을 못할 정도로 아픈 상태는 아니지만 비행 당일의 컨디션이 적절하지 않다면 이를 비행 동료에게 반드시 알리고 서로가 어떻게 도움을 줄 수 있는지 확인해 볼 수도 있을 것이다. 또한 비행이 Multi-sector인 경우 해당 공항에서의 운항 경험에 따라서 그리고 그날의 기상 조건에 따라서 누가 이착륙을 할 건지 등, 어떠한 내용이든 '비행에 영향을 줄

---

공사의 조종사 구성에 관한 CRM이라고 하겠다.

수 있는 사항'은 항상 서로 그 내용을 미리 충분히 인지할 수 있도록 해야 한다. 서로 대화하고 의견을 교환하여야 한다는 말이다. 궁극적으로 각 crew들의 부족한 점을 서로가 보완할 수 있어야 하고 각자의 능력을 최대한 발휘할 수 있도록 조화를 이뤄 비행을 하게 되는 것이다. 어느 누구도 crew로서 완벽하지는 않기 때문이다.

# CRM, 비행의 출발점이 된다

| OVERVIEW |
|---|

Ident: DSC-20-10 00000597.0001001 / 23-May-07
Criteria: DD
**Applicable to: ALL**

The aircraft is a Very Long Range (VLR), subsonic, civil transport aircraft that has two passenger decks.

Ident: DSC-20-10 00001664.0002001 / 23-May-07
Criteria: 25-8103, T61379, DD
**Applicable to: MSN 0011-0020, 0042, 0056-0077, 0106-0107, 0113-0119, 0132-0134, 0136-0138, 0141-0150, 0165-0174, 0186-0188, 0217-9815**

## COCKPIT

The cockpit has two seats, designed for a two-member flight crew, and has three additional seats for observers.

Ident: DSC-20-10 00001664.0001001 / 23-May-07
Criteria: DD
**Applicable to: MSN 0007-0009, 0023-0030, 0046, 0080-0105, 0108-0112, 0123-0127, 0135, 0139-0140, 0153-0164, 0178-0184, 0190-0216**

## COCKPIT

The cockpit has two seats, designed for a two-member flight crew, and has two additional seats for observers.

Ident: DSC-20-10 00001665.0001001 / 23-May-07
Criteria: DD
**Applicable to: ALL**

## CABIN

The passenger seating layout may vary, depending on Operator requirements. The certified maximum number of passengers is 853.

The two passenger decks offer a wide range of cabin arrangement possibilities. Each deck can either be serviced from the main deck only, or from both decks simultaneously.

Airbus A380 FCOM의 내용이 되는 첫 페이지다. 무엇이 보이는가?

이곳에 CRM이 분명하게 적혀 있다. 조종사가 반드시 알아야 할 매뉴얼인 FCOM 첫 페이지에 CRM이 적혀 있다는 것이다. 보이는가?

'Cockpit has two seats, designed for a two-member flight crew.'
'조종석은 두명의 조종사를 위해 고안되었다.'

다시 말해, 이 A380은 두 명의 조종사를 필요로 하고 이 항공기의 모든 System과 Procedures들은 기본적으로 두명의 조종사를 전제로 고안되었다는 것이다. 즉, 조종사 한 사람의 능력으로는 이 항공기를 완전하고 실질적으로 운항할 수 없다는 의미이다. 이는 기장과 부기장의 Position을 넘어 각각의 조종사가 자기 본연의 역할 Role을 충실히 이행하고 그와 더불어 서로가 역할 보완(Cooperation)을 해야만 하나의 항공기가 온전하게 운항될 수 있다는 것이다. 비단 A380뿐만 아니라 multi-crew airplane 모두가 이와 같은 의미를 가지고 있다.[5]

> **항공기는 두 명의 조종사를 전제로 고안된다.**
> **서로의 의견을 존중(Respect)하고 협력(Cooperate)해야 한다.**

뛰어난 능력을 가진 조종사가 존재할 수는 있다. 각 조종사들의 개인적인 노력 학습 그리고 타고난 재능에 따라서 Flying Performance는 차이가 날 수 있다. 하지만 이 또한 그들이 '완벽한 조종사'라는 것을 뜻하지는 않는다. 누구든 완벽하지 않으며 그 부족한 부분이 반드시 어느 누군가에 의해서 보완이 되어야 한다는 것이다. 그 '어느 누군가'가 바로 내 옆에 앉아 비행을 하고 있는 여러분의 기장, 여

---

5   비행 중 조종사 한 명이 비행을 할 수 없는 상황, 즉 Pilot Incapacitation의 경우 이는 Emergency가 되고 'Mayday' call을 하는 이유가 여기에 있다.

러분의 부기장이 될 것이다. 그들이 바로 어느 순간 불완전해질 수 있는 나의 비행을 보완해 주는 '마지막 Chance'가 되는 것이다. 마치 스위스 치즈[6]의 마지막 구멍을 막아 주는 것처럼 말이다.

내가 좋아하는 비행을 오랫동안 할 수 있게 나의 Flight career, 나의 License를 지켜 줄 수 있는 사람이 바로 나와 지금 같이 비행하고 있는 파트너 조종사인 여러분의 기장, 부기장인 것이다. 그 사람을 존중(Respect)하고 그 사람의 말에 귀를 기울여야 한다(Listen to). 좁게는 그 누구도 아닌 여러분 본인을 위해서, 넓게는 나아가 나를 믿고 생명을 맡긴 여러분의 소중한 승객들을 위해서 말이다. 그들이 commercial pilot인 우리들이 존재하는 이유이기 때문이다.

➔ 나의 실수를 막아 줄 수 있는 사람은 옆에 앉아 있는 당신의 기장, 부기장이다.

---

6   Swiss Cheese model, James T. Reason

스위스 치즈 모델, 사고는 어느 하나의 원인에 의해서 일어나는 것이 아니라 여러 가지 요인들과 시간적 공간이 맞아 떨어져야 발생한다는 이론으로서, James T. Reason에 의해서 고안되었다.

The most accidents can be traced to 0ne or more of 4 levels of failure:
Organization Influences,
Unsafe supervision,
Preconditions for unsafe acts, and
The unsafe acts themselves

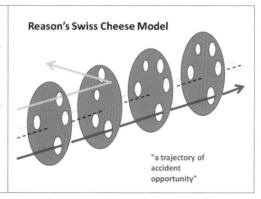

Reason's Swiss Cheese Model

"a trajectory of accident opportunity"

# How to build up good CRM?

지금까지 왜 CRM이 비행에 있어서 실질적이어야 하고 그것이 어떻게 비행 안전에 작용을 하는지 얘기해 보았다. 그렇다면 CRM을 위해서 구체적으로 뭐를 어떻게 해야 한단 말인가?

---

Rule 1, Break Ice between crews.

Rule 2, Be approachable.

Rule 3, Ask and Listen respectfully.

Rule 4. Delivering decision.

---

사실 그렇게만 되어서는 안 되지만, 현실적으로 비행 전체의 분위기 또는 비행 환경은 기장의 성향 그리고 태도에 의해서 많은 영향을 받는다. 바람직하진 않지만 현실적으로 그렇다는 것에 동의한다. 그렇기 때문에 기장에게 Rule 1의 임무가 더욱 더 무게 있게 지워진다. 사람에 의해서 이루어지는 비행이기 때문에 인간적인 감정 관계 그리고 느낌이 비행 전제 분위기에 영향을 주게 된다. 기장으로서 함께 비행하게 되는 Crew들과 인간적인 대화로써 어색함을 없애야 한다.

'Ice Breaking'이다. 주제가 뭐가 되든 상관없다. 비행 전체 구성원들과 가벼운 대화를 통해 서로에 대한 어색한 분위기를 부드럽게 만들어야 한다. 특히 규모가 큰 대형 항공사일수록 한번 비행을 같이해 본 조종사와 다시 비행하는 경우가 드물다. 매번 새로운 조종사와 비행을 하게 될 것이고 그 어색함은 당연하게 따라오는 것이다. 하지만 그 차가운 얼음을 깨야 한다. 이것이 먼저다. 그렇게 해야 그들이 다가올 수 있게 된다.

Cockpit Crew 사이의 얼음이 깨어졌다면, 이는 반드시 Cabin Crew들에게도 적용이 되어야 한다. 그들이야말로 내가 눈으로 직접 볼 수 없는 객실의 상황을 객관적으로 그리고 정확하게 우리들에게 전해 줄 수 있는 유일한 channel이기 때문이다. 비행기에는 눈에 보이지 않는 큰 장벽(Invisible Barrier)이 있다. 그것은 Cockpit과 Cabin 그 사이에 존재한다. 그 장벽을 없애야 한다. 완전히 없앨 수 없으면 그 높이라도 낮춰야 한다. 그래야만 그들(Cabin Crew)이 그 장벽을 넘어 쉽게 다가올 수 있게 된다(Being Approachable). 그들은 객실에서 조종사의 눈과 귀가 될 것이기 때문이다.[7]

먼저 묻고(Ask) 그리고 귀 기울여 들어라(Listen respectfully). 그들은 내가 미처 보지 못한 것을 봤었을 수도 있고, 내가 미처 듣지 못한 것을 들었을 수도 있다. 게다가 내가 생각해 보지도 못한 훌륭한 Idea를 가지고 있을지도 모른다. 심지어 이러한 모든 내용들을 이미 내가 알고 있을지라도 결론을 맺기 전에 물어야 한다. 그렇게 함으로써 Crew들의 참여도를 높일 수 있고(Motivation) 비행에 대한 집중도를 향상시킬 수 있는 것이다.

---

7  Ice Breaking은 Ice Melting하고는 다르다. Crew들 사이에 어색한 분위기를 없애 적극적인 소통을 하기 위한 것이 Ice Breaking이다. 하지만 이를 넘어서 각각의 Crew에게 주어지는 역할과 고유 권한에 따른 Command chain(Role Authority)까지 무너지는 Ice Melting은 여기서 말하는 Ice Breaking하고 그 의도에서부터 다르다. Ice Breaking이 Ice Melting이 되지 않도록 유의해야 하겠다.

→    나는 어떠한 사람과 비행하고 있는가?

다른 Crew들에게 의견을 물어볼 땐 'Open Question'이어야 효과적이다. 예를 들어 이륙 전에 공항의 기상이 악화될 것이라는 Forecast를 받았다고 가정하자. 기장은 그와 관련된 그리고 예상되는 위험 요소(Threat)들을 머릿속에 떠올릴 것이다. 여기 다른 형태의 두 기장이 있다.

기장 A: "기상 예보상으로 바람이 강해져서 돌풍(Windshear)이 예상되는데, 그와 관련한 Windshear procedure를 확인해 보도록 합시다. 그와 더불어 만약의 경우에 대비해서 연료 추가도 고려해야 할 필요가 있다고 생각하는데, 다른 의견 있습니까?"

기장 B: "기상 예보상으로 바람이 강해지고 있는데, 그와 관련해서 우리가 확인해야 할 Procedure나 특별히 고려할 사항이 뭐가 있을까요?

사뭇 느낌이 다른 질문 방식이다.

기장 A의 경우, 이미 기장 혼자서 생각하고 정리한 내용을 다 말해 버렸으니 부기장으로서 추가적으로 의견을 제시하거나 그 의견에 대해 가타부타 얘기할 게 없게 된다. 당연히 자기의 의견을 말할 기회가 없어졌으니 비행 참여도 또한 상대적으로 약해지게 된다(Demotivated).

하지만 기장 B의 경우, 물론 본인 스스로 나름의 의견을 가지고 정리를 이미 했지만 이를 다 말하지 않고 부기장에게 의견을 제시할 기회를 줌으로써 혹시 미처 발견하지 못한 내용을 발견할 수도 있고, 부기장으로 하여금 비행에 더욱 적극적으로 참여하게 할 수 있게 하는 것이다(motivated).

이것이 바로 'Open Question' 테크닉이다.

→ 의견을 듣고 나누는 것이 'Leadership'의 시작이다.

비행에 참여하고 있는 Crew들에게 그들의 의견을 묻고(Asking Opinions) 또 그들의 의견들을 경청(Listening Opinions) 하여 결정을 하게 되면(Making Decision) 반드시 그 결정 사항을 모든 crew들과 공유를 해야 한다(Delivering Decision). 그래야만 그들이 제시한 의견들이 어떻게 최종 결정에 반영되었는지 알 수 있게 되고, 그 결정된 사항에 대해서 적극적으로 참여해서 실행에 옮기게 되는 것이다. 왜냐하면 Cockpit Crew와 Cabin crew는 나뉘어진 두 팀이 아닌 하나의 팀, One team이기 때문이다.

지금까지 바람직한desirable CRM을 만들기 위하여 4가지 rules을 제시했다. 이 4가지를 모두 아우를 수 있는 하나의 용어가 있다면 그것은 무엇일까?

### 'Leadership'

기장은 하나된 팀의 리더로서 팀 전체의 분위기를 유연하게(Ice Breaking) 하고, 각각의 구성원들이 친근하게 다가올 수 있게 하며(Approachable) 어떠한 결정을 해야 하는 상황에서는 그들에게 묻고 의견을 들어(Ask and Listen) 그 결정을 공유(Delivering decision)해야 하는 것이다. 이것이 한 비행의 책임자(PIC-Pilot In Command)로서 기장이 해야 하는 CRM이다.

➜ 구성원들은 Leader를 따른다. 그래서 중요하다.

# CRM. Crew Relationship Management

결국 사람이 하는 거다.

첨단 기술의 집약체인 비행기를 운항하는 것도 결국 사람이 하는 것이다. 그들 각각의 능력(competency) 업무성과(performance)도 그들이 어떠한 분위기 환경에서 비행을 하는가에 따라서 많은 차이가 날 수 있다. 비행 책임자로서 기장(PIC-Pilot In Command)은 전 구성원인 Crew, 그들이 가지고 있는 잠재적 능력을 최대한 발휘하여 훌륭한 성과(performance)를 낼 수 있는 비행 환경을 만들어야 한다. 그렇게 하기 위해서는 Crew들 사이에 신뢰 관계가 충분히 형성되어야 한다.

CRM(Crew Resource Management)은 Crew 각각의 인적 요소를 비행을 위한 하나의 자원으로서 인식하여 Resource라는 단어로 표현하고 있다. 하지만 나는 이를 조금 다른 차원으로 바꾸고 싶다. 그들은 이미 하나의 비행 자원(resource)으로서 충분하고 훌륭하다. 단지 우리가 해야 할 것은 그들의 잠재적 능력을 마음 껏 발휘할 수 있도록 적절한 비행 환경과 분위기를 만들어 주는 것이다. 그러기 위해서는 Crew들과의 유연한 관계가 먼저 형성되어야 한다고 생각한다. 비행 책임자는 이런 관계 형성을 적절하게 관리하고 유지해야 한다.

그래서 나는 CRM을 'Crew Relationship Management'이라고 부르고 싶다. 의

미 있는 Resource로서의 crew가 되기 위해서는 그들과의 관계 형성이 먼저 되어야 하기 때문이다. 특히 정서적인 요소가 중요한 영향을 미치는 동양적인 마인드에서는 더욱 그러하다고 생각한다.

다른 어떤 chapter보다도 CRM에 관련된 부분에 많은 면을 할애했다. 이는 그만큼 비행에 있어서 CRM이 무엇보다도 중요하다는 의미이다. 특히 현대의 최첨단 항공기를 운항하는 지금의 시대에는 더더욱 그러하다.

비행기 자체는 그 어느 때보다도 발전되고 최고의 비행 안전을 위하여 개발되고 보완되었다. 이러한 진화된 비행기를 운항하는 인적요소Human Factors 또한 그에 맞춰 발전하고 질적인 면에서 향상되어야 한다. 비행기가 Hardware라면 이를 운항하는 Crew들은 Software이라고 할 수 있다. 훌륭한 Software가 없는 Hardware는 의미가 없다. 그렇지 않은가?

지금까지 이러한 시각에서 접근한 CRM은 보지 못했을 것이다. 하지만 내가 제시한 이러한 관점의 CRM에 대한 실질적인 이해와 그 중요성에 공감하기를 바란다. 그렇지 않으면 이 뒤에 이어질 비행 절차에 관한 chapter는 의미가 없어진다. 뒷장으로 넘어갈 필요가 없다는 얘기다. 말했듯이 CRM은 그 자체가 비행의 시작이고 바탕이 되어야 하기 때문이다.

➜ CRM, Crew Relationship Management

## 〈KLM & Pan Am〉

언제: 1977년 3월 27일

어디서: 테네리페 노르테 공항(Tenerife Norte Airport)

항공사: KLM B747-206B(PH-BUF) / Pan Am B747-121(N736PA)

탑승 승무원 & 승객: KLM(14/234명) Pan Am(16/380명)

사망(583명), 부상(61명)

팬암 Boeing747기는 로스엔젤레스(LAX) 국제공항을 이륙하여 뉴욕 존 F.케네디(JFK) 국제공항을 이미 경유하여 최종 목적지는 그란 카타리나 섬의 라스 팔마스 공항으로 향하고 있었다. 비슷한 시각 KLM의 또 다른 Boeing 747기는 네덜란드 암스테르담 스키폴(AMS) 국제공항을 이륙하여 최종 목적지는 로스엔젤레스 공항을 출발한 팬암 Boeing747기와 같은 그란 카나리아 섬의 라스 팔마스 공항으로 비행하고 있었다. 두 항공기는 목적지 공항인 라스 팔마스공항으로 가던 중 목적지 공항이 폭탄 테러 예고 전화로 임시 폐쇄되었다는 소식을 통보받게 된다. 두 항공기는 다른 항공기들과 마찬가지로 테네리페섬의 로스 로데오 공항으로 회항(Divert)하게 되는데, 사실 그 공항은 대형 여객기를 수용할 만한 규모의 공항이 아니었다. 더군다나 다른 많은 항공기들이 이미 유도로(Taxiway)와 주기장(Apron)을 차지하고 있는 상황이었다.

유도로가 이미 다른 항공기로 꽉 차 있는 상황이었기 때문에 이륙을 위해서는 활주로를 통해서 이륙 지점으로 이동을 해야 했었다. KLM이 먼저 활주로 근처에 주기를 했고 그 뒤를 따라 바로 팬암 항공기가 주기를 한 상태였다. 약 2시간 후 목적지 공항인 라스 팔마스 공항이 다시 운영을 개시하였고 KLM이 먼저 급유를 한 후 이륙을 위하여 활주로 위를 경유하여 이륙 지점인 반대편 활주로 끝으로 이동할 것을 관제탑으로부터 지시를 받았다. 팬암 항공기도 그 뒤를 따라 활주로 위를 경유하여 중간 출구인 EXIT C3로 나와서 유도로에 대기하라는 지시를 받게 된다.

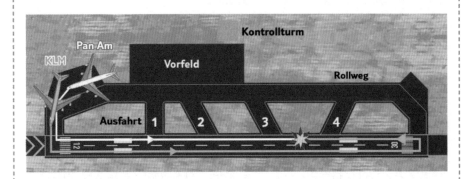

KLM 항공기는 180도 턴을 하여 이륙 준비를 하는 상황이고, 팬암 항공기는 C3출구로 활주로 이탈을 해야 했으나 135도 회전을 해야 했기에 자체적인 판단으로 C4로 이탈하기 위해 C3를 지나 C4를 향하여 가고 있었다. 마침 안개로 인하여 시정이 1,000피트 이하로 떨어져 항공기 상호 간의 위치는 육안으로 식별이 어려웠고 관제사 또한 육안으로는 항공기들의 위치를 파악할 수 없는 상황이었다. 현재 KLM Boeing747기는 활주로 끝에서 이륙을 준비하고 있고, 뒤 따르던 팬암 Boeing747기는 아직 활주로 위에서 이동 중인 상황이었다. 두 대의 Boeing747기가 동시에 하나의 활주로 위에 그것도 서로가 서로를 볼 수 없는 상태에서 그렇게 있던 것이었다.

관제사는 아직 이륙 허가를 하지 않은 상태였지만 KLM 항공기의 기장인 Van Zanten은 이륙 허가가 이미 떨어진 상황으로 오인하고 이륙을 시도하게 된다. Full Thrust로 이륙을 위해 활주로 위를 내달리고 있는 KLM Boeing747기는 안개로 인해서 그 모습이 팬암 Boeing747 기에서는 전혀 보이지 않았다. 아직 활주로 위에서 이동 중인 팬암 항공기는 다가오는 KLM Boeing747기를 뒤늦게 인지하고 최선을 다해 기수를 돌려 보았지만 이륙을 위해 전속력으로 달려오는 KLM Boeing747기와 끝내 충돌하고 만다. 역사상 최대의 인명 피해를 남긴 최악의 항공기 참사가 일어나는 순간이었다.

항공기 사고는 단 하나의 원인으로 발생하지는 않는다. 언급했던 스위스치즈 모델처럼 항공기 사고는 여러 요인들이 복합적으로 그리고 유기적으로 작용을 해야 발생되는 것이다. 이 사고의 원인에 대해서는 '부적절한 관제 용어 사용, 무선통신의 한계, 사실이 아닌 조종사 본인이 믿고 싶은 대로 가정을 한 점 등이 있으나 여기에서는 조종사들 사이의 위계질서(Hierarchy), 특히 조종실의 상하 관계(Cockpit Gradient)에 대해서 다뤄 보겠다.

➜   KLM항공의 기장 Jacob Veldhuyzen van Zanten

KLM항공기의 기장인 Van Zanten은 네덜란드에서 이미 유명 인사로 언급되는 최고 조종사였고 그의 명성은 회사 내부에서는 물론이고 네덜란드에서 이미 널리 알려져 있었다. 이륙 직전 항공기관사(Flight Engineer); B747-206B항공기는 항공기관사가 조종실에 탑승해야 하는 기종이다;는 팬암 항공기가 아직 활주로 위에 있을 수도 있다고 판단하고 이를 기장에게 알렸으나 기장 Van Zanten은 이를 귀 기울여 듣지 않았고 이륙을 실행했다. 그 항공기관사는 기장인 Van Zanten의 명성을 이미 알고 있었고 기장의 권위에 눌려서 이를 강하게 주장할 수 없었던 것이었다.

뭐가 보이는가?

수많은 승객들이 불길 속으로 사라졌고 기장 Van Zanten 그 또한 소중한 목숨을 잃었다. 좁게는 나를 위해서 넓게는 나를 믿고 생명을 의지한 소중한 승객들을 위하여 귀 기울여 듣고 어느 쪽이 더 안전한 상황인지 판단해야 한다. 어느 누군가는 내가 듣지 못한 것을 들었을 수도 있고, 내가 보지 못한 것을 보았을 수도 있다.

이 사고 후로 항공업계에 CRM이 등장을 하게 되고 지금까지 우리들이 그 속에서 비행을 하고 있는 것이다.

CRM 그리고 Cockpit Gradient. 어떻게 생각하십니까?

# CHAPTER

# 2

# Preparation for Flight Duty

자, 그럼 이제 실제 비행을 위한 그 준비 단계로 넘어가 보자.

여러분의 효과적인 이해를 위해서 실제 비행을 선정하여 같이 살펴보려고 한다. 우리에게 주어진 비행은 두바이에서 인천까지 가는 야간 비행이다. 두바이 국제공항(DXB)에서 인천 국제공항(ICN)까지의 비행 시간은 계절적인 Jet Stream의 위도 변화에 따라서 조금씩 달라질 수 있지만, 대략 8시간에서 9시간 사이가 될 것이다. 이렇게 비행 시간이 긴 경우엔 두 명의 조종사와 더불어 이들의 Flight Duty를 Relief할 수 있도록 하는 추가 조종사(Augmenting Pilot, 항공사에 따라서 그 용어가 다를 수 있다)가 탑승을 할 수도 있을 것이다. 물론 이러한 규정들은 각 국가의 항공 규정에 따라 그리고 각 항공사의 자체 규정에 따라서 달라 질 수 있다.

또한 이 비행은 야간에 이루어지는 비행이라는 것을 염두에 둘 필요가 있다. 특히 두바이 국제공항은 야간에 이루어지는 비행이 상대적으로 많기 때문에 그만큼 일반적인 다른 공항들보다는 야간에 운항하는 항공기의 수가 많을 것이고 야간이기 때문에 공항에서 시계 확보의 어려움과 주변 항공기들과의 충돌 위험이 주간보다는 많다는 것 또한 충분히 인식하고 있어야 할 것이다.

이러한 전제와 예상을 바탕으로 비행 전 준비(Pre-flight Preparation)에서부터 비행 종료(Post flight)까지 각각의 비행 과정을 하나씩 살펴보기로 한다. 실제 해당 구간에 적용되지 않는 부분도 필요하다면 그리고 비행 지식으로서 반드시 알아야 할 사항은 추가적으로 설명할 것이다. 여러분도 지금 본인이 두바이에서 비행 체류하고 있고 며칠 뒤 두바이를 떠나 인천 공항에 도착하는 비행의 실제 조종사라고 생각해 보라. 스스로를 대입해 보면 적극적으로 참여할 수 있고 이해하기도 쉬울 뿐만 아니라 나와 같은 곳을 바라보면서 공감해 볼 수 있을 것이다.

# 건강관리와 비행 자격 사항 유지

한 편의 비행이 이루어지기 위해서는 뭐가 준비되어야 할까?

운항의 측면에서 본다면, 조종사, 객실 승무원, 정비사 등 인적 구성 요소, 항공기와 같은 운항기자재의 준비 그리고 출발 공항과 목적 공항의 기상과 공항운항 상태일 것이다. 즉, 3가지 운항요소로서 항공기 그리고 그 항공기를 운항하는 승무원, 마지막으로 항공기가 운항해야 하는 공항이 바로 그것이다. 비행 전 조종사의 입장에서 항공기와 같은 기자재의 준비는 항공사가 그 책임을 가지는 것이고, 출발 공항과 목적 공항의 운항상태에 관해서는 이미 항공사나 운항관리사가 비행 스케줄에 맞춰 충분히 파악을 하고 필요한 준비를 할 것이다.[8]

그렇다면 우리 조종사들은 무엇에 중점을 둬서 준비를 해야 할 것인가?

---

**Medical Condition, 비행에 적합한 건강 상태 유지**
**License & Certificates, 면장 및 신체검사 등 운항 자격 사항 확인**
**Operation Manual Update, FCOM 및 SOP 변경 사항 확인 및 숙지**

---

8   해당 공항의 운항가능성과 특이사항, 예를 들어 공항의 Curfew, Approach capability downgrade(Low Visibility Operations), Runway/Taxiway closure 또는 Special Security check/custom, 등 운항에 직접적으로 관련된 사항들은 사전에 운항관리사가 파악 후 이를 해당 비행에 반영하게 된다.

조종사의 비행 운항성능(Flight Operation Performance)은 비행 당시의 정신적인 스트레스와 육체적인 피로감(Fatigue)에 영향을 많이 받게 된다. 반복되는 비행 스케줄, 높은 집중력이 요구되는 이륙과 착륙들로 인해서 비행을 마친 조종사의 정신과 육체는 이미 지칠 대로 지쳐 있을 것이다. 하지만 또 다음의 비행을 위해서 조종사는 그들의 정신과 육체를 비행에 적합한 상태로 다시 만들어 놓아야한다. 이 또한 그들의 임무 중 하나인 것이다. 특히 비행을 하면서 조종사의 순간적인 선택과 판단이 요구되는 상황들이 발생한다면 조종사들에게는 그리 많은 시간이 허락되지 않는다. 짧은 순간, 상황에 따라서는 불과 몇 초의 시간에 즉각적인 반응을 해야 할 때도 있다. 이는 나뿐만 아니라 대부분의 조종사들이 느껴 왔고 지금 이 순간에도 겪고 있는 것들이다. 조종사라는 업무의 특성이다.

이러한 순간적 집중력을 요하는 비행에 있어서 최선의 건강 상태를 유지하는 것은 비행 안전에 필수이며 승객의 안전과 직결되는 사항이다. 충분한 휴식과 적절한 영양 섭취를 함으로써 비행에 적합한 정신적 육체적 상태를 유지해야 한다는 것이다. 특히 비행 전 과격한 스포츠나 위험에 노출되는 행동은 되도록 피해야한다.[9] 물론 장기간의 휴가 동안에는 개인적인 취미나 스포츠를 할 수 있지만, 비행으로 돌아와야 할 시간이 다가오게 되면 육체적인 피로도를 높이고 부상의 위험을 가질 수 있는 활동은 되도록 피해야 할 것이다.

→  건강한 음식, 적절한 체력 유지 그리고 충분한 수면

---

9  항공사에 따라서 외국 체류기간(Layover) 동안 금지되는 활동을 규정하기도 한다.

적절한 음식의 섭취 또한 비행에 중요한 영향을 미친다. 좀 더 정확하게 말하면 피해야 할 음식을 말하는 것이다. 요즘 시대에 영양이 부족해서 비행에 지장을 초래하는 조종사는 없을 것이다. 굳이 콕 집어서 말하지 않더라도 알 수 있을 것이다. 날씨가 더운 나라에서 체류를 할 경우 최대한 안전한 음식을 선택해야 한다. 재미 삼아 또는 경험 삼아 먹게 되는 길거리 음식들 그리고 위생적이지 못한 환경의 음식점들이 그것이다. 많은 관광객들이 다 그렇게 한다고 해서 비행을 담당해야 하는 조종사들까지 따라 할 필요는 없다. 우리는 그들의 생명과 안전을 적어도 비행기에서는 책임져야 할 조종사라는 것을 명심하도록 하자. 비행을 하면서 외국 체류 후 돌아오는 비행기 안에서 식중독 등으로 고생하는 객실 승무원 심지어 조종사들도 많이 봤다. 그래서 하는 얘기다.

하고 싶진 않지만 꼭 짚고 넘어가야 할 것이 있다. 조종사의 비행 전 음주에 관한 얘기가 그것이다. 심심찮게 해외 또는 국내 뉴스에서도 볼 수 있는 일들이다. 각국의 항공청은 조종사의 음주 후 비행금지기준을 정하고 있다. 그 기준은 각 국가마다 다르고 그 항공기가 어느 나라에 체류하고 있는지에 따라서도 해당 조종사에게 적용되는 기준이 다르다. 예를 들어 혈중 알코올 농도 0.02% 또는 0.04% 심지어 0.00%, 비행 임무 시작 12시간 전부터는 음주가 불가한 항공사 등 항공청과 항공사들은 나름의 규정을 가지고 조종사들의 개인적인 생활과 비행 업무의 원활한 수행을 조율하기 위해 노력하고 있다.

얼마의 혈중 알코올 농도가 허용(?)되는지에 대해서 얘기하지 않겠다. 왜냐하면 최종 책임은 조종사인 여러분 본인에게 있기 때문이다. 기준이 어떻게 되든 조종사 본인의 판단으로 음주가 비행에 영향을 미칠 수 있다고 느낀다면 비행 전 음주는 철저하게 그리고 Professional하게 조절되어야 한다. 물론 그 기준을 넘어서는 당연히 안 되는 것이다. 또 하나 명심해야 할 것이 있다. 항공기가 계류되어 있는 국가는 다른 더 엄격한 규정을 가지고 있을지도 모른다.[10] 멋지게 비행한 뒤 마시는 Landing Beer가 더 시원하지 않을까?

여러분이 조종사라는 것을 보여 주는 유일한 증명서가 바로 면장이다. 그리고 이 면장이 적절하게 유지되고 있는지 비행 전에 반드시 확인해야 한다. 면장의 기한만료(License Expiry Date), 해당 기종의 한정자격유지(Proficiency Check on Type), 저시정운항자격유지(Certificate of Low Visibility Operations) 등 운항자격사항과 신체검사증명서(Medical Certificate)의 유지가 바로 우리가 반드시 확인해야 할 그것이다.

이러한 자격사항의 유지와 관리는 대부분 해당 항공사에서 그와 관련된 기록을 보관하고 갱신이나 테스트가 필요할 경우에 조종사에게 적절한 통보를 하게 된다. 일반적으로는 그렇다. 하지만 좀 더 정확하게 말하자면 최종 책임, 즉 본인의 모든 자격증의 관리 유지의 책임은 조종사에게 있다.

'면장은 누구의 것입니까?'라는 질문에 여러분들은 당연히 '내 겁니다!'라고 말할 것이다. 그것이 정답이고 사실이다. 면장은 우리 조종사 본인의 것이기 때문에 관리의 최종 책임 또한 우리에게 있는 것이고, 회사만 믿고 있지 말고 본인의 면장 관리에 적극적으로 임해야 한다. 어떻게? 의문점이 있으면 회사의 담당자에게 직접 문의를 해서 확인하라. 필요하다면 해당 항공청에까지.

변하지 않는 것은 없다. 한번 만들어져 세상에 나온 항공기도 마찬가지로 계속해서 변화하고 진화한다. 해당 항공기의 운항절차도 변경되고 그와 관련된 FCOM도 제작사에서 변경되어 배포될 것이다. 항공사는 제작사로부터 변경된 사항이 보유하고 있는 항공기에도 적용되는 사항이면 Manual Update를 통하여 조종사들에게 Notice를 하게 된다. FCI(Flight Crew Instruction), FCN(Flight Crew

---

10  아랍에미레이트연방(U.A.E)은 조종사의 혈중 알코올 농도 허용기준은 0.00% 이다. 각각의 국가가 다른 규정을 가지므로 이를 반드시 유념해야 한다.

→ 비행 매뉴얼과 조종사 면장

Notice), FSO(Flight Standing Order) 등의 명칭으로 항공사들은 해당 조종사들에게 중요한 변경 사항을 공지하고 있다.

그리고 조종사들은 관련 사항들을 확인하고 '변경 사항이 적용되는 날짜'부터 비행에 적용하여야 한다. 변경되는 항목(FCOM update)은 적용이 시작되는 날짜가 정해져 있기 때문에 반드시 이를 확인하고 비행에 적절하게 적용해야 한다. 회사의 운항규정(SOP)도 마찬가지다. 바뀐 사항이 있다면 이를 반드시 확인하고 숙지해야 한다. 특히 이는 CRM과도 직접적으로 연결이 되는 사항이다. 같은 Cockpit에서 두 조종사가 서로 다른 내용을 가지고 비행을 하고 있다면 당연히 비행의 조화가 이루어지지 않게 되고 각각의 운항 인적 요소로서 그 기능이 저하될 것이기 때문이다.

만약 비행 전 건강상의 문제(이는 정신적인 스트레스를 포함한다) 또는 면장의 결격 사항이 발견되었다든지, 또는 국제 비행이라면 여권의 기한 만료나 필요한 비자의 결격 사항 등 어떠한 사항이든 정상적인 비행의 운항에 영향을 줄 수 있는 사항이 발생하면 이를 지체하지 말고 반드시 회사 담당자에게 알려야 한다. 그에 따라서 항공사는 필요한 서류 작업을 통하여 미비한 부분을 보충할 수도 있고 경우에 따라서는 대체 조종사에게 해당 비행 임무를 부여하기도 할 것이다. 이로써 자칫 발생할 수 있는 비행 운항의 지연 또는 결항을 사전에 미리 막을 수 있게 되는 것이다.

부가적으로 그러한 구체적인 내용을 근거로 남길 수 있게 전화로 통보한 다음 이메일을 이용하여 다시 한번 알리는 것이 좋다. 이는 회사 동료들 사이의 신뢰 문제를 넘어 의도치 않은 실수로 인하여 야기될 수 있는 문제들은 근거를 남김으로써 본인 스스로를 지킬 수 있는 하나의 중요한 방법이 될 수 있기 때문이다.

# Airports and Route Familiarization

우리가 출발하게 되는 공항은 두바이 국제공항(DXB-OMDB)이다. 도착 공항인 인천 공항(ICN-RKSI)은 이미 우리나라의 대표 공항으로서 여러분은 충분히 인식하고 있을 것이기 때문에 인천 공항에 대한 구체적 내용은 생략하겠다.

> 출발 및 도착 공항 운항 절차 확인 (Airport AOI General chart)
>
> 경유 항로상의 국가 및 지역 절차 확인 (RSI & CRAR)[11]
>
> 기상 예보 확인 (Weather Hazards - Fog Typhoon Volcanic)

자 그럼, 두바이 공항에 대해서 무엇이 처음 떠오르는가? 기상의 측면에서 본다면 더운 날씨(Higher Temperature than ISA) 사막 바람에 의한 시정의 제한(Low Visibility Operation) 등이 있을 것이고, 운항측면에서 본다면 복잡한 항공기 교통(Heavy ground and air traffics) ATC(Air Traffic Controller)의 독특한 액센트 주위 공역의 한시적 제한(Restricted Airspace) 등 여러 가지들이 머릿속에 떠오를 것이다.

---

11   RSI (Regional Supplement Information) CRAR (Country Rules and Regulations)

우선 운항측면에서 출발 공항인 두바이 국제공항(DXB)을 살펴보고 그다음 예정된 항로에 적용될 수 있는 사항들 그리고 경유 국가들이 적용하고 있는 특수한 절차들에 대해서 순서대로 살펴보도록 하겠다.

Dubai: DXB(OMDB)

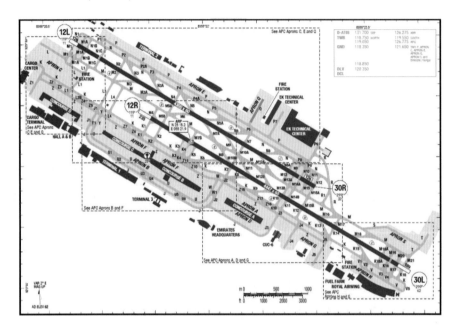

위치 및 공항고도: Coordinate 25°15′10″N 055°21′52″E/62ft

지형 및 MSA: 반경 25nm 이내에 높은 산악지형은 없음/최고 MSA 3800ft (Downtown)

활주로 및 유도로: 12L/30R(4300m×60m) 12R/30L(4447m×60m) 활주로에 따른 양방향 평행 유도로(이륙

및 착륙 항공기의 양방향 지상 이동 가능)

Main Runway: Takeoff Runways 12R/30R Landing Runways 12L/30L

Approach Capability: All Runways Cat 3b

ATC 특징: D-ATIS DCL(Departure Clearance in Data Link Service)

Noise Abatement Procedure: 제한 사항 없음

대략 이 정도일 것이다. 이러한 공항의 일반적인 내용을 파악하기 위해서는 'LIDO chart AOI(Airport Operations Information)' 또는, 'Jeppesen chart의 General Information'을 확인해야 한다.[12] 이들 차트에는 해당 공항의 구체적인 정보, 즉 항공기운항을 위해서 조종사가 필수적으로 알아야 할 내용들을 담고 있다. 공항 일반사항, RFF(Rescue and Fire Fighting Capability), 활주로 및 유도로 운용, 지상이동 절차, Arrival & Departure Procedure, Emergency Procedure 등 해당 공항을 운항하는 조종사에게 필수적이고 유용한 정보들이 기술되어 있다. 이러한 정보들은 해당 공항 또는 항공청이 발간하는 AIP(Aeronautical Information Publication)에 근거하여 각 Chart company가 제작하여 배포하는 것이다.

여러분은 DXB를 출발하기 때문에 Departure Procedure에 중점을 둬서 살펴보도록 하자. 시계열적으로 살펴보면 다음과 같다.

| Parking Stand | Concourse D(외항사 전용 탑승구) |
|---|---|
| Takeoff RWY | 12R(short Taxi)/30R, Intersection Takeoff 가능 |
| Departure Clearance | Call Delivery 10min prior Start Up with specific items(Callsign, ACFT type, Stand, Requested FL, Destination, Route)/DCL 가능 |
| SID | Flight Plan에서 확인 가능(RNAV SID) Initial contact on DEP with Callsign, passing ALT only |
| NADP(Noise Abatement Departure Procedure) | 제한사항 없음 |

공항에 도착해서 이륙을 하여 항로에 오를 때까지 시간적으로 분석해 봤을 때 이 정도의 정보만으로도 정상적인 절차에서 큰 그림은 그릴 수 있을 것이다. 추운 겨울철이 있는 대부분의 공항들은 겨울에 빈번하게 일어나는 De/Anti-Icing 절차에 대해서 자세히 기술하고 있으나 두바이의 경우 그럴 가능성이 없기 때문에 두

---

12  LIDO chart AOI(Airport Operations Information), Jeppesen chart General Information

바이 공항 AIP에도 그에 대한 내용은 없다. 하지만 여러분이 겨울철에 운항을 하고 있고 그 출발하는 공항에 계절적으로 De/Anti-Icing의 절차가 적용될 가능성이 있다면 반드시 미리 관련 규정을 확인해야 한다. 왜냐하면 각 공항마다 운항사정에 따라 자체적으로 절차가 정해져 있기 때문에 De/Anti-Icing 절차가 모두 다르다. 이는 이륙절차를 설명할 때 다시 좀더 구체적으로 언급하도록 하겠다.

이제 이륙을 하고 나면 뭐가 나올까? 비행 경로상의 관련 공역(Air Space, FIR)을 지나갈 것이다. 각각의 비행에 따라 많은 FIR을 경유하는 경우도 있을 것이고 그렇지 않을 경우도 생길 것이다. 그렇다고 해서 각각의 FIR에 적용되는 모든 내용을 확인해서 공부할 필요는 없다. 대부분의 ICAO 국가들의 경우는 공통적인 절차에 따라 FIR을 관리하고 있기 때문이다. 비행 준비의 집중을 위하여 일반 절차와 다른 특수한 절차[13]가 정해져 있는 공역을 중점으로 확인해 보는 것으로도 충분할 것이라고 생각한다.

그럼 우리의 비행 출발 공항인 두바이 주위의 공역을 한번 살펴보자. 두바이를 이륙하면 UAE FIR을 시작으로 오만, 이란 또는 파키스탄, 중국 공역을 거쳐서 인천 공역에 진입한다. 어떻게 보면 비행 거리 시간에 비해서 그렇게 많은 공역을 지나진 않는다. 특히 유럽 지역을 경유하는 비행이라면 얼마나 많은 공역을 지나는지 한번 생각해 보면 이해가 될 것이다. 이러한 경유 공역의 특수절차를 어디서 확인할 수 있을까? 쉽게 찾을 수 있는 곳이 두 곳 있는데,

**Airway Chart와**

**General Information의 RSI/CRAR[14]**

즉, 경유 공역의 요구 사항을 기술해 놓고 있는데 주로 ATC requirement를 확

---

13   각 국가마다 정치적 이유에서 또 Radio coverage Limitation에 의해서 등 여러 이유로 인해 추가적이고 특수한 절차가 규정되어 있다.

14   RSI (Regional Supplementary Information), CRAR(Country Rules and Regulations). 각 항공사가 사용하고 있는 Chart(LIDO, Jeppesen, Nav Tech 등)에 따라 그 명칭은 달라질 수 있다.

인할 필요가 있다. 그럼 한번 찾아보자.

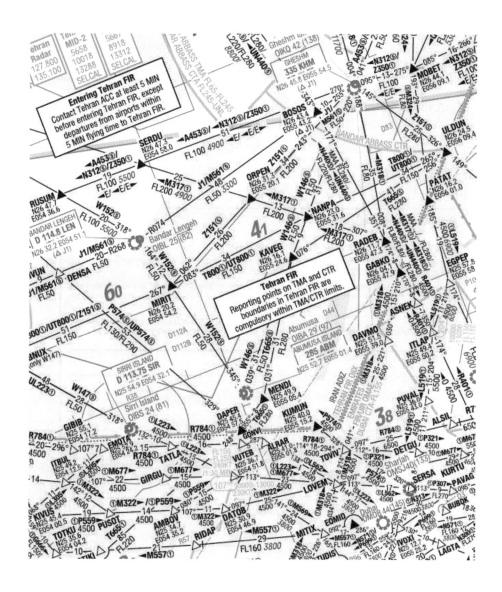

Middle East Airway Chart의 일부분이다. 우측 아랫부분에 두바이 공항OMDB이 있고 좌측 윗부분에 'Entering Tehran FIR'이라는 Box Item이 바로 그 특수 절차이다. 즉, 테헤란 공역 진입 5분 전에 해당 주파수로 보고를 하라는 것이다. 그 해당 주파수 또한 Chart 안에 같이 나와 있다. 위의 예는 chart의 일부분이며 자세한 내용은 해당 비행이 경유하는 지역의 Airway chart를 살펴보면 어떠한 제한사항 또는 요구사항이 있는지 어렵지 않게 찾을 수 있을 것이다.

　내가 두 곳에서 찾을 수 있다고 했는데, 다른 또 한 곳, 어떻게 보면 좀 더 구체적이고 자세한 내용을 찾을 수 있는 곳, 바로 RSI(Route Supplement Information)와 CRAR(Country Rules and Regulations)이 그것이다.

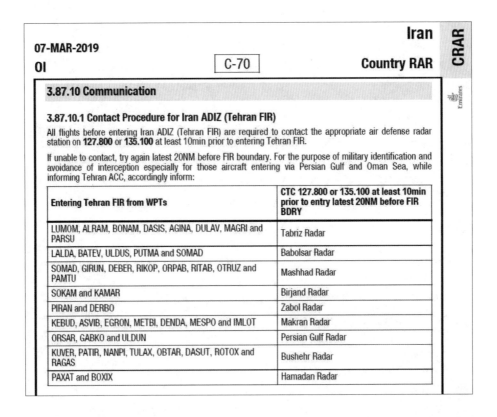

IRAN RAR(Rules and Regulations)의 Communication 일부분이다. Airway chart에서 찾을 수 있었던 내용을 여기 CRAR에서도 찾아볼 수 있다. 오히려 좀 더 구체적인 절차들이 규정되어 있다. 즉, Airway chart는 Country RAR의 내용을 보기 쉽게 그리고 간략하게 ATC communication에 한정해서 적어 놓았다고 할 수

있다. 굳이 그 선후를 따지자면 Country RAR이 먼저라고 할 수 있겠다.[15]

　이는 IRAN FIR을 한 예로 든 것이고 다른 공역을 지나가더라도 마찬가지다. 공역별로 각 국가마다 필요하다면 특수 절차가 규정되어 있고 조종사는 해당 규정과 절차를 미리 숙지하여 실제 비행에 적용해야 할 것이다. 물론 예로 든 것처럼 해당 ATC의 Radio 상태에 따라서 Radio contact이 원활하게 이루어질 수도 있고, 그렇지 않을 때도 있을 것이다. 하지만 최대한 가능하다면 필요한 수단을 이용하여 정해진 규정에 부합하도록 노력을 해야 한다. 오히려 비행을 많이 해 본 조종사일수록 '여기서는 안 해도 돼.' 또는 '아무리 불러도 잘 안 돼. 원래 그래.'라고 하면서 절차를 무시하려는 경향이 있을 수 있다. 하지만 원활하게 되지 않더라도 시도를 해 본 것과 그렇지 않은 경우는 만일의 사태에 그 결과는 천지 차이다. Radio contact를 시도했지만 되지 않은 경우엔 해당 ATC의 문제이고, 아예 시도조차 하지 않은 건 우리 조종사들의 문제이기 때문이다. 반복적인 절차라도 그에 부합하기 위하여 최선의 노력을 해야 한다는 것이다.

　또 하나 이번 비행의 특수한 상항을 들자면, 두바이 인천 비행은 대부분의 경우 히말라야 루트(Northern Himalaya Route)를 경유한다. 히말라야 루트가 특별한 이유는 기내여압장치고장(Depressurization)으로 인해 고도를 유지할 수 없을 때 필요한 저고도[16]까지의 하강(Emergency Descent)이 히말라야 산악 지형 때문에 불가능하다는 데 있다. 이에 관해서는 각 항공사가 그 절차를 마련해서 조종사를 주기적으로 교육하고 이를 비행 루트를 정함에 있어서 충분히 효율적으로 반영하고 있을 것이다.

---

15　Airway chart와 General Information의 Country RAR이 서로 상이한 부분이 있다면 Country RAR이 우선한다고 볼 수 있다. 적절한 manual update가 되어있다는 전제하에 말이다.

16　10,000ft or MOCA(Minimum Obstacle Crossing Altitude) whichever is higher.

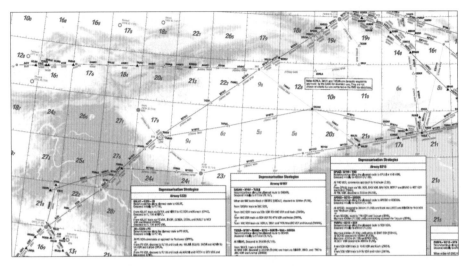

→ LIDO Depressurization Strategy Chart over Northern Himalaya Route의 일부분

이에 관한 내용을 간략하게 알아보자.

어떠한 상황에서든 비행기의 안정적 조종이 최우선시 되어야 한다(Fly First). 히말라야 루트를 준비하면서 첫째, 여러분들이 비행하는 항공기의 Emergency Procedure를 확인해야 한다. 'Emergency Descent'가 그것이다. 많이 들어 봤을 것이고 이미 여러 번 훈련을 해 본 내용일 것이다. 항공기 제작사마다 Rapid Descent, Depressurization Procedure 등 여러 다른 용어를 사용하고 있지만 Cruise Altitude에서 급강하한다는 의미로 통상 Emergency Descent라고 한다. 원리는 최대한 빨리 외부의 산소 공급이 가능한 고도로 내려가는 것이다. 그 절차를 먼저 확인하고 숙지해야 한다.

둘째, Escape Route와 Divert Airport를 확인해야 한다. 히말라야 차트에서 보여 주듯이 항로 구간별로 해당 Escape Route와 각 구간별 Minimum Altitude가 정해져 있다. 머릿속에 비행을 그려 가면서 Escape Route를 이해한 다음, 주위의 지정된 비상착륙공항(Nominated Divert Airport)[17]의 일반적 내용, 즉 공항의 위치, 고도, 활주로 상태, 유도로 상태, 지상 지원 가능 여부 등 그리고 나아가 기상 예보까

---

17  Adequate Airport(for landing performance only) or Suitable Airport(for landing performance and Weather conditions)

지도 확인해 봐야 한다. 한번도 보지 않고 비행중에 그 항로구간에 올라가서 차트를 펴고 Escape Route를 확인한다면 바로 이해를 하기도 힘들뿐더러, 그러는 동안 실제 비상 상황이 발생한다면 적절하게 대처할 수도 없게 된다. 한번이라도 본 것과 그렇지 않은 경우는 많이 다르다는 것을 여러분도 이미 잘 알고 있을 것이다.

다시 한번 강조하지만, 지금까지 언급한 일련의 내용들은 단지 이번 비행(두바이-인천)에 적용될 수 있는 내용일 뿐 여러분들이 하게 되는 다른 비행 구간에서는 또 다른 절차와 규정들이 있을 것이다. 하나의 예시를 들어서 설명을 한 것이다.

비행이 기상Weather에 직접적으로 영향을 받는다는 것은 조종사라면 누구나 인지하고 있을 것이다. 그렇다면, 어떤 기상현상이 운항에 악영향(Negative Effect)을 주는지도 알아야 할 것이다. 각 비행 단계에 따라서 악기상요건(Adverse/Hazard Weather)들에는 어떠한 것들이 있는지 살펴보자.

**Departure: Low Visibility(Fog Rain Snow), Icing, Windshear, CBs**
**Cruise: Turbulence(CAT-Clear Air Turbulence), TS, Typhoon, Volcanic Ash, Super cooled water, Icing**
**Arrival: CB, Icing, Low Level Windshear(Microburst), Heavy Rain or Snow, Low Visibility(Fog Haze Mist)**

각 비행 단계별로 분류를 해 봤지만 사실 이러한 악기상조건들은 비행 전반에 걸쳐서 지속적으로 그리고 반복적으로 일어날 수 있다. 'Departure에서는 이것, Cruise에서는 저것, 또 마지막 Arrival에서는 이런 것들' 하고 정해지는 것이 아니라, 악기상들은 어느 단계에서든지 어떤 것이든 일어날 수 있다.

이러한 기상조건에 대해서 항공기 제작사 그리고 항공사들은 그와 관련된 Procedure들을 규정하고 있다. 내가 해야 할 비행 시기의 기상예보가 악기상(Adverse weather)을 예상하고 있다면 그와 관련된 절차를 미리 확인해 봐야 한다.

예를 하나 들어 보자. 두바이라 하면 대부분의 사람들은 뜨거운 날씨만 생각할 수 있는데, 틀린 말은 아니지만 꼭 그것만 있는 것이 아니다. 이곳 사막 도시에도 안개가 발생한다. 습기가 있다는 얘기다. 그래서 두바이 공항의 General Information을 보면 Low Visibility Operation에 관한 규정이 있고 두바이 공항의 Approach Chart를 보면 Cat 3b capability도 명확하게 나와 있다. 출발하는 시간에 Fog가 예보되어 있다면 Takeoff Minima, LVO Taxi & Takeoff Intersection, Traffic separation 등의 공항 자체의 저시정 운항규정과 항공기 LVO 운항절차 그리고 항공사 LVO 절차 및 규정을 확인해 봐야 할 것이다. 그리고 가장 중요한 조종사 본인의 LVO qualification(저시정 운항자격)을 확인해야 한다. 이는 법적인 규정 사항이므로 아무리 해당 절차를 충분히 숙지하고 있더라도 그 운항에 결격 사유가 있다면 운항해서는 안 되기 때문이다. 만약 출발 예정 시간에 돌풍(Windshear)이 예상된다면 당연히 Windshear Procedure를 살펴봐야 할 것이고 폭우가 예상된다면 공항 유도로와 활주로의 표면이 미끄러워지므로 그와 관련된 performance도 미리 고려해 봐야 할 것이다.

Low Visibility Operation 돌풍 그리고 폭우 등은 기상상태에 따른 하나의 예이지만, 예보를 통하여 출발 시기에 일어날 수 있는 상황들을 미리 예상해 보고 이를 준비하고 대비(Mitigation of Threat)해야지만 필요하고 적절한 Procedure를 적용할 수 있고 그에 따른 운항에 차질이 생기지 않게 되는 것이다.

지금까지 비행 전 준비 사항들 그리고 그에 따른 규정 및 절차 확인 등에 대해서 하나씩 살펴보았다. 큰 그림으로 보자면, '조종사 스스로가 정신적 육체적으로 비행 업무를 수행할 준비가 되어 있고(Medical condition fit to fly) 항공기의 정비상태가 운항 가능한 수준이어야 하며(Aircraft released for service) 해당 공항 및 경유 공역 그리고 운항항로(Airport FIR Airways)가 운항에 적합한 상황인가를 확인하고 숙지하는 과정'이 바로 비행 전 준비(Preparation for Flight Duty)라고 할 수 있겠다.[18]

---

18    Pilot, Aircraft, Airports 그리고 Airways가 준비되는 과정이다.

〈 Air Florida 90(FLA90) 〉

언제: 1982년 1월 13일

어디서: 워싱턴 D.C. Potomac River(워싱턴 국제공항DCA 이륙)

항공사: Air Florida B737-222(N62AF)

탑승 승무원 & 승객: 5/74명

사망(74명), 부상(5명)/지상인명피해 사망(4명), 부상(4명)

1982년 1월 13일, 워싱턴 국제공항DCA은 겨울 Snowstorm으로 인해서 공항이 폐쇄되었다
가 오후가 되어서야 다시 운항을 재개하게 된다. 같은 날 Florida Miami 국제공항을 출발한 Air
Florida 90(B737-222)도 워싱턴 국제공항이 다시 운항을 시작한 다음에야 가까스로 도착하
여 다시 출발하기 위해 준비를 하고 있었다. 이미 눈보라로 인한 공항의 폐쇄에 따라 출발이 1
시간 45분이나 지연되고 있는 상황이었다. 최종 목적지는 Tampa 국제공항을 거쳐 Florida에
위치한 Fort Lauderdale이었다.

하지만 워싱턴 국제공항의 상황은 그리 나아질 것 같지 않았다. 공항을 폐쇄하지는 않았지
만 눈보라는 계속되었고 당시 온도는 24°F(-4°C)를 기록하고 있었다. 눈이 계속되고 있는
터라 다른 항공기와 마찬가지로FLA90편도 Deicing을 하는데, 이는 계약 업체인 American
Airlines의 지상조업사가 맡게 된다. 하지만 Deicing 계약 업체인 American Airlines의 직원들
은 정해진 절차대로 Deicing을 하지 않았고 물과 용액의 혼합비율도 정확(Inaccurate mixture
of water and mono propylene glycol)하지 않은 채로 Deicing을 하게 된다(Lack of Deicing
Procedure).

Deicing을 마친 FLA90는 Pushback clearance를 관제로부터 받고 Tow Truck에 지시를 했지만, 마침 Tow Truck이 미끄러운 노면(Icing Apron) 때문에 항공기를 제대로 밀지 못하는 상황이 생기자, 기장은 Engine Reverse Thrust를 이용하게 된다. 하지만 이는 제작사인 보잉의 매뉴얼에서도 심각하게 경고하는 조작이었다(Engine Reverse Thrust를 저속에서 사용하게 되면 Engine Stall의 가능성이 높아지고 FOD-Foreign Object Damage의 가능성 또한 높아진다. 특히 눈이 쌓여 있는 경우에는 이미 Deicing을 마친 Wing 위에 또다시 눈을 그 위로 불어 올리기 때문에 절대적으로 해서는 안 되는 조작이다). 타이어 체인을 장착한 후에야 Tow Truck은 가까스로 Pushback을 완료할 수 있었다.

같은 시각 이미 다른 항공기들도 이륙을 위하여 유도로에 대기하고 있는 터라, FLA90는 이륙을 하게 될 때까지 유도로상에서 49분을 더 기다리게 된다. 그동안 눈보라는 그칠 줄 모르고 계속해서 항공기 날개 위로 떨어져 축적되고 있었다. 더군다나 지상 이동 중에 선행 항공기(DC9)의 뒤에 너무 가깝게 따라가고 있어서 DC9의 뜨거운 엔진배기가스(Engine Exhaust Gases)에 FLA90의 날개에 있던 눈이 녹아 다시 얼어붙는 경우까지 생긴다(Icing condition에서는 항공기 간 거리를 평소보다 두 배 이상 넓은 간격을 두고 지상 이동을 해야 한다). Anti-icing을 하지 않고 Deicing만 한 상태이기 때문에 기장은 이륙을 계속할 것인지 아니면 Ramp로 돌아가 다시 Deicing을 할 것인지 고민하게 되지만, 말했듯이 비행 스케줄이 이미 많이 지연되었기 때문에 이륙을 계속하기로 결정한다.

미 동부 시각 EST 3:59 p.m. 관제로부터 Takeoff Clearance를 받고 체크리스트를 수행하는 과정에서 'Engine Anti Ice ON'을 생략한다. 이는 엔진파워지시계(Engine Pressure Ratio-EPR Indicator)의 오작동에 결정적인 요인이 된다(당시 적정 EPR 2.04, 실제 EPR 1.70). PF(Pilot Flying)였던 부기장은 Takeoff Roll 도중 엔진 파워의 이상을 감지하고 기장에게 여러 번 엔진파워지시계(EPR)의 부정확함을 지적했지만 기장은 이를 무시하고 이륙을 계속하게 된다. 하지만 FLA90 계기판에 표시된 parameter들은 icing으로 인해 이미 정확성을 잃은 것들이었다. 가까스로 동체를 활주로에서 띄우는 데 성공을 하지만 곧바로 Stall Warning(Stick Shaker)이 울리고 Recovery Maneuver를 실시해 보지만 항공기는 고작 지상으로부터 352ft밖에 뜨지 못한 상태였다. 이미 양력을 잃은 FLA90는 활주로에서 800m정도를 날아 Potomac River를 가로지르는 14th street bridge를 강타하고 강으로 곤두박질치게 된다. 저가항공사로서 최초의 대형 항공기 사고가 일어나는 순간이다. 이 사고로 두 조종사를 포함한 74명의 생명들이 차디 찬 겨울 강물에 얼어붙었다. 비행기는 다리 위를 지나던 자동차들과도 충돌하였고 그들의 생명도 차가운 강물 속으로 사라져 버렸다.

사고의 개요 자체만 봐도 단지 하나의 문제로 인하여 사고는 발생하지 않는다는 사실을 우리는 또 다시 알게 된다. 이 사고에 기여하는 다양한 Factor들, 부적절한 Deicing 작업, Engine Anti-Ice OFF, 기장의 이륙 결정 등, 여러 요인들이 있지만 FLA90편의 조종사들에 대해서 좀 더 살펴보기로 한다.

Captain Larry Wheaton(당시 34세 총 비행 시간 8300시간/ B737비행 시간 1752시간), First Officer Roger Pettit(당시 31세 미공군 조종사 출신으로 총 비행 시간 3353시간/B737비행 시간 992시간), FLA90편의 조종사들의 이력이다. 과연 적절한 조종사 구성Pilot Composition 인가 한번 되물어봐야 할 것이다. 저가항공인 Air Florida는 저임금의 조종사를 채용하기 위하여 경력이 낮은 기장과 부기장을 채용할 수밖에 없었고 그에 따른 적절한 조종사 구성Pilot Composition, 즉 경력이 낮은 조종사구성의 배제를 할 수 없었던 것이었다. 이것이 이 사고의 첫 번째 인적 요인(Human Factor)으로서 제기된 문제점이다.

두 번째, Florida라고 하면 제일 먼저 떠오르는 것이 뭔가? 그렇다, 더운 곳이다. 그곳을 Base로 한 조종사들은 당연 Winter Operation의 기회가 많지 않게 되고 그들의 경험 또한 제한적이게 된다. 실제로 FLA90편의 기장은 Snow conditions에서 단 8번의 이착륙 그리고 부기장은 단 두 번의 착륙 경험만 가진 Winter Operation의 측면에서 저경력(Limited Experience)의 조종사들이었다. FLA90의 조종사들은 그들이 날씨가 추운 워싱턴으로 비행한다는 것을 미리 알았을 것이다. 자신들이 Winter Operation에 취약하다는 것은 누구보다도 잘 알고 있었을 것이다. 그렇다면 그들은 비행 전 준비로서 평소에 잘 해 보지 않던 Winter Operation에 대해서 확인을 했어야 했다. 사

고 조사의 보고 내용으로 봤을 때 과연 그들이 Winter Operation에 대한 적절한 지식을 갖추

었고 Icing이 항공기 성능에 어떠한 영향을 주는지 충분히 인식하고 있었다고 보기 어렵다. 여

기에서 비행 전 조종사 스스로의 준비가 얼마나 중요한지 다시 한번 깨달을 수 있을 것이다.

지금 이글을 쓰고 있는 나 또한 덴마크 코펜하겐에서 Layover 중이다. 내일 다시 두바이로 출

발을 한다. 지금 기온이 낮 최고 온도 10도 정도밖에 되지 않는다. 그렇다면 뭐를 생각하고 있

겠는가? 그렇다. '눈이 오면 뭐를 해야 하지?' 설령 눈이 오지 않더라도 비행기 Wing Tank에

서 Cold Fuel Soak, 즉 공중에서 차가워진 연료가 지상에서 날개 표면을 얼게 만드는 것이 발

생할 수도 있다. 예상하고 준비를 해야 하는 것이다.

단지 FLA90의 조종사들만 탓하자는 것이 아니다. 비행 전에 필요한 지식과 비행 절차에 대한

숙지가 스위스치즈의 마지막 구멍을 막을 수 있다는 것을 말하고 싶다. 여기에 더하여 조종실

CRM문제가 다시 등장한다. 실제로 이륙 포기(Reject Takeoff)를 할 수 있었던 충분한 시간과

활주로 길이가 그들에게 주어졌었다. 하지만 기장은 그렇게 하지 않았다.

아래는 CVR(Cockpit Voice Recorder)를 근거로 한 조종사들 사이의 대화 내용이다. 여러분

들이 판단해 보길 바란다.

(CAM-1/Captain, CAM-2/First Officer)
**15:59:32 CAM-1** Okay, your throttles.
**15:59:35 [SOUND OF ENGINE SPOOLUP]**
**15:59:49 CAM-1** Holler if you need the wipers.
**15:59:51 CAM-1** It's spooled. Really cold here, real cold.
**15:59:58 CAM-2 God, look at that thing. That don't seem right, does it? Ah, that's not right.**
**16:00:09 CAM-1** Yes it is, there's eighty.
**16:00:10 CAM-2** Naw, I don't think that's right. Ah, maybe it is.
**16:00:21 CAM-1** Hundred and twenty.
**16:00:23 CAM-2** I don't know.
**16:00:31 CAM-1** V1. Easy, V2.
16:00:39 [SOUND OF STICKSHAKER STARTS AND CONTINUES UNTIL IMPACT]
**16:00:41 TWR** Palm 90 contact departure control.
**16:00:45 CAM-1** Forward, forward, easy. We only want five hundred.
**16:00:48 CAM-1** Come on forward....forward, just barely climb.
**16:00:59 CAM-1** Stalling, we're falling!
**16:01:00 CAM-2** Larry, we're going down, Larry....
**16:01:01 CAM-1** I know!
**16:01:01 [SOUND OF IMPACT]**
— *Transcript, Air Florida Flight 90 Cockpit Voice Recorder*[19]

---

19   Wikipedia Air Florida 90

# CHAPTER

# 3

# Flight Preparation

비행 시간이 다가왔다.

자, 이제 유니폼을 멋지게 입고 비행을 하러 가 보자. 그동안 컨디션 조절도 잘되고 어디 아픈 곳도 없고, 게다가 기상예보도 확인해 본 결과 정상적인 비행에 지장을 줄 요인은 없어 보인다. 기온이 좀 높은 거 말고는 오늘 비행하는 데 큰 문제는 생기지 않을 거 같다. 기분이 좋다. 비행 출발 시간(STD: Scheduled Time of Departure) 2시간 30분 전에 호텔 픽업이 되어 있기 때문에 30분 정도 미리 호텔 로비로 나왔다. 가장 먼저 해야 할 것, 다시 한번 서류 확인(여권, 면장 항공사 ID 등등)을 최종적으로 한다. 이미 먼저 check-out을 한 다른 승무원들과 가볍게 인사를 하고 버스에 올라 공항으로 향한다.

30분 정도를 달려 도착한 곳은 두바이 국제공항 제1터미널. 외항사들이 사용하는 터미널이다. 두바이 공항 제3터미널이 만들어지기 전부터 오랫동안 사용하던 건물이라 제법 낡은 구석이 눈에 띈다. Ticket Check-in 카운터에서 Station Manager[20]를 만나 비행 서류를 건네받으며 승객 예약 사항과 연결편에서 오는 승객들의 도착 상황을 보고 받는다. 특히 연결편의 도착 상황에 따라서 항공기의 출발 지연 또는 승객의 offload 등을 결정할 수도 있기 때문이다. 이는 Time management로 연결되는 사항으로 뒤에서 다시 언급해 보기로 한다.

항공사마다 조금씩 차이가 있을 수 있지만 통상 비행 전 주어지는 비행 서류는 Flight Plan을 기본으로 해서 기상, 공항 브리핑 등으로 구성되며 구체적인 서류 항목은 다음과 같다.

---

20  해당 항공사의 Outstation(국외 취항공항)에서 승객지원업무를 총괄하는 직위를 말하며, Station Manager, Airport Service Manager, Ground Support Manager 등등 항공사마다 다양한 이름으로 불린다.

→　두바이 중심가(Sheik Zayeed Road) 두바이 국제공항(DXB)

## Flight Deck Package(비행 서류)

- Flight Plan

- Aircraft Condition(MEL, CDL)

- NOTAM(Notice To Airmen)

- Weather Reports
  Actual condition & Expected weather condition of Takeoff Runway & Climb phase
  Terminal forecast for Destination & Alternate airports
  Wind & Temperature at Climb, Cruise and Descend ALT/FL
  Significant weather(SIGMET) along planned route, if any
  Volcanic Ash report, if any.

- NOTOC(Notification To Captain); Dangerous Goods & Special Load

- Specific Airport regulation, if applied.

# Flight Plan

```
                    AIR123    OMDB – RKSI 24.Jan.2019/2330z
                         UP generated at 24.Jan.2019 20:39UTC

 OFP

 AIR123      24JAN   OMDB/DXB-RKSI/ICN  A380-861   AB-7000 (항공기 등록 번호)
 (비행편명)           (비행구간 출발-도착)  (항공기 Type)
 ATC CLRNC: . . . . . . . . . . . . . . . . . . . . . . . . . . . . . . .
 DXBICNER: OMDB/30R DCT DAVMO M318 KHM A453 ZDN G452 KALAT G325 PURPA
 W112 TUSLI W187 IBANO B215 NUKTI W66 DKO A596 KM W80 HUR B339 LADIX
 A326 DONVO G597 AGAVO Y644 REBIT COWAY1A RKSI/33R  (Planned Route)

 PLND FL: 330 PAVON/370 GT/390 PURPA/390 JNQ/331 DONVO/312 AGAVO/290
          RILRO/250 BODOL/190  (Planned Step Altitude)

 ENROUTE RECLRNC:


               WX PROG: .21 - 09   CTOT:.....   PARKING BAY: .....

               FUEL    TIME   CORR   ARR    0750   ...    ... ..
 TRIP  RKSI    95829   0752   .. ..  DEP    2330   ...    ... ..
 CONT  STAT     4544   0022   .. ..  ET     0820
 ALTN  RKSS     4245   0023   .. ..  GND DIST      4010
 FRSV           4400   0030   .. ..  AIR DIST      3650
 ADDNL          4766   0023   .. ..  CRZ DEG       P1.6  Engine 성능
 T/O FUEL     113784          .. ..  CID             45  Cost Index
 TAXI           1200   0020   .. ..  CRZ                 ECON
 RAMP FUEL     115.0   0931   .. ..  CRZ FL/TEMP  FL330/M41 순항고도/온도
               (Summary of planned fuel)      TOC TROP      38816 대류권계면 고도

 ADJUST        .. ..  .. ..
 ADJ RAMP FUEL .. ..  .. ..         .. ..  AV TRK    078    CREW  ...
 FUEL REMN     .. ..  .. ..         .. ..  AV W/C    P049   PAX   ....
 FUEL USED     .. ..  .. ..         .. ..  AV ISA    M01    TOT   ....

 ZFW CHG PS 1000 BURN PS  285 / MS 1000 BURN MS 277
 FL BELOW  -1-  BURN PS  794 / TIME  0801

 NO TANKERING RECOMMENDED (P) EXTRA FUEL REASON: ATC WX MEL ALTN OTH

 OMDB ATIS:

 DOW RANGE 288.9 ..... 300.8          DOI RANGE  99.0 ..... 116.0

 EZFW 363840    MZFW 373000   AZFW ......    AZFWCG .....
 ETOW 477624    MTOW 510000                              RTOW
 ELWT 381795    MLWT 395000 (Summary of weights)         RLWT

 RWY FLEX FLTOW   V1  VR  V2   ACC CONF   EOP

 ... ... ...     ..... .....  ...    ........................
```

비행 서류에서 가장 기본이 되는 것은 '비행 계획서Flight Plan'이다. 예에서 보여지는 Flight Plan은 '두바이DXB-인천ICN A380항공편'의 실제 Flight Plan을 기준으로 한 것이다. 각 항공사마다 사용하는 Flight Plan 양식이 모두 다르기 때문에 어

느 한 항공사의 것을 기준으로 판단해서 어느 것이 좋다 나쁘다 판단할 수도 없고 그럴 필요도 없다. 앞에서 예시된 Flight Plan도 여러 많은 종류의 Flight Plan들 중에 하나일 뿐이다. 하지만 각기 다른 양식의 Flight Plan이라도 필수적이고 공통적인 부분에서는 크게 다르지 않을 것이라고 생각한다. 때문에 그 세부적인 내용에 대해서는 여러분들의 항공사에서 사용하고 있는 Flight Plan을 기준으로 이해 Decoding를 하고 각 항공사의 자체적인 요구사항들을 확인해 보면 될 것이다.

여기서 한 가지 주의해야 할 것은, 모든 서류는 '위에서 아래로, 왼쪽에서 오른쪽으로'의 순서로 확인해 나가야 한다는 것이다. 그렇다면 가장 기본적이고 근본적인 내용은 어디에 적혀 있을까? 그렇다. 왼쪽 제일 위에 적혀 있다.

위 Flight Plan의 왼쪽 제일 위에 뭐가 적혀 있는가? '비행편명, 출발 시간과 날짜 그리고 항공기 등록번호'가 있다. 반드시 확인해야 한다. 특히 Layover 후 Outstation에서 비행 서류를 받을 땐 더욱 그렇게 해야 한다. 대부분의 경우 그들은 비행 서류를 직접 생산하지 않고 항공사에서 이메일로 보내 준 것을 단순히 출력을 해서 건네줄 뿐이다. 계속적으로 이메일이 누적되기도 하고 직원의 실수로 이전의 비행 서류를 출력해서 줄 수도 있기 때문이다. 실제로 나에게 일어났던 일이다. 독일 뒤셀도르프(DUS)에서 두바이(DXB)로 출발하는 비행에서 일어났다. 하루 두 편의 A380비행이 있었기 때문에 Station Manager가 그 이전 비행의 Flight Plan을 준 것이다. 이를 제대로 확인하지 않고 그대로 FMS 입력을 하고 보니 도착 예정 연료(EFOB, Estimated Fuel On Board)와 계획된 운항고도(Planned Flight Level)가 Flight Plan하고 맞지 않았던 것이다.[21] 다행히 FMS setup 중에 발견해서 새로운 Flight Plan으로 문제없이 비행을 할 수 있었지만, 다시 생각해 봐도 너무나 어처구니없는 일이었다. 꼭 확인해 보자. '이거 내 비행 서류 맞지?'라고.

---

21  A380은 대부분의 경우 FMS에 직접 Flight Plan을 입력하지 않고 Gate Link라는 무선통신을 이용하여 본사 Dispatcher에 Flight plan을 직접 요청하면(Flight Plan Request in FMS) 자동적으로 FMS에 입력이 된다. 조종사는 해당 비행의 ZFW(Zero Fuel Weight)에 따른 이륙 중량(Actual Takeoff Weight)을 기준으로 Takeoff Performance만 계산하여 입력하면 된다.

# Aircraft Condition(MEL, CDL)

조종사는 우선 내가 조종하게 될 해당 비행기의 상태를 알아야 한다.

이는 그날 비행 전반에 걸쳐 영향을 줄 수 있는 사항이다. 대부분의 경우 정비사가 비행 전 이를 확인하고 필요하면 Maintenance Action을 통하여 비행기를 최적의 운항상태로 유지시킨다. 하지만 오늘 비행처럼 Outstation에서 출발하는 경우엔 정비 능력 그리고 부품 조달이 Base station만큼 원활하지 않기 때문에 일정한 부분의 비행기 정비 요구 사항을 연기하기도 한다.[22]

비행기를 100% 완벽하게 유지한다는 것은 현실적으로 불가능한 일이고, 그 반

---

22  ADD(Allowable Deferred Deficiency) 허용 가능한 정비 연기 항목

대로 경미한 고장으로 인해서 비행기를 운항시키지 않는다면 항공사에게도 큰 손실이 발생하기 때문에 제작사들은 그 허용되는 정비 연기 사항을 정하고 있다. 이를 MEL(Minimum Equipment List),[23] CDL(Configuration Deviation List)[24]이라고 한다. 만약 MEL/CDL 사항을 발견하면 조종사 스스로 MEL/CDL manual을 통해서 그 내용을 확인해야 함은 물론이고 Cockpit에서 정비사에게 이 내용을 반드시 다시 확인해야 한다. 그 정비 사항이 달라질 수도 있기 때문이다. 대부분의 경우 MEL은 자주 접할 수 있지만 CDL은 비행기 자체의 외형에 관한 사항이기 때문에 흔하게 볼 수 있는 사항은 아니다. 하지만 CDL 사항이 있다면 그 내용 또한 반드시 Manual을 통해서 확인하고 필요한 절차를 적용해야 한다. 왜냐하면 대부분의 CDL항목은 항공기 Performance와 연결이 되고 이는 탑재연료산정에서 반드시 고려가 되어야 하기 때문이다.

Type Rating course에서 충분히 그 적용 방법을 숙지했겠지만 간단하게 그 적용 방법을 확인해 보기로 한다. 주어진 예에서 보이듯이 Dispatcher가 운항될 항공기에 MEL이 있다고 note를 주었다고 하자. 각 항공기마다 그 형식이 조금씩 다를 것이지만 그 기본적인 개념과 적용되는 방식에서는 대동소이할 것이다. 여기에서는 A380 MEL을 기준으로 살펴보자.

---

23  This section lists the equipments, components, systems or functions that are safety-related and that are temporarily permitted to be inoperative at departure provided that the Operator complies with the associated MEL requirements. (Airbus MEL introduction)

24  An approved document that lists the aeroplane panels, doors and hatched etc, that may be missing and those areas of the aircraft skin/structure that may be damaged without invalidating the Certificate of Airworthiness.

```
DISPATCH BRIEFING INFO DISP: NUHA
-MEL 32-91-01A / 28-12-01A IN EFFECT WHILE PLANNING
```

| MEL number check | MEL 32-91-01A |
|---|---|

**Dispatchable or not**

| ECAM Alert: | L/G OLEO PRESS MONITORING FAULT |
|---|---|

Ident: ME-ECAM-32-3 00014881.0002001 / 01-Jul-11
Criteria: T76484, DD
Applicable to: ALL

| AIRCRAFT STATUS | CONDITION OF DISPATCH |
|---|---|
| The oleo pressure monitoring system is failed.<br>The subtitle indicates the affected landing gear:<br>- ON NOSE L/G<br>- ON L(R) WING L/G<br>- ON L(R) BODY L/G<br>- ON ALL L/Gs | Refer to Item 32-91-01 Oleo Pressure Monitoring System |

Dispatch, 즉 운항불가항목은 아니다.
만약 운항불가항목이라면 아래처럼 표시된다.

| AIRCRAFT STATUS | CONDITION OF DISPATCH |
|---|---|
| The landing gear control 1 and 2 are failed. | NO DISPATCH |

No Dispatch, 운항불가항목이다.
이처럼 Dispatch가 불가한 항목이라면 그 다음 단계로 넘어갈 필요도 없다.

**Restrictions for flight**

| 32-91-01 | Oleo Pressure Monitoring System |
|---|---|

Ident: MI-32-91 00013817.0001001 / 01-Dec-12
Criteria: DD
Applicable to: ALL

**32-91-01A**

| Repair interval | Nbr installed | Nbr required | Placard |
|---|---|---|---|
| C | 1 | 0 | No |

(o) (m) May be inoperative provided that the oleo pressure on the affected gear is checked every calendar day.

———————— Reference(s) ————————

(o)  Refer to OpsProc 32-91-01A Oleo Pressure Monitoring System

(m)  Refer to AMM Task 32-91-00-040-802

얼마나 오랫동안 정비 연기가 가능한지, 몇 개가 설치되어 있고 비행을 위하여 몇개가 요구되는지 그리고 Cockpit에 Placard를 붙여야 하는지 알 수 있다.
(O) item이 있기 때문에 조종사가 알아야 할 내용이 있다는 것이다. (M) item은 정비사에게 알리는 내용이다.

**Operation Procedure**

| 32-91-01A | Oleo Pressure Monitoring System |
|---|---|

Ident: MO-32-91 00021267.0001001 / 07-Dec-10
Criteria: DD
Applicable to: ALL

**After Maintenance Action**
Disregard the L/G OLEO PRESS MONITORING FAULT alert if displayed only with the L(R) ALL(BODY)(NOSE)(WING) L/G subtitle related to the affected L/G.
Disregard the L/G ABNORM OLEO PRESS alert if displayed only with the L(R) BODY(NOSE)(WING) L/G subtitle related to the affected L/G.

운항 조종사에게 지시 또는 권고사항을 알려 주고 비행에 적용할 내용을 확인할 수 있다.

다시 말해, 조종사는 MEL이 적용된다면 그 MEL 사항으로 비행이 가능한 것이지 먼저 확인하고(Dispatch or No Dispatch) 만약 가능하다면 비행 전반에 걸쳐서 어떠한 영향을 미치는지 인지해야 한다(Operational Impact)는 것이다. 이것이 그날 비행에 주어진 비행기를 조종사가 알아가는 과정인 것이다.

# NOTAM(Notice To Airmen)

출발 공항과 도착 공항, 가능한 대체 공항들 그리고 비행 경로상의 공역의 제한 사항 또는 기타 특수 사항들에 대하여 해당 비행에 영향을 줄 수 있는 그리고 조종사가 알아야 할 내용들을 확인할 수 있는 서류가 NOTAM이다. 주로 Navigation 과 Communication에 관련된 내용들이 포함되지만, 거기에만 국한되지는 않고 조종사가 확인해 볼 필요가 있는 Security 사항들도 포함될 수 있다.

NOTAM의 구성은 그 중요도에 따라 순서대로 나열되어 있다. 출발 공항이 제일 먼저 그리고 도착 공항이 그 뒤를 따른다. 항로상의 가능한 대체 공항들에 대해서는 그다음에 위치하고 공역에 대한 내용이 그 뒤에 순서대로 나온다.

한 공항 내에서도 중요도에 따라 순서대로 나열된다. 예를 들어 두바이 공항에 대한 NOTAM이라면 활주로 변경 사항, 공항 자체의 변경 사항, 유도로 변경 사항 및 Lights 변경 사항 등 그 중요도에 따라 나열된다. 비행에서는 활주로가 그 무엇보다도 중요하기 때문에 가장 먼저 나오고 공항 정보 그리고 유도로 등 기타 시설 관련 사항들이 따라서 열거된다. 그렇기 때문에 NOTAM을 확인할 땐 처음 나오는 내용을 먼저 정확하게 확인하고 인지해야 한다. 대부분의 중요한 사항은 제일 앞부분에 나온다는 사실을 잊지 말아야 한다. 그리고 그 내용은 내 비행에 직간접

적으로 영향을 미치게 된다는 사실도 알아야 한다. 시간이 없을 땐 중요한 앞부분
이라도 확인하라는 것이다.

# Weather Reports

## Routine Weather Reports

```
DEPARTURE AIRPORT - DETAILED INFO

OMDB [DXB] - DUBAI INTL
-------------------------------------
SA      242000    VRB05KT 8000 NSC 21/16 Q1019 NOSIG=
FT      241652    2418/2600 07005KT 7000 NSC
                  PROB30 2500/2505 4000 HZ
                  BECMG 2509/2511 32010KT
                  BECMG 2516/2518 11005KT=
```

```
DESTINATION AIRPORT - DETAILED INFO

RKSI [ICN] - SEOUL INCHEON INTL
-------------------------------------
SA      242030    32006KT CAVOK M03/M14 Q1024 NOSIG=
FT      241700    2418/2524 33010KT 9999 FEW030 TNM04/2421Z TX01/2506Z
                  BECMG 2500/2501 32015G25KT
                  BECMG 2508/2509 34017G35KT=
```

비행에 관련된 기상정보를 확인하는 방법은 대체로 잘 알려진 METAR, 즉 현재의 기상보고(Current Weather Report) 그리고 TAF, 즉 기상예보로 크게 나눠 볼 수 있다. 위의 두바이 공항과 인천 공항의 기상정보에서도 알 수 있듯이 현재의 기상정보인 SA 그리고 기상예보인 FT가 그것이다.[25] 비행 출발 시간 +/- 1hr 그리고 도착 예정 시간 +/-1hr의 기준으로 기상예보를 확인한다. 이는 말 그대로 출발 그리고 도착 '예정 시간'이기 때문에 어느 정도의 여유(Margin)를 두고 기상을 확인하는 것이 좀 더 현실적이고 보수적인 비행 준비를 할 수 있기 때문이다.

예시로 주어진 Flight Plan에서 OMDB(DXB) 출발 예정 시간인, 2330UTC를 기준으로 +/-1hr, 즉 2230~0030UTC를 기상예보에 대입해 보면,

'07005kt 7000 NSC PROB30 2500/2505 4000 HZ'
'전반적인 기상으로서 풍향 070 풍속 5kt이고 시정 7000m이지만,
25일 00시(UTC)에서 25일 05시(UTC)사이에 HAZE가 발생해서
시정visibility이 4000m로 바뀔 가능성이 30%있다'

를 확인할 수 있다. 각각의 기상정보의 해석(Decoding)은 LIDO General 또는 Jeppesen General information의 MET section에서 어렵지 않게 찾을 수 있을 것이기 때문에 이 곳에서는 자세하게 언급하지 않겠다. 도착 공항인 인천의 기상예보도 이와 같은 방법으로 확인할 수 있을 것이다. 이곳에서 중요한 것은 '비행에 영향을 미칠 수 있는 기상예보'를 확인하는 것이다. 두바이 공항의 Visibility가 4,000m로 떨어진다는 것은 그리 나쁜 기상상황은 아니지만 경우에 따라서는 그 예보를 뛰어 넘는 상황도 발생할 수 있다. 그렇다면 뭐가 있을까? Low Visibility Operation을 예상해 볼 수 있고 그에 관련된 공항의 운용절차 등을 확인해 볼 필요가 있다. 만약 돌풍Gust가 예상된다면 Windshear procedure을 확인해 보는 것도 아주 좋을 것이다.

---

25    METAR(Aerodrome Routine Meteorological Report - ICAO),
      TAF(Aerodrome Forecast - ICAO),
      SA(METAR including Trend Forecast if provided),
      FC(TAF valid for less than 12hr - short),
      FT(TAF valid for 12hr or more - long),
      ATIS(Automatic Terminal Information Service)

결론적으로 기상정보를 미리 확인하는 목적은 기상예보를 통해서 비행에 영향을 줄 수 있는 사항을 확인하고 사전에 그 대처방안(Mitigation)을 찾는 것이다.

## Non-Routine Weather Report

- Significant Weather Report

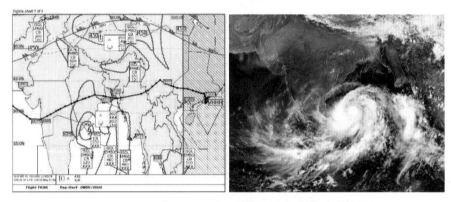

→ 2019년 Typhoon FANI의 SIGMET과 위성사진

비행 경로상의 악기상정보는 다양한 양식으로 보고가 되고 확인할 수 있지만 그 대표적인 것으로서는 SIGMET(Significant Meteorological Information-FAA)[26]을 들 수 있다. SIGMET은 Map Chart를 이용하여 해당 기상 현상들의 위치와 고도 등 관련 정보를 나타내기도 하고, Text를 통해서 정보를 전달하기도 한다. 위의 SIGMET 정보는 2019년 4월 말과 5월에 걸쳐 인도 동부에 발생한 태풍 FANI의 SIGMET 정보이다.

비행 경로상에 이러한 악기상이 예보된다면 운항관리사는 비행 경로 변경,

---

26  Definition of SIGMET: Information concerning en-route weather and other phenomena in the atmosphere that may affect the safety of aircraft operations(ICAO).

고도 변경 등을 통하여 악기상으로부터의 영향이 비행에 최소화될 수 있도록 Flight Plan을 만들 것이다. 해당 조종사는 비행 중 경로상의 기상을 주기적으로 Update[27]하여 악기상의 정보에 대해서 충분히 인지해야 한다. 요즘엔 이런 정형화된 기상예보의 형식들을 넘어 비행에 관련된 다양한 애플리케이션들이 개발되어서 굳이 이러한 Tool이 아니더라도 악기상을 파악할 수 있다면 가능한 유용한 수단을 이용하여 기상정보를 비행에 적극적으로 활용해야 하겠다.

• Volcanic Ash report

비행에 실질적으로 치명적인 영향을 줄 수 있음에도 불구하고 자주 접할 수 없기 때문에 간과하기 쉬운 것이 바로 이 Volcanic Ash Report이다. 각 Volcanic Ash Advisory Centers(VAAC)들은 지구 전 지역을 분할해서 화산의 분화 그리고 이미 분화된 화산재의 이동 경로를 실시간으로 파악하여 이를 해당 지역을 비행하는 항공기들에게 그 관련 내용을 통보한다.

만약 해당 비행이 관측된 화산재의 경로상 또는 그 주위를 경유하게 된다면 운항관리사는 Flight Plan을 생산함에 있어서 그 내용을 고려하여 비행 계획서에 적용할 것이고 또한 그 내용도 Flight Plan상에 'Volcanic Ash Advisory'라는 명칭으로 포함될 것이다. 이 부분에서 조종사는 화산의 정확한 위치, 화산재의 분화 최고 고도, 해당 지역을 통과할 때의 비행 고도 그리고 화산재와의 수평적 거리를 확인해야 한다. 특히 야간 비행의 경우에는 더욱 주의를 기울여야 한다. 대부분의 경우 운항관리사는 이를 충분히 확인하고 Flight Plan에 적극적으로 반영을 하나, 최종 책임은 조종사에게 있다. 부족한 내용이 있거나 혹은 의심이 가는 사항이 있으면 반드시 이를 확인하길 바란다.

---

27  Weather Update by ACARS equipped on board.

사실 Volcanic Ash Advisory는 MET section, 즉 기상으로 분류되어 설명이 되어 있으나 정확히 말하면 이는 기상현상과는 전혀 다른 것이다. 기온과 바람 등 일시적으로 비행기에 영향을 미치는 것이 아니라, 한번 부딪히면 그 비행기에 그대로 지속적으로 영향을 주는 것이기 때문이다.

```
VOLCANIC ASH ADVISORY

0000106700
123
FVXX01 LPPW 230721
VA ADVISORY
DTG:  20181023/0700Z
VAAC:  TOULOUSE
VOLCANO:  CAMPI FLEGREI 211010
PSN:  N4049 E01408
AREA:  ITALY
SUMMIT ELEV:  458M
ADVISORY NR:  2018/02
INFO SOURCE:  VONA
AVIATION COLOUR CODE:  RED
ERUPTION DETAILS:  EXERCISE VOLCITA 2018 PLEASE DISREGARD
OBS VA DTG:  23/0700Z
OBS VA CLD:  SFC/FL460 N4135 E01325 - N4130 E01510 - N3920 E01445 -
N3925 E01205 - N4135 E01325 MOV SSO 30KT
FCST VA CLD +6HR:  23/1300Z SFC/FL460 N4140 E01120 - N4145 E01525 -
N3255 E01445 - N3400 E00925 - N4140 E01120
FCST VA CLD +12HR:  23/1900Z SFC/FL070 N4220 E01205 - N4135 E01605 -
N3155 E01125 - N3410 E00900 - N4220 E01205 FL070/460 N4010 E00820 -
N4215 E01520 - N2935 E02040 - N2655 E01430 - N4010 E00820
FCST VA CLD +18HR:  24/0100Z SFC/FL100 N4230 E01120 - N4225 E01605 -
N2830 E01400 - N2955 E00840 - N4230 E01120 FL100/460 N3725 E00140 -
N4325 E01445 - N3520 E01710 - N3000 E02905 - N2535 E02040 - N3725
E00140
RMK:  EXERCISE EXERCISE EXERCISE
NXT ADVISORY:  NO LATER THAN 20181023/1300Z
=
```

# NOTOC(Notification To Captain)

비행기에 위험화물(Dangerous Goods)이나 특수한 주의가 필요한 화물(Special Load)이 탑재되어 있는 경우에 화물책임자Load Master가 이를 해당 기장에게 보고하는 서류를 'NOTOC'이라고 한다. 화물칸(Cargo Hold)에 탑재된 화물에 대해서만 기재되어 있으며, 객실에 탑재된 특수화물에 대해서는 특별히 기재를 하지 않는다. 왜냐하면 NOTOC의 목적은 비행 중 화물칸의 화물에 문제가 발생했을 때 그 접근이 용이하지 않아 그 문제 해결에 제한이 생기는 경우 해당 화물에 대한 상세한 내용 그리고 그 취급 방법을 조종사에게 미리 알리는 데 있기 때문이다.

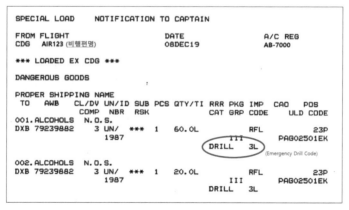

→ NOTOC(Dangerous Goods & Special Loads)

위에서 예로 든 양식 외에 NOTOC의 양식은 여러 가지 형태가 있을 수 있지만 여기에서도 반드시 확인해야 할 것이 있다. 그렇다. 위에서 아래로 그리고 왼쪽에서 오른쪽으로 확인하는 것, 바로 해당 비행편명과 날짜 그리고 화물 책임자(Special Load Master)의 이름과 사인이 반드시 확인되어야 한다. 즉, 내 비행기에 제대로 적재되어 있는 화물이 맞는지 확인해야 한다. 내 화물에 어떠한 위험한 물건이 실려 있는지 기장은 반드시 확인하고 그 내용을 인지해야 하며 나아가 비상시 적절하게 대응해야 한다.

항공사마다 위험물(Dangerous Goods)의 적재 가능 여부가 해당국의 항공청의 승인 여부에 따라 다르다. 각 국가마다 적용하는 기준이 다르고 항공사들의 대응 능력에도 차이가 있기 때문이다. 특히 승객 수송에 이용되는 여객기에 위험물이 적재될 수 있는지는 여부, 적재가 가능하다면 어느 물품에 대해서까지 허용이 되는지 그리고 그 허용되는 양과 크기는 어떻게 되는지 반드시 확인되어야 한다.

➔ IATA Dangerous Goods Regulation & Emergency Response Guidance

위험물 수송에 관하여 국가들의 일관된 그리고 공통된 규정을 필요로 하기에 IATA

(International Air Transportation Association, 국제항공운송협회)에서 정기적으로 'Dangerous Good Regulation Booklet'을 발간하고 있다. 대부분의 항공사들은 이 규정에 의거하여 위험물 수송을 하고 있다. 여러분도 한번쯤 이 규정집을 본 적이 있을 것이다. 비행기 조종실에도 비치되어 있지만, 그렇다고 조종사가 굳이 이 내용을 다 외우고 알 필요는 없다. 화물 책임자가 그의 책임하에 규정에 맞춰 화물 적재를 했을 것으로 확인하는 것으로도 충분하다고 본다. 하지만 한 가지 조종사가 꼭 확인해야 하는 것이 있다.

비행 중 해당 화물에 의해서 비상 상황이 발생했을 때 어떻게 대처를 해야 하는지 그 절차가 기술되어 있는 Booklet이 바로 Emergency Response Guidance이다. 비행 중에는 주위의 도움을 직접적으로 받을 수 있는 상황이 아니기 때문에 조종사가 각각의 위험 화물에 어떻게 대응을 해야 하는지 그 대응 수칙에 대해서 미리 알고 있어야 하며 상황 발생 시 신속하게 대응해야 한다. 위에 예로 든 NOTOC을 보면 각각의 위험화물 항목마다 DRILL이라는 이름으로 된 코드가 있는데, 위의 예에서는 '3L'으로 되어 있다. 이것이 Drill Code이다. Emergency Response Guidance Booklet의 내용 중에 그 'Drill Code Table'이 있다. 그 Table을 참조로 3L를 찾으면 비상시 어떻게 대처해야 하는지 알 수 있다. 위험 화물의 위험 정도 그리고 화학적 물리적 특성이 각기 다르기 때문에 각각의 위험 화물마다 그 적용해야 할 Drill Code가 모두 다르다. 따라서 NOTOC의 Drill Code를 위험 화물별로 확인을 할 필요가 있다. 여러분들이 비행을 할 때 조종실에 비치된 Booklet을 한번 살펴보는 것도 큰 도움이 되리라 생각한다.

이러한 IATA ICAO 규정들도 주기적으로 개정이 되기 때문에 조종실에 비치된 규정책자들이 제대로 Update되어 있는지도 확인해야 할 것이다. 그리고 가장 중요한 것, 바로 NOTOC의 내용에 대해서 확실하지 않은 것 또는 의문의 여지가 있는 항목에 대해서는 반드시 Load Master에게 적극적으로 확인해 봐야 한다는 것이다. 최종 책임은 조종사가 지는 거니까.

## Table 4-1.    Aircraft Emergency Response Drills

1. COMPLETE APPROPRIATE AIRCRAFT EMERGENCY PROCEDURES.
2. CONSIDER LANDING AS SOON AS PRACTICABLE.
3. USE DRILL FROM THE CHART BELOW.

| DRILL NO. | INHERENT RISK | RISK TO AIRCRAFT | RISK TO OCCUPANTS | SPILL OR LEAK PROCEDURE | FIREFIGHTING PROCEDURE | ADDITIONAL CONSIDERATIONS |
|---|---|---|---|---|---|---|
| 1 | Explosion may cause structural failure | Fire and/or explosion | As indicated by the drill letter(s) | Use 100% oxygen; no smoking | All agents according to availability; use standard fire procedure | Possible abrupt loss of pressurization |
| 2 | Gas, non-flammable, pressure may create hazard in fire | Minimal | As indicated by the drill letter(s) | Use 100% oxygen; establish and maintain maximum ventilation for "A", "I" or "P" drill letter | All agents according to availability; use standard fire procedure | Possible abrupt loss of pressurization |
| 3 | Flammable liquid or solid | Fire and/or explosion | Smoke, fumes and heat, and as indicated by the drill letter(s) | Use 100% oxygen; establish and maintain maximum ventilation; no smoking; minimum electrics | All agents according to availability; no water on "W" drill letter | Possible loss of pressur... |

| DRILL NO. | INHERENT RISK | RISK TO AIRCRAFT | RISK TO OCCUPANTS | SPILL OR LEAK PROCEDURE | FIREFIGHTING PROCEDURE | ADDITIONAL CONSIDERATIONS |
|---|---|---|---|---|---|---|
| 9 | No general inherent risk | As indicated by the drill letter | As indicated by the drill letter | Use 100% oxygen; establish and maintain maximum ventilation if "A" drill letter | All agents according to availability | None |
| 10 | Gas, flammable, high fire risk if any ignition source present | Fire and/or explosion | Smoke, fumes and heat, and as indicated by the drill letter | Use 100% oxygen; establish and maintain maximum ventilation; no smoking; minimum electrics | All agents according to availability | Possible abrupt loss of pressurization |
| 11 | Infectious substances may affect humans or animals if inhaled, ingested or absorbed through the mucous | Contamination with infectious substances | Delayed infection to humans or animals | Do not touch. Minimum re-circulation and ventilation in affected area | All agents according to availability. No water on "Y" drill letter | Call for a qualified person to meet aircraft |

➜    Emergency Response Guidance Drill Code table

# Special Airport Information

공항의 자체적 상황에 따라서, 또는 공항마다 그때그때의 판단에 따라서 운항하는 항공사들에게 통보하는 특별한 내용이 있다. 공항의 유도로 또는 활주로 공사라든지 항공 교통이 복잡한 시간(Peak Time)에 어떻게 공항 내 항공교통통제(CDM[28])을 하는지 등이 그런 것이다. 물론 NOTAM을 통해서도 그 내용을 알릴 수 있지만 경우에 따라서 그 내용을 공항 자체적으로 제작한 분리된 자료로 배포하기도 한다.

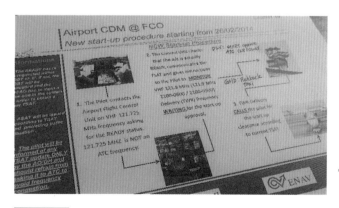

→ Rome FCO airport, CDM

---

28 CDM, Collaborative Decision Making: The objective of the Airport CDM project is to improve the overall efficiency of operations at an airport, with a particular focus on the aircraft turn-around procedures. This is achieved by enhancing the decision-making process by the sharing of up-to-date relevant information and by taking into account the preferences, available resources, and the requirements of those who are involved at the airport (such as airline operators, air traffic control, handling agents, and the airport management). (LIDO/GEN/RAR)

실제로 비행 갔던 Rome FCO 공항의 Departure Flow Chart(CDM procedure) 이다. 이러한 공항별 정보는 Station Manager에 의해서 배포되는 경우가 많기 때문에 비행 전 미리 확인하기는 어렵다. 하지만 Station Manager는 해당 공항에 대한 정보와 경험이 많기 때문에 부족한 내용 또는 이해하지 못한 내용이 있다면 Station manager에게 확인하거나 필요하다면 그 절차를 위임해서 업무(Delegate)를 수월하게 이끌어 가는 것도 좋은 방법이다.

해당 공항의 특성을 제대로 이해하지 못하고 그 절차를 제시간에 또는 제대로 수행하지 못한 결과로 출발 순서가 뒤로 밀리는 예정된 시간에 출발을 못하는 그런 Penalty 아닌 Penalty를 받을 수도 있다. 주어진 공항의 Special Information에 따라서 내용을 확인하고 적절한 절차를 수행하는 것이 중요하다고 하겠다. 특별히 어려운 것은 없다고 하겠지만 아무리 사소한 내용이라도 모르고 있으면 당황스럽게 되는 것이다.

# CHAPTER

# 4

·····························································

# Preparation in Cockpit

# Crew Briefing

---

Crew Briefing은 Leadership을 만들어 가는 과정이다
Crew Briefing → Leadership Build Up → Good CRM → Good Teamwork

---

　비행 관련 서류(Flight Package)를 확인한 다음 이러한 내용을 혼자만 알고 있어서는 안 되고 이를 다른 모든 Crew들과 공유해야 한다. 같이 비행할 조종사들과의 소통 및 정보 공유 그리고 의견 교환은 당연한 것이고, 객실 승무원들과의 비행 정보 교환도 그 어느 것 못지않게 중요하다. 이는 앞서 강조한 CRM의 관점에서도 객실 승무원과 조종사들의 관계 형성에 있어서 그 시작점이 되고 오늘 비행 전반에 걸쳐 서로가 영향을 미칠 수 있는 첫 공식적 대면이기 때문이다. '3초의 법칙'까지는 아니더라도 그 첫인상과 느낌이 중요하다는 말이다. 다시 한번 말하지만, 비행도 결국은 사람이 하는 거다.

　각 항공사마다 객실 승무원과의 브리핑에 대한 나름대로의 내부 규정이 있기 때문에 여기에서는 일반적이고 필수적으로 공통되는 사항들만 간략하게 살펴보겠다.

| Cockpit & Cabin Crew Briefing(Joint Briefing) | |
|---|---|
| Introduction | 조종사와 객실승무원의 상호 소개<br>기장의 Command Chain(추가된 Cockpit Crew가 있는 경우) |
| Flight Details | 지상이동시간 비행시간 고도[29] 기상예보 |
| Safety & Security | 출발 및 도착 공항의 특수한 안전 규정 보안 상황<br>공항별 안전 및 보안 등급 등[30] |
| Special passenger | 특별한 도움이 필요한 승객(휠체어 또는 의료장비요구승객)<br>항공사에서 지정한 특별승객(VIP) |

이 외에 다른 추가적인 사항이 항공사에 의해서 규정되어 있다면 항공사에서 요구하는 내용들을 추가해서 그에 맞춰 진행하면 되겠다. 하지만 여기서 강조하고 싶은 것이 있다. Crew Briefing이라는 것이 결국은 뭘 위한 것인가?

그것은 바로 'Leadership Build Up을 통한 바람직한 CRM의 형성'이다. 기장은 대면하는 객실 승무원들에게 비행의 리더로서 믿음과 편안함(Being trustable and approachable)을 동시에 주어야 한다. 그러기 위해서 필요한 테크닉은 앞서 CRM 부분에서 우리가 자세히 알아보았던 사항들을 여기에 적용하면 되는 것이다. 이제 객실 승무원과의 직접적인 CRM이 시작되는 것이다. 이러한 CRM을 통해서 궁극적 목표인 'Teamwork'를 만들어 가는 것이다.

Briefing은 말 그대로 'Brief'해야 한다. 간략하게 중요한 사항들을 임팩트 있게 전달하고 피드백을 받는 것이 브리핑이다. 간혹 보면 연설하듯이 장황하게 중구난방식으로 늘어 놓는 조종사들이 있는데, 듣는 입장에서는 집중도 안 될 뿐만 아니라 과연 뭐가 중요한 것인지 헷갈리게 된다. '간략한 강조 Simple Impact' 그것이 Briefing이다.

---

29  Time of Useful Consciousness, 객실승무원에게 비행 고도를 알려 주는 목적은 무산소최대인지능력시간(Time of Useful Consciousness)을 위해서이다.

| Altitude | Time of Useful Consciousness |
|---|---|
| 45,000 feet MSL | 9 to 15 seconds |
| 40,000 feet MSL | 15 to 20 seconds |
| 35,000 feet MSL | 30 to 60 seconds |
| 30,000 feet MSL | 1 to 2 minutes |
| 28,000 feet MSL | 2½ to 3 minutes |
| 25,000 feet MSL | 3 to 5 minutes |
| 22,000 feet MSL | 5 to 10 minutes |
| 20,000 feet MSL | 30 minutes or more |

30  공항의 안전보안등급에 따라서 Level of cabin security search and/or passenger boarding screening, Cabin crew boarding position이 달라질 수도 있다.

# Collaborate with staffs helping you

승무원 출국심사와 보안검색을 끝내고 마침내 비행기에 도착한다. 그곳엔 언제나 우리를 기다리고 있는 스태프들이 있다. 누가 있을까?

- Staffs supporting flight crews -

정비사(Engineer)

지점 책임자(Station Manager or Boarding gate manager)

운항관리사(Dispatcher)

화물관리 책임자(Loadmaster)

항공기 정비사(Engineer)

운항 관리사(Dispatcher)

출국팀(Boarding gate staff)　　　　　　　화물적재 책임자(Load Master)

　비행기에 승객이든 스태프이든 사람이 탑승해 있으면 조종실엔 반드시 비행기를 통제할 수 있는 사람이 있어야 한다. 비상 상황에 조종석에서 비행기를 조작할 수 있는 자격이 있는 사람은 조종사와 해당 비행기의 Type rating이 있는 정비사(Engineer)이다. 조종사가 비행기에 도착하기 전엔 정비사가 조종실 기자재 취급의 권한이 있지만, 조종사가 조종실에 도착하면 그 권한은 조종사에게 넘어가게 된다. 이 순간부터 정비사는 조종실의 모든 기자재의 취급에 있어서 조종사의 허락을 받아야 하고 그 변동 사항을 조종사에게 반드시 알려야 한다. 만약 현재 비행기의 정비 또는 수리가 진행되고 있는 상황이라면 정비사는 조종사가 하지 말아야 할 기자재 취급을 반드시 알려 줘야 하고 조종사는 평소와 다르게 기자재가 취급되어 있으면 해당 기자재를 조작하기 전에 이를 정비사에게 확인해야 한다. 예를 들어 타이어 교체를 하고 있다면 조종사는 Parking Brake를 조작하지 말아야 하며, 정비사는 이를 조종사에게 알려야 한다.

➜　　조종사와 정비사의 적절한 소통은 비행 안전에 필수적인 요소이다.

지점 책임자(Station Manager) 또는 탑승구 책임자(Boarding Desk)는 비행기의 마지막 문이 닫힐 때까지 기장에게 승객의 탑승 상황을 보고한다. 예약된 승객들이 탑승의 준비가 되어 있는지, 연결편에서 승객이 오는 경우에는 그 연결편의 지연은 없는지 그리고 특별한 도움이 필요한 승객이 있어서 추가 탑승 시간이 필요한지 등등 탑승할 승객에 관한 필요한 모든 사항을 지속적으로 기장에게 보고하게 된다. 특히 승객 탑승 및 관리에 있어서는 Station Manager, 객실 승무원(사무장, Purser) 그리고 조종사의 정보 공유와 유기적인 협조가 필수적이다. 이는 OTP(On Time Performance)를 위한 기장의 Time Management에 직결되기 때문이다.

운항관리사는 예상 비행기 무게(EZFW, Estimated Zero Fuel Weight)와 예상 이륙 무게(ETOW, Estimated Take Off Weight)에 근거해서 Flight Plan을 생산한다. 만약 예상된 무게보다 무겁거나 아니면 가벼워서 Flight Plan을 변경할 필요가 있는 경우에 이를 조종사와 협의하여 Flight Plan을 재생산하기도 한다. 이는 항공기 총 중량(Gross Weight)이 순항 고도(Cruise Altitude)와 순항 속도(Cruise Speed)의 결정에 중요한 영향을 미치고 그에 따라서 예상 연료소모량(Estimated Fuel Burn) 또한 바뀌기 때문이다. 회사마다 내부 규정에 따라 Flight Plan을 재생산할 것인지 아니면 그렇지 않을 건지는 회사 내부 규정에 따라 다르게 적용될 수 있다. 만약 Flight Plan에 대해서 의문 사항이 있거나 또는 건의하여 추가할 사항들이 있는 경우엔 조종사는 운항관리사와 직접 연락해야 한다. 모르는 내용을 사소한 것으로 인식하고 그냥 넘어가지 않고 담당자에게 확인하는 습관을 갖도록 하자. 대체로 운항관리사는 탑승구에 나오지 않고 Company Frequency로 연결되는 것이 일반적이기는 하지만, Station manager를 통해서 이를 위임할 수도 있고 company operation frequency를 통해서 직접 운항관리사에게 연락할 수도 있다. 어떠한 방법이 되었든 조종사와 운항관리사와의 상호 비행 계획서Flight Plan에 대한 정확한 인식과 이해가 되어 있어야 한다는 것이 중요하다. 왜냐하면, 비행 계획서Flight Plan의 숫자 하나하나가 항공기의 운항 성능(Flight Performance)에 직접적으로 영향을 미칠 수 있기 때문이다.

화물적재 책임자Load Master는 말 그대로 비행기 Cargo Hold에 실리게 되는 모든 화물의 적재에 관하여 관리 책임이 있다. 대형 항공기일수록 승객의 탑승보다 화물의 적재가 항공기 운항 정시성(OTP)에 더 많은 영향을 미치기도 한다. 특히 예상치 못한 승객의 하기(Offload)로 인하여 이미 적재된 해당 승객의 화물을 다시 하기(Offload)해야 하는 상황에서는 화물적재 책임자Load Master의 보고와 기장의 협력이 무엇보다도 중요하다고 하겠다. 이와 더불어NOTOC이 여기에서 생산되고 조종사에게 최종 인계되는데, 특히 위험물(Dangerous Goods)에 대해서는 그 종류와 위치 그리고 규정에 따라 적재되었는지 반드시 구두로 확인해야 한다. 조종사가 직접 규정을 찾아서 일일이 확인해 볼 필요는 없을 것이다. 한번 물어보는 것으로써 대부분 충분하리라 생각한다.

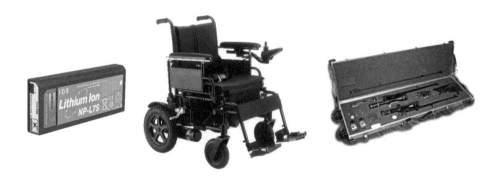

➜ 위험 화물들, 리튬 배터리 전동 휠체어 총기류

# Time Management

하나의 비행을 위해서 직접 비행에 뛰어드는 조종사뿐만 아니라 수많은 부서의 관련 스태프들이 각자에게 주어진 업무를 수행한다. 결국 이들은 최종적으로 조종사들이 최상의 업무효율을 낼 수 있도록 지원하고 도와주는 사람들이다. 그들에게서 넘겨진 정보와 자료들은 결국엔 조종사들의 손에 쥐어지고 그 최종 책임이 조종사에게 지워지는 것이다.

- Flight Safety, First!
- Compliance with rules & regulations
- Commercial Efficiency with OTP(On Time Performance)

그렇다면 그들과 어떻게 해야 하겠는가? 그들의 능력과 정보를 최대한 활용해야 한다. 그들의 최종적인 업무는 완성된 한 편의 비행을 위하여 조종사에게 최적의 자료를 제공하고 최선의 지원을 하는 것이다. 그렇게 주어진 정보를 토대로 조종사는 Time Plan을 나름대로 세워야 한다. Time Management가 그것이다. 예정된 출발 시간을 지킬 수 있는지, 그와 더불어 조종실의 준비는 안전하게 마칠 수 있는지 그리고 공항 관제와 협조가 필요한지 등, 시간을 계획하고 관리해야 한다는 것이다.

그들의 지원을 바탕으로 조종사는 필요한 비행 자료와 준비(Cockpit setup and Cabin preparation)를 하게 되고 이는 다시 비행 안전(Flight Safety)의 확보로 이어진다. 예를 들어 Offload된 승객의 가방을 Loadmaster가 출발 시간에 쫓겨 Offload하지 않았다면 비행의 안전이 확보되었다고 할 수 있겠는가?

만약 복잡한 유럽의 어느 한 공항에서 출발을 한다면 그 공항에 적용되는 항공교통통제규정(CDM or Air Traffic Flow Control Rules)에 따라 주어진 출발 시간(CTOT: Calculated Time of Takeoff)을 맞춰서 비행 준비를 하고 할당된 시간에 이륙을 해야 한다. 이러한 규정을 적극적으로 준수할 수 있어야 한다. 다른 모든 상업 항공기들도 나와 같은 목적으로 공항에서 준비를 하고 있을 것이며, 이 공항 또한 나 혼자만을 위한 공간과 시간이 아니기 때문이다.

상업 항공사의 특성상 계획된 비행 시간의 준수는 어떻게 보면 업보에 가깝다. 항공사는 비행기의 활용도를 최대한으로 하고 이를 통하여 고객과의 신뢰를 높이면서 최대의 수익을 창출하고 또한 이러한 항공사의 정시성 능력을 바탕으로 사업 계획상 그리고 운항계획상의 새로운 Slot을 취득하는 데도 중요한 요소로서 활용을 해야 하기 때문이다.

On Time Performance(OTP), 즉 예정된 출발 시간에 출발할 수 있도록 객실, 지상 직원들과 지속적으로 협의를 하고 이를 조종실 준비에도 적용해야 한다. 필요하다면 예정된 출발 시간의 변경을 요청하고 이를 관련된 모든 직원들과 공유해야 한다. 이를 위해서 기장은 주어진 모든 정보를 바탕으로 하여 Time Plan을 짜고 이러한 기장을 정점으로 한 스태프들과의 유기적인 협조가 필수적으로 존재해야 한다. 그렇다고 해서 정시 출발에만 집념한 채 절대적으로 필요한 작업까지 무시하라는 말은 더더욱 아니다. 언제나 안전의 확보가 최우선시 되어야 한다는 것을 잊지 말아야 한다.

조종사 주위에 있는 모든 스태프들은 조종사의 원활한 비행 업무를 위하여 존재한다. 조종사는 그들과 협력하여 비행의 안전을 최대한으로 확보함과 동시에 항공사의 효율성을 높일 수 있도록 적절한 'Time Management'를 해야 한다.

➔　복잡한 공항에서 시간 관리는 항공사 운항효율을 위해서 필수적이다.

〈Pan AM 103〉

언제: 1988년 12월 21일

어디서: Lockerbie, Scotland, United Kingdom

항공사: Pan Am B747-121(N739PA)

탑승 승무원 & 승객: 16/243명

탑승자 전원 사망(259명)/지상 인명 피해 사망(11명)

1988년 12월 21일 미국 팬암 항공사 소속 B747-121항공기(Clipper Maid of the Sea)는 독일 프랑크푸르트 공항을 출발해 최종 목적지인 미국 디트로이트 국제공항을 향해 이륙했다. 이 항공기는 중간 기착지로 런던 히드로 공항과 미국 뉴욕 JFK 공항을 경유하기로 되어 있었다. 순조롭게 출발한 PA103편은 예정된 대로 런던 히드로 공항에서 승객과 화물을 싣고 현지 시각 18시 25분에 이륙했다. 다음 기착지는 뉴욕 JFK 공항.

18시 58분, PA103편은 예정된 대서양 횡단을 위하여 Shanwick Oceanic Area Control과 교신에 성공한다. PA103편은 서쪽 방향으로 'Squawk code 0357' 고도 31,000ft로 비행하고 있었다. 그 시각은 19시 02분, PA103편의 'Squawk code 0357'이 갑자기 관제사의 레이더에서 잠시 번쩍이다가 곧 사라졌다. 관제사가 곧바로 무선 호출을 시도했지만 그 너머에서는 아무런 반응도 없었다. 최악의 항공기 테러가 일어나는 순간이었다.

스코틀랜드의 조용한 작은 마을 Lockerbie는 여느 때와 마찬가지로 조용한 이른 저녁을 맞이하고 있었다. 한가로운 그곳 위로 갈기갈기 찢어진 비행기 조각들과 엄청난 불덩이들이 우박처럼 쏟아져 내리기 시작했다. 그것은 PA103편의 조각들이었다. 두 부분으로 분리된 B747기는 고도 19,000ft부터 수직 자유낙하를 하여 엄청난 가속도와 무게로 Lockerbie 마을을 산산조각 내 버렸다. 중력 가속도로 인한 충격으로 PA103편의 조각들은 Lockerbie 마을을 넘어 수 마일까지 퍼져 나갔다.

PA104편의 기장 James Bruce MacQuarri(당시 55세)는 총 비행 시간 11,000을 가진 베테랑 조종사였고, 부기장인 Ray Wagner(당시 52세) 또한 총 비행 시간 12,000시간을 가진 조종사였다. B747기종의 비행 시간도 각각 4,000시간과 5,500시간으로 충분한 경력과 경험을 가진 조종사들이었다.

PA103편의 첫 번째 중간 기착지인 런던 히드로 공항(LHR)에서 연결 항공편의 승객들과 그들의 가방 그리고 또다른 연결편의 가방들이 함께 실렸다. 그들의 가방 중에는 승객이 탑승하지 않은 가방(Unaccompanied Baggage)들도 포함되어 있었다. 몰타에서 가방 하나가 실려 런던 히드로 공항에 도착했다. 이 가방에는 소형 라디오로 제작된 폭탄이 함께 실려 있었던 것이었다. 이 라디오 폭탄이 Lockerbie 상공에서 폭발을 일으켜 PA130 B747기의 왼쪽 앞부분을 강타했고, PA130편의 조종사에게는 비상 절차를 수행할 여유도 주어지지 않은 채 지상으로 추락했던 것이었다.

사고 후 진행된 조사에서 리비아 테러 조직에 의한 폭탄 테러라고 결론이 났지만 사실은 아직까지 명확하게 누구에 의해서 지시되고 실행되었는지 밝혀지진 않았다. 해결되지 않은 미제 사고에 가깝다고 할 수 있다.

그때까지 항공기 안전에 관한 규정, 특히 항공 화물에 대한 규정이 미비했고 화물의 안전 상태를 점검할 수 있는 장비가 보급되기 전이었기 때문에 대부분의 화물과 가방들은 별다른 확인 절차 없이 비행기에 실렸다. 게다가 PA103편에 실린 가방들 중에는 그 가방의 소유 승객이 탑승하지 않고 가방만 운송되는 경우까지 있었다. 이 사건 이후로 각 국가들과 항공사들은 항공 수화물 검색과 안전에 관한 규정을 강화하고 검색할 수 있는 장비들을 개발하고 보급하게 되었다. 특히 이 사고로 승객이 탑승하지 않으면 Check-in baggage도 같이 비행기에 싣지 않는 규정이 생기게 된다. Lockerbie 사건은 현재 모든 항공사에서 적용하고 있는 'No carriage of unaccompanied baggage' 규정이 생기는 결정적인 계기가 되었던 것이다.

이 사고는 항공사들에게 비행 안전과 보안에 대해서 엄격한 규정과 시설 유지 그리고 그 경각심을 일깨우게 했다. 규정이 있더라도 제대로 수행을 하지 않으면 그 규정은 무용지물이 된다. 적절한 항공화물에 대한 규정과 그에 따른 화물의 보안 검색을 절차대로 수행했더라면 막을 수 있었던 사건이었기 때문이다.

모든 스태프들이 각자의 위치에서 최선을 다한다는 것을 믿는다. 하지만 비행기의 마지막 문을 닫는 순간 모든 책임은 조종사에게 주어진다. 스태프들과 조화롭게 협력하고 그리고 그 내용을 확인하고 또 확인해야 한다. 여러분들이 수행하는 절차 하나하나 그리고 여러분들이 지키고 있는 규정 하나하나가 스위스치즈의 그 마지막 Hole을 막을 수도 있다는 것을 잊지 말아야 한다. 막을 수 있는 사고는 어떻게든 막아 보고, 막지 못한다면 줄여라도 보자는 말이다. 그것이 남아 있는 우리 조종사들이 해야 할 일이 아닐까 생각한다.

# CHAPTER

# 5

......................................................................................................

# Pushback
# and Taxi Out

**Pushback Time Calculation for CTOT**

**Time to Pushback = CTOT(Calculated Take Off Time)**

**- De/Anti Icing(if needed)**

**- Taxi**

**- Push & ENG Start**

Ex) CTOT 0930이라면, Time to Pushback 0835

Time to Pushback = 0930(CTOT) - 20min (De/Anti Icing) - 25min (Taxi) - 10min (Push & ENG Start)

다시 두바이 공항에서 출발하는 오늘의 비행으로 돌아와 보자.

유럽에서 도착하는 연결편의 승객들을 기다리느라 20분 정도 출발 지연이 된 것 말고는 순조롭게 비행 준비가 되어 가고 있었다. Jet Bridge를 보니 마지막 승객들이 빠른 걸음으로 Boarding Staff의 안내를 받으며 우리 쪽으로 오고 있었다. 마지막 승객인 걸 어렵지 않게 알 수 있었다. 마침 Station Manager가 Cockpit으로 들어와 "All On Board, Captain!"이라는 말과 함께 가벼운 미소를 지어 보였다. 그 뒤에 사무장이 기다리고 있었다. "Well done, Thanks much!"라는 감사의 말과 함께 보관해 뒀던 'Station Document-Load Sheet, NOTOC, Tech Log[31]'을 건네주었다.

기다렸다는 듯이 사무장이 "Can I close the last Door?"라고 물어보자 나는 "All

---

31  Station Copy 항목은 항공사마다 그리고 각국의 항공 규정에 따라 다를 수 있다.

paper works done and all on board?"라고 다시 한번 확인 질문을 했다. 단순해 보이는 질문이지만 오늘처럼 약간의 출발 지연이 있는 경우엔 서로가 마음이 급해질 수 있는 것이 인지상정이다. 바보스럽지만 다시 한번 객실의 준비를 점검한다는 의미로 물어보는 것이 좋다. 실제로 지상 직원이 아직 내리지도 않았는데 비행기를 출발시켜 Ramp Return을 한 경우도 있다는 걸 보면 이러한 단순한 질문 하나가 불필요한 운항차질을 미연에 방지하기도 한다.

사무장의 "Cabin is all ready!"라는 대답에 기장은 "Close the last Door." 허락을 하고 비행의 준비를 마쳤다.

**Before Closing the last cabin door(마지막 확인 사항)**

- **All Passengers on board**

- **All Paper works completed**

- **Ground Staffs offloaded**

# Airway Clearance(Departure Clearance)

공항마다 ATC Clearance에 관한 규정이 모두 다르다. 특히 Request를 하는 시간이 정해져 있고 Report해야 할 사항들이 다르게 적용되어 있기 때문에 반드시 이를 확인하고 Request하기 바란다. 이는 Frequency Congestion을 방지하고 ATC communication의 실수를 줄일 수 있는 서로의 약속이기 때문에 가급적 절차에 서술된 항목의 순서대로 request 할 필요가 있다.

---

Departing ACFT shall contact DLV 10min prior to start-up and report:
- ACFT callsign
- ACFT type
- Stand
- Requested FL
- DEST
- Route
- ACFT routing via P574/M318 report crossing LVL for PAPAR / GABKO if below transition ALT.

➔ DXB ATC Clearance requirement

ATC Clearance는 VHF Radio를 이용하여 조종사가 직접 ATC와 교신하여 Departure Clearance를 부여 받는 방법과 Data Link Service(DCL, PDC)를 이용하는 방법이 있다. 두바이 공항을 한번 볼까?

두바이DXB 공항은 'DCL-Departure Clearance Data Link Service(ICAO)'라고 명시되어 있다. DCL은 조종사가 Data Link service를 이용해서 ATC와 직접 message(Departure request & Departure Clearance)를 주고받는 시스템이다. 이러한 경우는 조종사와 ATC가 Data Link를 통하여 직접 의사소통을 하기 때문에 조종사가 DCL의 수신 확인(ACK-Acknowledgement)을 cockpit에서 시스템상으로 하면 별도의 Voice Readback 절차를 필요로 하지 않는다.

**Data Link Service for Departure Clearance**
  - **DCL (ACARS)**[32]
  - **DCL (CPDLC)**[33]**/U.S.**
  - **PDC (ACARS)/Australia, China (Voice readback required)**

DCL 중에는 ACARS를 이용하는 경우와 CPDLC를 이용하는 방법 두 가지가 있는데, 대부분의 공항들은 ACARS를 통한 DCL을 사용하고 있으나 최근 미국에서는 CPDLC를 이용한 DCL을 운용하는 공항들이 점차 늘어나고 있는 추세이다. 이는 항공기와 ATC가 직접 Data를 주고받는다는 점에서는 ACARS를 이용한 DCL과 동일하나 'CPDLC Log on'이 필요하다는 점에서 차이가 있다. 하지만 CPDLC를 이용한 DCL은 전송된 Departure Clearance가 직접 FMS에 입력이 가능하다는 점에서 그 큰 장점이 있다고 할 수 있는데 이렇게 함으로써 전송된 Departure Clearance가 조종사의 실수로 인하여 잘못 입력될 가능성을 줄일 수 있다. 앞으로는 CPDLC를 이용한 DCL이 전반적으로 사용될 것이라고 조심스럽게 예상해 본다.

Data Link Service를 이용한 Departure Clearance를 받는 또 다른 방법으로는 'PDC-Pre Departure Clearance(ICAO)'가 있는데 이 또한 조종사가 직접 ATC

---

32  ACARS, Airport Communication Addressing Reporting System

33  CPDLC, Controller Pilot Data Link Communication

와 무선 교신을 하는 것이 아니고 Data Link Service를 이용하는 점에서는 DCL 과 동일하다. 중국의 공항들이나 시드니SYD 공항을 그 예로 들 수 있겠다. 하지만 PDC는 ATC가 Departure Clearance를 요청하는 해당 비행기가 아닌 소속 항공사 (Airline operation)에 Departure Clearance를 부여하고 이를 받은 항공사는 그 내 용을 ACARS 또는 Gate Link를 이용하여 해당 비행기로 송신하게 된다. 따라서 ATC는 실제로 조종사가 Departure Clearance를 받았는지 직접 확인을 할 필요가 있기 때문에 조종사에게 Voice Readback을 요구하게 되는 것이다.

이러한 DCL과 PDC는 그 기술적 절차적인 부분에서 다소 차이가 있을 뿐 Data Link Service(ACARS 또는 CPDLC)를 이용해서 ATC Clearance를 받는다는 것 에는 큰 차이가 없다. 단지 조종사 입장에서는 PDC를 이용할 경우에는 ATC에 Departure Clearance Readback 해야 하는 절차가 추가적으로 필요하다고 하겠 다. 이러한 상세한 절차도 해당 공항의 General Information에서 확인할 수 있고, 특히 ATIS[34]의 내용에도 포함되어 있을 수 있다.

---

34 ATIS, Automatic Terminal Information Service(ICAO)

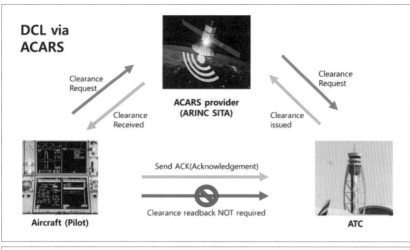

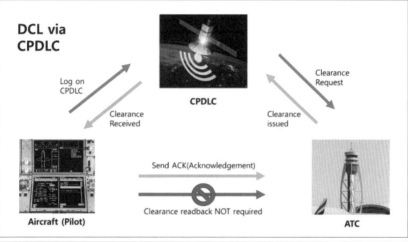

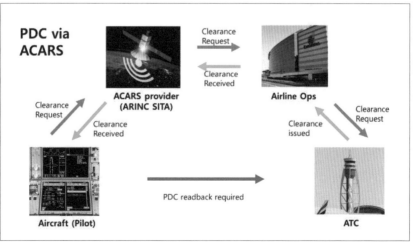

대부분의 경우에는 Flight Plan상의 Route와 동일하게 ATC Clearance가 나오지만 공항에 따라서 특히 복잡한 공항의 경우엔 Standard Instrument Departure Procedure(SID)와 Transition sector가 예상과 다르게 나올 수 있다. DCL/PDC를 받으면 반드시 Clearance 하나하나를 확인하길 바란다. 만약 복잡한 공항에서 실제 Clearance와 다르게 FMS에 입력이 되어 비행을 한다면 다른 항공기와 충돌할 우려가 있고 ATC Violation까지 범하게 되는 것이다.

여기서 중요한 한 가지. 비행기의 이륙 중량(Actual Takeoff Weight)과 기상조건에 따라서 ATC Clearance에서 주어진 SID(Standard Instrument Departure)의 Waypoint상의 Altitude/Speed Constraint(Requirement)를 충족시킬 수 없는 상황이 발생할 수도 있다. 특히 더운 여름 기온과 습도가 높아지고 낮은 기압과 더불어 항공기의 이륙 및 상승 성능(Takeoff & Climb Performance)이 저하되는 경우, 이러한 내용을 ATC(Clearance Delivery)에 가급적 이른 시기(as early as possible)에 알려야 한다. 대부분 FMS상에서 SID의 Altitude/Speed Constraint의 충족 여부를 확인할 수 있기 때문에 ATC Clearance Delivery에 그 내용을 사전에 충분히 일찍 알리는 것이 좋다. 이렇게 함으로써 ATC는 Departure controller와 유기적으로 연결하여 Air traffic separation을 할 수 있게 되는 것이다.

# Door Closure and Pushback

Captain holds full and final responsibility after door closure.
(비행기의 마지막 Door가 닫힌 후엔 최종적 책임은 기장에게 주어진다.)

Use all available given resources to make proper decisions.
(최선의 결정을 위하여 주어진 그리고 가능한 모든 자원들을 사용하라.)
- Cockpit crew and Cabin crew
- Air Traffic Controllers
- Company support (Operation Dispatcher Maintenance Medical)

비행기의 마지막 문이 닫히는 순간부터 이제 모든 최종적 책임은 기장에게 주어진다. 기내에서 일어나는 모든 일들에 대해서 기장은 항공사의 규정과 절차 그리고 자신의 경험에 따라서 최종적인 합리적 판단을 하게 되는 것이다. 이러한 최종적 결론에 이르기까지는 주어진 모든 정보와 자원들을 활용해야 한다. 앞서 말했던 CRM은 기본이고 이와 더불어 비행기 운항에 관련된 모든 참여기관, 즉 Company Operation center, Dispatcher, ATC, Maintenance, Medical Service 등 활용 가능한 모든 요소들을 동원하여 최종적이고 합리적인 판단을 내려야 한다.

그래서 기장은 말을 하는 사람이 아니라 듣는 사람이라고 한 것이다. 이러한 배경 지식과 전제를 가지고 비행을 한 단계씩 해 나가 보자.

비행기의 모든 Door가 닫히고 이내, Ground Technician으로부터 Intercom이 들어왔다.

Technician: "Ground to Cockpit, All doors are closed and checked. Ready for pushback."
Cockpit: "Roger, Standby for pushback Clearance."

여기에서 짚고 넘어가야 할 중요한 부분이 나온다. 공항마다 Pushback을 요청하는 시기가 정해져 있다는 것이다. 비행기가 움직일 모든 준비가 된 후(Ready for Pushback)에 Pushback 요청을 해야 하는 공항이 있고 Pushback 5분 전 또는 10분 전에 pushback request를 해야 하는 공항도 있다. 그렇다면 'Ready for Pushback'이라는 상황은 어떠한 부분이 준비되어 있어야 한다는 말인가?

**When is pushback ready?**
  **- All Doors(Cabin and cargo doors) are closed**
  **- Jet Bridge disconnected and cleared**
  **- Tow Truck connected and Technician report Ready**

인천 공항을 예로 들어 보자.

TSAT(Target Start-up Approval Time)을 기준으로 +5분 이내에 Pushback을 요청해야 하고 만약 비행기가 'Not ready'로 인해서 Pushback이 불가하다면 TSAT을 새롭게 받아야 한다는 내용이다. 이는 주어진 TSAT에 대한 공항의 Time Management를 언급하는 것이고, 마지막 부분을 보면 'Pushback Approval is valid for 1min'이라는 내용이 나온다. Pushback 요청을 할 때는 모든 준비가, 즉

위의 세 가지 항목이 모두 완료가 된 이후에 하라는 내용이다. 1분이라는 시간 은 그리 긴 시간이 아니다. 복잡한 공항에서는 특히 원활한 Traffic Flow를 위해 서는 사소하게 보이는 절차도 반드시 지켜야 할 것이다. 만약 이를 어길 경우, 공 항에 따라서 심한 경우엔 ATC가 Pushback clearance를 취소하고 'Standby until further advised'라고 하기도 한다. 일종의 벌penalty, 징계이다.

자 그럼, Ready for Pushback이 되었으니 ATC에 Pushback 요청을 해 보자.

---

Pilot with TSAT shall contact APN to REQ start/push-back within 5min of TSAT after obtaining ATC CLR. Pilot without TSAT shall contact APN after obtaining ATC CLR when ready for start-up/push-back and report:
- call-sign
- Gate/Stand
- TSAT (if applicable)

If unable to commence push-back by TSAT +5min due to ACFT being unready, ATC CLR and TSAT will be cancelled. Pilot must notify AD OPS/GND handling to update the TOBT for a new TSAT before requesting a new ATC CLR. This also applies to ACFT returning back to blocks after push-back.

Delays may be expected due to other ACFT to push-back or to taxi as distances between ACFT gates/stands vary. If push-back is delayed due to APN traffic conditions, TSAT will remain valid even if it exceeds TSAT +5min . TOBT needs not to be updated for such situations.

In case of ENG start-up with GPU at gates due to APU malfunction or failure, contact APN earlier than TSAT window (±5min) considering the time required for ENG start-up and push-back.

Push-back approval is valid for 1min.

➜ ICN Departure section

| Pilot | Callsign |
|-------|----------|
|       | Category of Aircraft (only for Heavy or Super) |
|       | Parking Stand |
|       | ATIS Information |
|       | Request Start Up and Pushback |
| ATC   | Start Up and Pushback approved |
|       | Facing direction, if any |
|       |    - Disconnect position |
|       |    - Keep clear of Taxiway ** |
|       |    - Expect Taxi out via *** |

사실, Pushback절차 그리고 이를 관장하는 ATC구성도 공항마다 모두 상이하다. 두바이에서는 Ground controller가 Pushback을 관리하지만, 인천 공항의 경우엔 Apron controller가 이를 통제하고 관리한다. 그리고 International Communication Standard Phraseology가 규정되어 있지만 큰 틀의 표준 용어 안에서 필요한 부분을 수정해서 사용하기도 한다. 시드니SYD 공항의 경우 비행기의 Nose direction이 아닌 Tail Direction, 즉 'Pushback approved, Tail South'와 같은 것이 바로 그런 예일 것이다. 이러한 자세한 규정은 공항의 General Information 또는 NOTAM에서 어렵지 않게 찾을 수 있다. 이러한 절차들을 미리 확인하고 숙지하게 되면 실제 ATC와의 교신에서 실수를 줄일 수 있고 나아가 당황하지 않고 여유 있게 ATC와의 교신을 마무리할 수 있을 것이다. ATC로부터 주어진 Pushback instruction을 단순히 readback하는 것에서 그치지 말고 실질적으로 그 내용을 충분히 이해하여야 한다. 그래야만이 ATC instruction을 정확하게 ground technician(Tow truck)에게 전달할 수 있고 만일의 경우 그들의 실수를 인지할 수도 있다. 나아가 그 내용을 바탕으로 예상되는 Taxi instruction도 미리 확인해 볼 수 있을 것이다.

Pushback Clearance를 받았으면 지체하지 말고 그렇다고 서두르지도 말고, 그 내용을 Ground Technician에게 전달해야 한다. 만약 내용이 정확하게 전달되지 않아서 서로 다르게 이해하고 있거나, Pushback Clearance 자체가 불분명한 경우엔 ATC에 다시 확인해야 한다. 외국에서 출발하는 경우 Ground Technician은 현지 직원이 대부분이기 때문에 항공사 자체적으로 특별하게 규정하지 않는다면, 서로의 miscommunication을 피하기 위해 규격화된 표준 용어Standard Phraseology를 사용하길 권한다. 단순하고 간결한 용어로 필요한 의사전달을 하는 것이 서로의 이해를 높이고 의사소통의 실수를 줄일 수 있는 최선의 방법이라고 생각한다.

### 1.6.3.6.1 Ground Crew/Flight Crew Phraseologies

| Circumstances | Pilot | Ground Crew | Phraseologies |
|---|---|---|---|
| **STARTING PROCEDURES (GROUND CREW/COCKPIT)** | | | |
| | | X | [ARE YOU] READY TO START UP?; |
| | X | | STARTING NUMBER (engine number(s)). |
| **Note 1:** The ground crew should follow this exchange by either a reply on the intercom or a distinct visual signal to indicate that all is clear and that the start-up as indicated may proceed. | | | |
| **Note 2:** Unambiguous identification of the parties concerned is essential in any communications between ground crew and pilots. | | | |
| **PUSHBACK PROCEDURES** | | | |
| ... (ground crew/cockpit) | | X | ARE YOU READY FOR PUSHBACK?; |
| | X | | READY FOR PUSHBACK; |
| | | X | CONFIRM BRAKES RELEASED; |
| | X | | BRAKES RELEASED; |
| | | X | COMMENCING PUSHBACK; |
| | | X | PUSHBACK COMPLETED; |
| | X | | STOP PUSHBACK; |
| | | X | CONFIRM BRAKES SET; |
| | X | | BRAKES SET; |
| | X | | DISCONNECT; |
| | | X | DISCONNECTING STAND BY FOR VISUAL AT YOUR LEFT (or RIGHT). |
| **Note:** This exchange is followed by a visual signal to the pilot to indicate that disconnect is completed and all is clear for taxiing. | | | |

→ Standard Phraseology for pushback(LIDO/COM)

Pushback을 하는 동안에 비행기는 누구의 것인가?

Cockpit에서 비행 중에 반드시 누가 control을 하고 있는지, 즉 누가 'I have control.' 인지 서로 인지하는 것은 너무나 상식적이다. 그렇다면 Pushback하는 동안엔 과연 누가 'I have control.'을 외치고 있는 것일까? 사실 안전과 직결되는 중요한 내용일 뿐만 아니라 사고시 그 책임 소재에 관해서도 결정적인 역할을 할 수 있는 중요한 사항이지만 manual 어디에도 이와 관련된 명확하게 규정하고 있지 않다.

그럼 한번 알아보자.

　결론부터 말하자면, Ground Technician이 조종사에게 'Break release'를 요청하고 이에 대해 조종사가 'Break released'라고 대답하는 순간부터 비행기의 control은 Ground Technician에게 주어진다. 마치 'I have a control'에 대해서 'You have a control'이라고 하는 것과 같은 것이다.

　Pushback하는 동안에 조종사가 비행기를 control할 수 있는 방법에는 두 가지가 있다. 하나는 Nose wheel Steering에 의한 control이고, 다른 하나는 Breaking에 의한 것이다. Cockpit에 있는 조종사는 Nose wheel Steering을 Tiller와 Rudder Pedal로 할 수 있고, Breaking은 Pedal Break(Foot Break)와 Parking Break로 할 수 있는 반면에, Ground Technician은 Tow Truck으로 Nose wheel Steering과 Breaking을 할 수 있다. 이렇게 Cockpit과 Tow Truck은 비행기를 조작하는 데 있어서 동일한 기능을 각자 독립적으로 가지고 있기 때문에 서로 상충되는 조작을 절대로 해서는 안 된다. 그렇기 때문에 Pushback하는 동안에는 비행기의 Control과 그 최종적 책임은 Ground Technician에 있고 조종사는 비행에서의 PM(Pilot Monitor)와 같은 Monitoring을 해야 한다는 것이다.

### Who has control of aircraft during pushback?

When parking break released by pilot → Ground technician of pushback
When parking break set by pilot → Pilot

Park Brake

Rudder Pedals

Tiller

Ground Technician이 Pushback을 하는 동안에 조종사는 'Tiller, Rudder pedals 그리고 Parking Break'에서 손과 발을 물리적으로 떼야 한다. 누가 control을 가지고 있는지를 확인할 수 있는 동작이고 실수로 비행기의 Tiller, Rudder pedal 또는 Parking Break를 조작하는 것을 방지할 수 있기 때문이다. 하지만 만약의 경우를 대비해서 Ground Technician의 요청이 있을 때 즉시 비행기를 control할 수 있도록 항상 준비를 하고 있어야 한다. Tow Bar가 부러지는 경우도 생기기 때문이다.

Pushback이 완료된 후 Ground Technician이 'Set Break'를 요청하고 조종사가 이에 대해서 'Break Set'이라고 대답하는 순간부터 다시 비행기의 Control은 조종사에게 넘어오게 된다.

→ Fire in pushback and tow

# De/Anti-Icing Procedure(DAIP)

겨울철에 겪게 되는 여러 가지 특수한 절차가 있지만 그 첫 시작 부분이 바로 De/Anti-Icing Procedure(DAIP)[35]이다.

De/Anti-Icing Procedure(DAIP)이란, '비행기 주요 부분(Aerodynamic Control Surface[36])에 있는 서리frost, 눈snow, 얼음ice 등 water-based roughness를 벗겨 내고(De-Icing) 눈이나 얼음 등이 쌓이지 않게 하는 특수 처리(Anti-Icing Fluid)를 하여 주어진 시간(HOT, Hold Over Time) 안에 이륙을 하는 것'이다. 사실 DAIP은 그 절차를 수행하는 면에 있어서는 그다지 어려운 절차가 아니다. 항공기 제작사에서 규정하고 정한 절차를 순서대로 따르면 되는 것이다.

DAIP의 경우에 조종사가 특히 신경 써야 할 부분은 두 가지로 요약할 수 있는데 그 첫째로는, Time Management이다. DAIP에 걸리는 시간이 대략 15분에서 20분 정도 소요된다고 한다면 CTOT(Calculated Take Off Time)을 지키기 위해서 조종사는 언제까지 Pushback을 완료할 것인지 정해야 한다. 즉, 일반적인 정상 운항일 때 이륙 전 30분 정도에 Pushback을 한다면, DAIP의 경우엔 20분을 추

---

35   De/Anti-Icing Procedure를 'DAIP'이라고 칭하기로 한다.

36   Aerodynamic Control Surfaces: Wings, Slat and Flaps, Ailerons, Horizontal Stabilizer, Elevators and Rudders

가한 이륙 전 50분에 Pushback을 해야 한다는 결론이 나온다. 이것이 첫 번째 고려 사항이다. 물론 공항마다 그 적용해야 할 시간이 다르기 때문에 관련된 정보를 공항 일반 절차에서 충분히 숙지하고 있어야 하며, 특히 Station manager와 Engineer는 그 공항의 상황에 대해서 많은 경험이 있으므로 이들을 충분히 활용하여야 한다.

둘째, DAIP과 관련되는 부서들이 조종사뿐만 아니라 지상 지원부서까지 모두 포함된다는 것이다. 물론 ATC가 이 모든 DAIP 절차에 관련되는 것은 당연하다. 공항마다 DAIP의 관련 부서가 조금씩 다르지만, 통상적으로 조종사 운항본부(또는 Station Manager) Snowman(Pad Control) 그리고 ATC가 그 관련 부서들이다. 이러한 모든 관련 부서들이 유기적으로 연결되고 협력하여 CTOT에 맞춰 이륙을 할 수 있게 Time Management를 하는 것이다. 이 중에서 ATC는 그 중요도가 절대적이다. 주어진 Slot(이륙 순서)을 한번 놓치게 되면 또 다시 Slot을 받기까지는 시간이 소요될 뿐만 아니라 받는다 하더라도 그 순서는 훨씬 뒤로 밀릴 것임이 분명하다. 따라서 최대한 주어진 Slot에 맞출 수 있도록 시간 배분을 잘 해야 하고, 만약 이를 지킬 수 없는 경우가 생기면 최대한 일찍 미리 ATC에 이를 통보하고 협조를 구해야 한다. 한 가지 주의할 것은 이처럼 기상 상황이 좋지 않을 경우에는 비행 자체뿐만 아니라 cargo loading과 passenger boarding 등 모든 것이 느려지고 시간이 평소보다 더 걸린다는 것이다. 유념해야 할 사항이다.


비행기에 도착한 조종사는 정비사와 함께 DAIP이 필요한지 결정하게 된다. 이는 항공사마다 그 결정 기준이 다르기 때문에 일률적으로 말하기 어렵다. 이에 대해서는 항공사의 내부 규정을 참조하기 바란다. 이렇게 정해진 DAIP은 운항본부, Outstation의 경우엔 대체로 Station Manager에게 전달되고 운항본부(Station Manager)는 ATC에 DAIP이 필요하다는 사실을 통보하고 EOBT(Estimated Off Block Time)에 근거하여 CTOT(Calculated Take Off Time)을 할당 받는다.

De/Anti-Icing의 결정(조종사 정비사)

운항본부(Station Manager)에 통보

ATC로부터 CTOT 할당

Snowman의 De/Anti-Icing 수행

여기에서 중요한 것은, 이렇게 부여받은 CTOT은 정비사 조종사 객실사무장 (Purser) 등 Time Management에 관련된 부서들이 모두 공유하고 각자의 주어진 임무에 적용해야 한다는 것이다. 조종사 혼자만 CTOT을 알고 이를 Cabin crew 에게 알리지 않는다면 객실은 시간 조절을 할 수가 없다, 기장은 적극적으로 이를 공유하고 객실로 하여금 기장이 계획한 시간에 출발을 할 수 있도록 상호 유기적 으로 협조해야 한다. Cockpit, Cabin, Passenger, Airport 이 모든 부분이 준비가 되어야 비로소 출발 준비가 되었다고 할 수 있는 것이다.

앞서 언급하였듯이 그 구체적인 세부적인 절차는 공항마다 다르기 때문에 DAIP이 예상되는 경우엔 이를 비행 전에 여유를 가지고 미리 살펴보는 것이 매우 중요하다.

**DEPARTURE**

**De-Icing OPS PROC**

For de-icing requests and cancellations contact Incheon De-icing.
For ENG on de-icing contact Incheon de-icing 30mins before EOBT.

| FREQ | Call Sign | Procedure |
|---|---|---|
| 128.650, 344.200 (ATIS) | Incheon INTL AD | Acknowledge De/Anti-icing Phase by ATIS. |
| 123.575 | Incheon De-icing | Contact when ready for push-back. Advise ACFT De-Icing required and ENG On/Off De-icing. De-icing zones assignment. |
| 121.650 (Apron 1) 121.800 (Apron 2, Cargos) 122.175 (Apron 3) | Incheon Apron | Set Mode A to 2000. Select XPNDR or AUTO. Push-back & taxi to De-Icing zones. |
| 121.875 (A south zone, M south zone, D south/north zone) 122.175 (T center zone) 122.325 (A north zone, M north zone) | Pad Control | ENG Off: Enter the pad and monitor Pad control until de-icing is completed. ENG On: Enter the pad and report brake set to Ice man. Monitor Ice man until de-icing is completed |
| 121.600 | Incheon Delivery | ENG Off: Once De-icing is completed, contact Incheon DLV to get ATC CLR. Monitor Pad control. ENG On: Once de-icing is started contact DLV to get ATC CLR. Monitor Ice man. Set Mode A assigned by ATC. Select XPNDR or AUTO. |
| 121.875 (A south zone, M south zone, D south/north zone) 122.175 (T center zone) 122.325 (A north zone, M north zone) | Pad Control | ENG Off: Re-contact pad control. Report start ENG and ready to taxi. ENG On: Re-contact Ice man and report ready to taxi. |

Note 1: De-icing pad will be appropriately assigned by Incheon Apron or pad control when ACFT approaches to de-icing zones.
Note 2: Flight crews shall monitor and maintain radio contact, otherwise re-sequenced as a result of no response to 3 successive calls.
Note 3: This procedure can be changed by Incheon Apron according to the volume of de-icing traffic.

**DEPARTURE**

**De-Icing Positions**

The following APN PSNs are AVBL for De-Icing:

| Apron | Location | Positions | MAX wingspan |
|---|---|---|---|
| Central deicing facility J-APRON | between TWY A20 and A24 | P10 | 68.5m / 225ft |
| | | P12 | 65m / 210ft |
| | | P14, P16 | 80m / 260ft |

Special communication PROCs may be expected during de-icing PROCs.
TWY A between A19C and A20 is used as HLDG PSN for de-icing OPS on the J-APN. Avoid HLDG on the upslope between A19C and A20 to prevent unintentional backward movement of ACFT. High PWR settings may cause jet blast damage. Advise ATC if unable to comply with taxi CLR.
On TWY A20 pilots shall use MNM breakaway thrust when turning right onto P10, P12, P14 and P16 to avoid jet blast hazard at adjacent aircraft stands.

**De-Icing Procedures**

Non-KLM de-icing customers will be instructed by their specific ground handling companies.
KLM de-icing customers will be instructed by Snowdesk.
Central De-icing Facility (CDF) is located on J-APN and includes de-icing spots P10, P12, P14, P16.

**Snowdesk de-icing PROC:**
- Contact Snowdesk for de-icing REQ. Snowdesk will assign CDF or, exceptionally, de-icing at the gate.
- Request ATC CLR 20min before TOBT or 35min before CTOT.
- Monitor Snowdesk as well as Schiphol Planner for any changes in the de-icing planning, until ready call to Schiphol Planner is made.
- Report READY:
  - For de-icing at the CDF:
    when fully ready and within TSAT window (±5min), report READY to Planner.
  - For de-icing at the gate:
    when all doors closed, report READY to Snowdesk regardless of TSAT window. When de-icing is completed and within TSAT window (±5min), report READY to Planner.
- Contact GND for taxi instructions to CDF.
- CDF is not controlled by ATC, pilots at CDF shall maintain separation from other ACFT at their own discretion. Padcontrol is responsible for sequencing and spot assignment only.
- Continue with signboard PROC below. If signboards unusable, continue with voice only PROC.

**Signboard PROC (CDF)**
Note: use call sign at all times.
- When instructed by GND, contact padcontrol.
- When instructed by padcontrol, contact Iceman.
- Iceman will instruct: ENTER (P10, P12, ...).
- Hold position, monitor Iceman and signboards for current treatment, start time and anti-icing code.
- Iceman will advise when clear and to contact GND for taxi instructions.

**Voice only PROC**
Note: use call sign to contact padcontrol at CDF; use ACFT registration to contact Iceman.
- When instructed by GND, contact padcontrol / Iceman.
- Iceman will instruct: ENTER (P10, P12, ...).
- Iceman will advise current treatment, anti-icing code and start time.
- Hold position until Iceman gives the "ALL CLEAR" signal.
- Iceman will advise when clear and to contact GND for taxi instructions.

인천 공항(ICN-왼쪽)과 암스테르담 스키폴 공항(AMS-오른쪽)의 DAIP 관련 내용이다. 공항마다 그 세부 절차가 다르기 때문에 미리 확인하고 숙지해야 한다.

DAIP을 마친 후 Anti-Icing Fluid가 얼마나 오랫동안 버틸 수 있는지 알아야 한다. 왜냐하면 그 시간 안에 이륙을 해야 하기 때문이다. 이것이 'HOT, Hold Over Time'이다. 이는 사용되는 Fluid에 따라 그리고 기상조건에 따라 달라질 수 있다. 이러한 HOT는 각 Fluid마다 정해진 표를 기준으로 하여 항공사의 절차에 따라 정하면 된다. DAIP에 사용되는 Fluid는 Type I, II, III, IV가 주로 사용되는데 특히 Anti-Icing에는 Type II, III, IV만 사용되고 이렇게 Anti-Icing이 실시되는 경우에만 HOT가 적용된다.

즉, 비행기에 쌓인 눈과 얼음을 제거만 하는 경우엔 De-Icing만 실시하고, 만약 계속해서 눈이 오는 경우엔 De-Icing에 이어서 Anti-Icing까지 실시하게 된다. 바로 이러한 경우에 HOT을 계산하게 되고 그에 따른 주어진 시간안에 이륙을 해야 하는 것이다.

예를 들어가면서 같이 한번 HOT 계산을 해 보자.

.4.1 Table 4-Generic Holdover Times for SAE Type IV Fluids
Winter 2018–2019

| Outside Air Temperature[1] | Fluid Concentration Fluid/Water By % Volume | Freezing Fog or Ice Crystals | Very Light Snow, Snow Grains or Snow Pellets[2,3] | Light Snow, Snow Grains or Snow Pellets[2,3] | Moderate Snow, Snow Grains or Snow Pellets[2] | Freezing Drizzle[4] | Light Freezing Rain | Rain on Cold Soaked Wing[5] | Other[6] |
|---|---|---|---|---|---|---|---|---|---|
| -3 °C and above (27 °F and above) | 100/0 | 1:15 - 2:40 | 2:20 - 2:45 | 1:10 - 2:20 | 0:35 - 1:10 | 0:40 - 1:30 | 0:25 - 0:40 | 0:08 - 1:10 | |
| | 75/25 | 1:25 - 2:40 | 2:05 - 2:25 | 1:15 - 2:05 | 0:40 - 1:15 | 0:50 - 1:20 | 0:30 - 0:45 | 0:09 - 1:15 | |
| | 50/50 | 0:30 - 0:55 | 1:00 - 1:10 | 0:25 - 1:00 | 0:10 - 0:25 | 0:15 - 0:40 | 0:09 - 0:20 | | |
| below -3 to -8 °C (below 27 to 18 °F) | 100/0 | 0:20 - 1:35 | 1:50 - 2:20 | 0:55 - 1:50 | 0:30 - 0:55 | 0:25 - 1:20 | 0:20 - 0:25 | | |
| | 75/25 | 0:30 - 1:20 | 1:50 - 2:10 | 1:00 - 1:50 | 0:30 - 1:00 | 0:20 - 1:05 | 0:15 - 0:25 | | |
| below -8 to -14 °C (below 18 to 7 °F) | 100/0 | 0:20 - 1:35 | 1:20 - 1:40 | 0:45 - 1:20 | 0:25 - 0:45 | 0:25 - 1:20[7] | 0:20 - 0:25[7] | CAUTION: No holdover time guidelines exist | |
| | 75/25 | 0:30 - 1:20 | 1:40 - 2:00 | 0:45 - 1:40 | 0:20 - 0:45 | 0:20 - 1:05[7] | 0:15 - 0:25[7] | | |
| below -14 to -18 °C (below 7 to 0 °F) | 100/0 | 0:20 - 0:40 | 0:40 - 0:50 | 0:20 - 0:40 | 0:06 - 0:20 | | | | |
| below -18 to -25 °C (below 0 to -13 °F) | 100/0 | 0:20 - 0:40[8] | 0:20 - 0:25[8] | 0:09 - 0:20[8] | 0:02 - 0:09[8] | | | | |
| below -25 °C to LOUT (below -13 °F to LOUT) | 100/0 | 0:20 - 0:40[9] | 0:20 - 0:25[8] | 0:06 - 0:20[8] | 0:01 - 0:06[8] | | | | |

Weather Condition: -SN(Light Snow) -5 degree Celsius

Anti-Icing Fluid: Type IV, Mixture Ratio 75/25%[38]

Anti-Icing Starting Time: 1300Z

---

37  설명을 위한 예시로 사용되는 표이므로 절대로 실제 비행에서 사용해서는 안 된다.

38  Mixture Ration는 Anti-Icing Fluid용액을 물과 희석하는 비율을 말하는데, 75/25%는 용액 75% 물 25%를 희석했다는 의미이다.

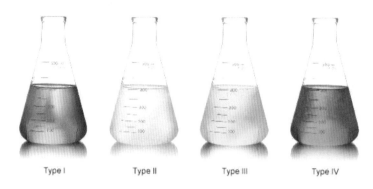

→ De/Anti-Icing에 사용되는 용액(Fluid)의 색깔

먼저 실제로 사용된 Fluid용액이 표의 Fluid용액(Brand of Fluid)과 일치하는지 확인한다. 위의 표에서는 'SAE Type IV'라고 되어 있고 정비사로부터 통보된 Fluid용액이 'SAE Type IV'라고 가정하자. 좌측 세로축의 온도를 먼저 찾는다. 현재 기온이 섭씨 -5도이다. 그러면 두번째 칸 'Below -3 to -8'에 해당한다. 그리고 현재 사용된 Fluid Mixture Ratio가 75/25이므로 바로 옆 칸에서 75/25를 찾는다.

다음, 맨 위의 가로 축에서 현재의 기상상태, 즉 -SN(Light Snow)를 찾는다. 가운데쯤 노란색 칼럼(Light snow, Snow Grain or Snow Pellets)이 이에 속한다. 이 두 축이 만나는 곳은 '1:00-1:50'이 HOT이 되는 것이다. 즉, 비행기에 적용된 Anti-Icing fluid가 최대 1시간에서 1시간 50분 동안 눈이나 얼음이 비행기 날개에 쌓이지 않게 해 준다는 뜻이다. 항공사마다 규정이 조금씩 다르다는 것을 앞에서도 말했는데, 여기서 HOT이 1:00-1:50으로 그 간격이 크다. 따라서 대체로 안전한 이륙을 위해 짧은 시간, 즉 1:00을 HOT으로 정하기도 한다. 하지만 이에 대해서는 각자의 항공사 규정을 따르면 되겠다.

여기서 Anti-Icing을 시작한 시간이 1300Z이므로 HOT 1:00을 더하면 1400Z까지 이륙을 해야 한다는 결론이 나온다.[39]

---

39  Anti-Icing이 시작된 시간을 기준으로 HOT을 더하는 것이지, Anti-Icing이 끝나는 시점을 기준으로 하는 것이

## Anti-Icing Starting Time + Hold Over Time

여기에서 사용한 표와 예는 단지 이해를 돕기 위한 내용이므로 절대로 실제 비행에 사용해서는 안된다. 항공사에서 그리고 제작사에서 제공된 표를 이용해야 한다는 것을 다시 한번 강조한다.

→ Type IV 용액(green)이 적용된 비행기(토론토YYZ)

---

아니다. Snowman이 보고하는 시간은 모두 Anti-Icing의 시작 시간을 의미하는 것이다.

# Low Visibility Operation(LVO) on Departure

지상 이동에서 가장 중요한 것은 시계 확보이다. 이는 비행기가 이륙을 마치는 순간까지 절대적으로 중요한 사항이다. 하지만 안개가 많이 발생하는 공항에서 안개로 인해서 매번 비행 운항을 멈출 수는 없는 노릇이다. 이와 같은 이유로 공항마다 저시정운항절차Low Visibility Operation Procedure를 시행하고 있으며 그에 맞춰 공항의 시설 또한 LVO에 적합하게 개발되고 설치되어 있는 것이다.

LVO를 수행하기 위해서는 조종사의 LVO 자격, 항공사 저시정운항LVO의 허가, 공항의 운항시설 그리고 현재 공항의 LVP(Low Visibility Procedure)시행[40]이라는 조건들이 모두 충족되어야 LVO운항이 가능하다. 이러한 조종사의 자격 사항과 공항의 시설 조건들이 요구되는 조건에 부합하지 않으면 조종사와 항공사는 LVO 상황에서 운항해서는 안된다.

---

40  현재 해당공항이 LVO를 시행하고 있다는 것은 ATIS를 통해서 알 수 있다. ATIS부분에 'LVO IN FORCE'라는 것이 그 내용이다.

**Low Visibility Procedure**

LVP in force when RVR 550m or below or ceiling 200ft or below.

Manoeuvering guidance lights on stands 301, 315, 321, 336, 346, 347, 356, 357 U/S. Follow-me or GND marshalling provided O/R.

ARR
Vacate RWY via following TWYs:
RWY 15L via C2, C1, D1 or G.
RWY 15R via B3, B2 or G.
RWY 33L via B5, B6 or L.
RWY 33R via C4, C5, D6 or L.
RWY 16 via N2, N3 or S.
RWY 34 via N5, N6 or N8.
Report "RWY vacated".

ARR RWY 34 A380 only taxi via N8 - M19 - M, unless otherwise instructed by ATC.

DEP
Enter RWY via following TWYs:
RWY 15L or 15R via A, L or D, L.
RWY 33L or 33R via A, G or D, G.
RWY 16 via M, N8.
RWY 34 via M, S.

→ 인천 공항 LVP(Low Visibility Procedure)

조종사 자격          항공사 허가

공항의 비행안전시설      공항 현재 LVO in force

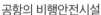

➜    LVO requirements

   LVO에 관해서는 각 공항의 저시정운항이 적용되는 기상조건과 공항 비행 안전 시설들의 설치 기준 그리고 그 시설들의 성능 정도가 모두 다르기 때문에 이와 관련된 해당 공항 정보를 확인하는 것이 필수이다. 어떤 공항은 저시정이륙 최저 RVR[41] 150m, 또 다른 어느 한 공항은 저시정이륙 최저RVR 300m 등 공항마다 그 가능한 최저RVR이 다르게 규정되어 있을 수 있고, 심지어 같은 공항 내일지라도 활주로의 저시정시설능력Low Visibility Operation Capability이 모두 다르기 때문에 활주로에 따라서 요구되는 최저 RVR이 다르게 규정되어 있을 수도 있다.

   각 항공사의 저시정운항 허가 사항도 반드시 고려되어야 한다. 예를 들어 A380

---

41    RVR: Runway Visual Range(ICAO)

을 운항함에 있어서 어떠한 항공사는 저시정이륙 최저RVR 150m, 또 다른 항공사
는 같은 A380을 운항하면서도 저시정이륙 최저RVR 125m가 적용되는 등 항공사
의 그 허가 정도에 따라서 이륙을 할 수 있는 최저RVR이 다르게 적용되는 것이다.

---

**이륙 가능 최저 RVR(Take-off Minima)이란?**

**해당 공항의 Takeoff Runway 최저이륙 RVR, 항공사 허가 최저이륙RVR 중 높은 RVR**

Ex) Takeoff Runway 최저이륙RVR 75m, 항공사허가 최저이륙RVR 150m인 경우, 가능한
　　Takeoff Minima RVR 150m가 적용되어야 한다.

---

**Take-off Minima**

| RWY | | 06, 27, 18C/36C | |
|---|---|---|---|
| All ACFT | ft - m/km | 0 - 75R | - |

| RWY | | 09, 24, 18L, 36L | |
|---|---|---|---|
| All ACFT | ft - m/km | 0 - 125R | - |

| RWY | | 22 | |
|---|---|---|---|
| All ACFT | ft - m/km | 0 - 300R/300V | - |

| RWY | | 04 | |
|---|---|---|---|
| All ACFT | ft - m/km | 0 - 300V | - |

| RWY | | 18R, 36R | |
|---|---|---|---|
| All ACFT | ft - m/km | Not authorized | - |

➜　암스테르담 스키폴 공항(AMS) Takeoff Minima,
같은 공항 내에서도 활주로별로 다른 Take-Off Minima가 적용된다는 것을 알 수 있다.

앞서 언급한 대로 LVO는 지상 이동 시 시계 확보가 그 주요 목적이기 때문에 조
종사는 Cockpit의 절차 수행보다, 두 조종사 모두 지상 이동 시 외부 장애물을 살
피는 것(Head up)이 가장 중요하다. 따라서 지상 이동 시 Cockpit 내부의 절차가
이루어져야 하는 경우에는 반드시 두 조종사는 현재 한 명의 조종사만 외부를 확
인한다는 것을 인식하고 내부 절차를 수행해야 하며, 필요하다면 비행기 지상 이

동을 중지하고 필요한 Cockpit 내부 절차를 수행한 다음 지상 이동을 계속하는 것이 좋다. 이 경우 반드시 ATC에 현재 위치에서 비행기를 잠시 정지한다는 내용을 알려야 한다.

ATC와의 협력은 안전한 LVO 수행에 있어서 절대적인 요소이다. 조종사가 외부를 볼 수 없다는 것은 관제사 또한 공항의 비행기들을 육안으로 식별할 수 없다는 것과 같다. 서로가 위치 정보를 실시간으로 공유를 해야 지상 충돌을 방지할 수 있고 ATC는 유기적인 항공기 Flow control을 할 수 있는 것이다. ATC가 효과적인 항공기 지상 이동을 통제하기 위하여 현재 주로 사용되고 있는 것이 'SMGCS(Surface Movement Guidance Control System-스믹스'라고 통상 부른다.)[42]이다. 비행기에 장착된 Transponder를 이용하여 ATC의 Screen에 해당 비행기의 지상 위치를 표시하여 통제하는 장비이다. 이러한 장비를 통해서 관제사는 지상 이동 항공기를 세밀하게 통제할 수 있게 되는 것이다. 공항의 절차로서 Pushback에서부터 Park-in 할 때까지 Transponder On을 지시하는 공항은 이러한 SMGCS를 가지고 있다고 보면 별 무리가 없을 것이다. 그렇다고 해서 Position Report의 조종사 임무가 줄어드는 것은 결코 아니다. 지상 이동을 함에 있어서 적극적인 Position Report를 하는 것은 ATC와의 협력을 위한 서로의 약속이라고 할 수 있으며, 이를 통해서 다른 항공기와의 지상 충돌을 방지해야 하는 것은 조종사의 기본적인 의무라고 할 것이다.

---

42  SMC(Surface Movement Control-ICAO) SMR(Surface Movement Radar-ICAO)라고 다른 명칭으로 불리고 있지만 지상 이동 항공기를 통제하는 장비라는 것에는 동일하다.

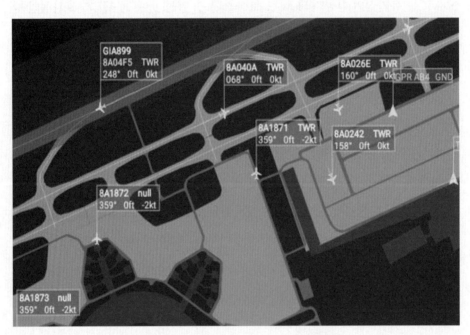

➔ 관제사의 스크린에 표시되는 지상이동 항공기

비행(飛幸)의 정석(精石)

# Taxi Out

자, 그럼 Tow Truck이 비행기에서 분리되었고 Ground Technician이 Nose Pin 을 휘날리며 엄지를 높이 들어 Taxiing 준비(All ground equipment disconnected & Area clear)가 되었다는 신호를 보냈다. Taxiing out이 준비된 것이다. 그렇다 면 지상 이동을 함에 있어서 직접적으로 관련된 Factor들은 무엇이 있을까? 그것 을 정확히 알아야 그때그때 적절하게 확인하고 대비를 할 것이 아닌가.

---

**STOP aircraft, if any doubt(확실하지 않으면 멈춰라!)**
- Factors on Taxiing: ATC, Taxiway, Traffics, Obstacles
- Full responsibility of Taxi relies on PILOT
- Not Sure? STOP NOW
- ATC communication, 1 x 0 = 0

---

Taxiing, 즉 지상 이동에 관련된 Factor들엔 '조종사, ATC, Taxiway 그리고 타 항공기'와 더불어 '지상 장애물'이 포함된다. 조종사는 ATC로부터 Taxi Clearance 를 받고 지시된 Taxiway를 따라 타 항공기와 충돌하지 않게 비행기를 지상 이동 시키는 것이다. 하지만 여기에서 지상 장애물 또한 조종사가 확인해야 할 중요한

요소들 중 하나이다. ATC는 주위의 타 항공기의 이동을 조율해서 Taxi Clearance 를 내리지만 지상에 설치된 고정 장애물 외에 이동식 장애물까지 정확하게 확인 할 수는 없다. 다시 말해, Taxiway 타 항공기 그리고 지상 장애물이 적절한 위치 에 있다는 전제하에 ATC Clearance가 주어지는 것이고, 그 후 실질적인 최종 책 임은 조종사에게 주어지는 것이다. 조종사가 눈으로 확인하고 필요하면 알아서 피해서 가라는 소리다. 따라서 'ATC Clearance가 있으니까, 맞겠지.'라는 생각은 잘못된 것이다. 만약 사고가 발생했을 경우에 조종사가 ATC Clearance를 따랐다 고 할지라도 조종사의 책임이 없어지지 않는다는 얘기다.

지상의 항공기들의 수가 많아지면서 그리고 항공기 전자장비의 비약적인 발달 로 인해 Cockpit 내부에서 항공기의 지상 위치 그리고 Taxiway에 따른 이동경로 등 을 표기해 주는 장비들이 신형 항공기들에 장착되어 있다. A380의 OANS(Onboard Airport Navigation System)등이 대표적이라고 할 수 있겠다. 하지만 이러한 장비들 또한 조종사가 시각적으로 외부를 확인하는 것을 보조해 주는 보조장치supplementary equipment에 불과하다. 지상 이동을 확인하는 주된 방법으로 외부를 시각적으로 확 인하는 것이 먼저이어야 한다는 말이다. 지상 이동을 표시해 주는 전자 장비는 말 그대로 보조적인 역할에 머물러야 한다는 것이다. 왜냐하면 이러한 장비들은 Taxiway Runway Exit 등 airport ground chart를 화면에 표시한 것일 뿐 실시간으 로 움직이는 타 항공기들은 전혀 반영이 안 되는 장비이기 때문이다. 여러분 앞과 옆에 놓인 넓은 유리창(windshield, window)을 통해서 눈으로 외부를 확인하는 것 이 기본이고 최선이다.

따라서 Taxi를 하는 동안 주위의 타 항공기와 지상 장애물들이 적절하게 위치 해 있고 충분한 거리가 유지되어 있는지 지속적으로 확인해야 한다. 그리고 확실 하지 않으면 비행기를 정지시키고 확인해야 한다(STOP, if any doubt!). 필요하다 면 ATC에 Airside assistance를 요청할 수도 있다.

Parking stand Red Boundary line 안에 비행기가 주기되어 있다면, 해당 비행기의 크기에 맞게 적절하게 주기되어 있다고 판단할 수 있다. 지상 이동에서 판단의 근거가 될 수 있는 Ground marking이다.

➔ Taxiing의 최종 책임은 조종사에게 있다.

지상이동에 관련된 ATC Taxi instruction은 공항의 자체 규정 그리고 유도로와 활주로의 구조와 위치에 따라 조금씩 다를 수 있다. 따라서 조종사와 ATC 사이의 miscommunication을 방지하기 위해서는 가능한 최대한 항공표준관제용어(Standard Phraseology)를 사용하여 ATC communication을 해야 한다. 이러한 항공표준관제용어는 LIDO General Information 또는 Jeppesen General에서 어렵지 않게 찾을 수 있다. 뒤에서 다시 한번 언급을 하겠지만, ATC communication은 영어가 아니다. 단지 조종사와 ATC 사이의 의사소통을 위하여 서로 약속된 내용을 영어라는 언어를 수단으로서 빌려서 사용할 뿐이다. 그러니 영어 자체에 집착하지 말고 그 약속된 내용(Standard Phraseology)에 집중하는 것이 필요하다. 영어 잘한다고 ATC communication에서 실수를 하지 않는 것은 절대로 아니다.

때로는 항공표준관제용어를 적극적으로 사용하더라도 그 내용이 명확하지 않은 경우도 생긴다. 이러한 상황은 그것이 지식적인 부분에 그 원인이 있든 아니면 경험적인 부분에서 기인을 하든 조종사와 관제사 사이에 이해의 과정과 정도가 다르게 되는 경우에서 비롯된다. 관제사가 관제를 함에 있어서도 그들이 반복적으로 하는 규칙과 일종의 관행이라는 것이 있다. 이러한 내용들은 규정에 적혀 있지도 않을 뿐만 아니라 특히 처음 그 공항에서 운항을 하는 조종사들에겐 실수를 할 수 있는 큰 요인 중에 하나이다. 한 공항에서 경험이 많은 조종사는 관제사의 지시 내용을 미리 예상을 할 수 있을 것이고 이러한 예상을 통해서 실수를 줄일 수 있게 되는 것이다.

하지만 그렇다고 해서 조종사가 전 세계 모든 공항을 다 다녀 볼 수는 없는 노릇이다. 공항마다의 특성과 관제 성향을 파악해서 유연하게 운항을 하면 더 없이 좋으련만 실질적으로 그렇게 하기는 쉽지 않다. 그렇다고 해서 넋 놓고 가만히 있을 수는 없지 않은가? 아무리 공항마다 그 관제 특성이 있다고는 하지만 일반적이고 공통적인 내용이 반드시 있게 된다. 그 공통적인 사항들은 항공표준관제용어 Standard Phraseology의 항목에서 확인이 가능하다는 것이다.

하지만 그러한 내용들 중에서 조종사가 알아 두어야 할 그리고 실수를 하기 쉬운 몇 가지 경우를 예로 들어 보려고 한다. 교신하는 당사자들이 서로 다르게 이해할 수 있는 상황들이 그것이다. 그와 더불어 항공기 지상 이동에 관련된 Marking과 Lighting system에 대해서 살펴보고 ATC교신의 실수를 줄이고 지상 이동을 원활하게 할 수 있는 tip을 같이 한번 살펴보고자 한다.

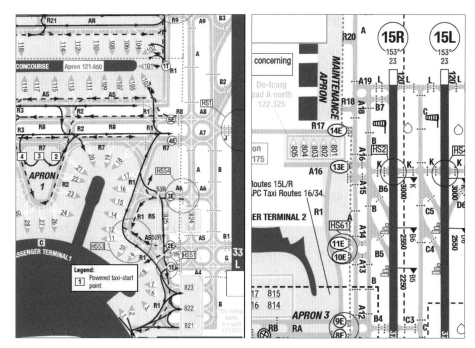

→   인천 공항 Ground Chart의 일부이다.

첫째, Taxi Clearance Limit Point를 꼭 확인해야 한다.

ATC Taxi instruction을 받으면 곧바로 비행기를 움직이지 말고 Chart를 통해서 주어진 instruction이 적절한지 그리고 'Taxi clearance Limit Point'가 어디인지 확인해야 한다. Ground Controller의 관할 구역이 정해져 있기 때문에 그 너머로 추가적인 Taxi clearance 없이 진입할 수 없다.

인천 공항의 Parking Stand 10에서 Runway15R로 Taxi Out한다고 가정하자.

ATC: Runway 15R Taxi to 4E via R1 R7

여기에서 Taxi Clearance Limit은 4E가 되는 것이다. Runway 15R이 아니다. 만약 추가적인 Taxi Clearance를 받지 않았다면, 4E를 넘어가지 말아야 한다. 다르게 말하면, 4E에서 Ground 주파수가 바뀐다는 것도 예상할 수 있을 것이다.

둘째, Holding point와 Hold short의 구분이다.

ATC: Taxi to Holding point A19 Runway 15R via A

ATC: Taxi to Runway 15R via A Hold short A19

위의 두 ATC instruction은 비슷해 보이지만 큰 차이가 있다. 'Taxi to Holding Point A19 Runway 15R via A'는 Taxiway A를 경유해서 Taxiway A19 위의 Runway Holding point, 즉 Runway Hold short point까지 진행하라는 의미이고, 'Taxi to Runway 15R via A Hold short A19'는 Taxiway A를 경유해서 Taxiway A19 앞에서 Hold하라는 의미이기 때문에 Taxiway A에서 A19으로 Turn을 해서는 안 된다. 다른 항공기가 A19으로 진입할 수도 있다는 의미이기도 하다. 따라서 Holding Point인지 Hold Short인지 정확하게 확인해야 할 것이다.

만약 다른 항공기가 A19 위에서 Hold하고 있는 상황이라면 Taxiway A18에서 Hold short하는 것도 좋은 테크닉이다. 왜냐하면 어떠한 이유로 앞의 항공기의 이륙이 지연되는 경우에 다른 항공기에 의해서 불필요한 대기를 할 필요 없이 내 비행기는 A18을 통해서 이륙을 할 수 있기 때문이다. 알아 두면 좋은 방법이지만 그 사용 여부는 여러분의 선택이다.

셋째, 'Ready for Departure' vs. 'Ready for Takeoff'

ATC의 잦은 질문 중의 하나이다. 결론부터 말하면, 'Ready for Departure'가 적절한 ATC 용어이다. 'Takeoff'라는 용어는 절대적으로 Takeoff Clearance에만 함께 사용되어야 한다. 이는 Takeoff Clearance와 다른 Instruction을 혼동하지 않기 위해서이다. 특히 복잡한 공항에서의 Tower controller는 항공기를 관제함에 있어서 각 항공기들의 효율적인 Departure 순서를 정하고 이와 더불어 활주로 사용을 최대화하기 위한 MROT(Minimum Runway Occupancy Time) 또는 HIRO(High Intensity Runway Operations)를 이용하여 모든 이륙 준비를 마친 항공기만 활주로에 진입시키게 된다. 이러한 항공기 이륙 순서를 원활하게 조절하기 위해서 Tower controller는 조종사에게 이륙 준비가 되어 있는지 그리고 지체없이 이륙을 할 수 있는지 조종사에게 확인을 하게 되는 것이다.

따라서 ATC가 'Are you ready for departure?'라고 물으면 'Ready for departure.'라고 대답해야 한다.

넷째, 서로 다르게 들었으면 둘 다 틀린 것이다.

ATC와 교신을 하다 보면 두 명의 조종사가 서로 다르게 듣거나 서로 다른 내용으로 이해하는 경우가 있다. 이는 너무나 자연스러운 현상이다. ATC 교신을 반드시 한번에 알아들어야 한다는 규정도 없고 그렇게 한다는 것은 현실적으로 불가능하다고 할 수 있다[43]. 단지 ATC 교신을 함에 있어서 신중하게 귀 기울여 들어야 한다는 규정이 전부다. 만약 두 조종사가 서로 다르게 이해를 했거나 ATC 교신 내용이 상이할 경우 누가 맞는가를 찾지 말아라. 만약 어느 한 조종사가 '내가 들은 내용은 이거니까, 이게 맞아!' 또는 다른 한 조종사가 미처 듣지 못한 내용을 자기만 알아들었다고 '자네가 못 들은 내용은 이거야!'라고 말할 수는 없다. ATC 교신 내용에 대해서 자신이 들은 그것이 정확하다고 혼자 100% 확신하는가? 그건 아닐 것이다.

두 조종사의 ATC를 서로 다르게 이해했다면 누가 맞는 것이 아니라 둘 다 틀린 것이다. 왜냐하면 ATC 교신은 덧셈이 아니라 곱셈이기 때문이다. '1+0=1'이 아니라 '1×0=0'인 것이다. 그러니 ATC 교신 내용에 대해서 두 조종사의 의견이 다른 경우엔 누가 맞는지 따지지 말고 다시 ATC에 물어 확인하라. 둘 다 틀린 거니까.

다섯째, Marking & Lighting을 제대로 이해해야 한다.

---

43  미국의 일부 공항에서 ATC를 두 번째 못 알아들으면 해당 항공사에 report를 하거나 관제 순서를 뒤로 미루는 등 나름 penalty를 주는 경우도 있는데, 이는 항공 관제에 있어서 무엇이 먼저인지 혼동한 처사이다. 항공에 있어서 안전보다 더 중요한 것은 없다. 이러한 터무니없는 규정 때문에 사고로 이어진다면 그 책임은 누가 지는 가? 공항 관제가 그 책임을 질 리는 만무하다. 결국 항공사와 조종사가 지는 것이다. 못 알아들었으면 주저하지 말고 다시 물어야 한다. 비행 안전을 위해서. 공항에 비행기가 넘쳐나서 바쁜 건 그들의 문제이지 이 공항에 운항을 하는 항공사 잘못이 아니지 않은가.

지상 이동이 유난히 복잡하게 그리고 헷갈리기 쉬운 공항이 있다. 물론 공항의 디자인으로 인해서 그럴 수밖에 없는 경우도 있겠지만 조종사로서는 여간 신경 쓰이는 게 아니다. 내겐 방콕 공항BKK이 그렇다(뉴욕 JFK 공항은 제외하자. 워낙 기형적인 경우니까). 특히 야간에 Taxiway Light와 Taxiway Edge Light가 잘 갖춰져 있지만 그조차도 때론 조종사를 더 헷갈리게 하기도 한다. 때문에 Taxiway Light & Marking Position System을 잘 파악하고 숙지하는 것이 무엇보다 필요하다고 하겠다.

Taxiing을 함에 있어서 조종사가 자주 보게 되는 그리고 반드시 알아야 할 것은 크게 5가지로 분류해 볼 수 있다. Taxiway Light, Taxiway Edge Light, Taxiway Position sign, Taxiway Direction sign and Runway Designation sign이 그것이다.

| | |
|---|---|
| **Lights and signs to know for Taxiing** | |
| Taxiway Light (Green) | |
| Taxiway Edge Light (Blue) | |
| Taxiway Location sign (Black Background) | A  T  25-07 |
| Taxiway Direction sign (Yellow Background) | ←G  ↖G2  G→  G2↗ |

**Runway Designation sign
(Red Background)**

**25-07 | 25 CAT Ⅰ**

**25 CAT Ⅱ/Ⅲ**

여기에서 눈여겨볼 것이 있다. 바로 Color coding이다. Yellow color는 주의를 환기시키는 의미를 가지고 있다. 따라서 Taxiway Direction sign은 Yellow 바탕의 color coding이 되어 있는 것이다. 반면에 Red color는 주의 환기를 넘어 경고(Warning)의 의미를 담고 있다. Runway를 나타내는 Sign은 모두 Red color coding이 되어 있고 그 Runway를 들어가기 위해서는 반드시 ATC로부터 Permission을 받아야 하는 것이다. 만약 Taxi 중 주위에 Red sign이 보인다면 주위에 Runway가 있다는 의미이고 Ground Chart와 주어진 Taxi instruction을 반드시 다시 한번 확인해야 할 것이다. ATC의 허가Permission 없이 활주로를 침범(Runway Incursion)하게 된다면 이는 ATC violation을 넘어 대형사고로 이어질 수 있는 심각한 상황이 되는 것이다. 많은 공항들은 활주로와 그 Holding point를 구분 짓기 위해서 특히 야간 운항을 위해서 Red Light를 활주로 Holding point에 설치하고 있는데, 이러한 경우 조종사는 반드시 ATC로부터 허가를 받은 다음 그 선을 넘어가야 한다. 만약 ATC로부터 활주로 진입 허가를 받았지만 아직 Red Light가 켜져 있는 상황이라면 이를 반드시 ATC에 알려야 하고 추가적인 지시를 받거나 기존의 허가를 다시 확인해야 한다. 절대로 Red Light를 넘어서는 안 된다는 말이다.

→ Holding point Stop Red Lights

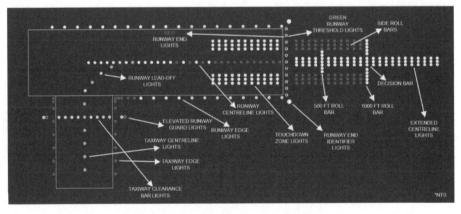

→ Taxiway and Runway Lighting system

# Rescue and Fire Fighting(RFF) Aerodrome Category

각 공항은 취항하는 항공기의 크기와 규모에 따라서 비상시에 화재 및 재난 상황을 통제하고 진압할 수 있는 능력을 갖추어야 한다. 이와 관련해서 ICAO는 공항에서 운항하는 항공기의 크기를 기준으로 공항의 RFF 분류를 하고 있다.

| Aerodrome Category (1) | Aeroplane Overall Length (2) | Maximum Fuselage Width (3) |
|---|---|---|
| 1 | 0m up to but not including 9m | 2m |
| 2 | 9m up to but not including 12m | 2m |
| 3 | 12m up to but not including 18m | 3m |
| 4 | 18m up to but not including 24m | 4m |
| 5 | 24m up to but not including 28m | 4m |
| 6 | 28m up to but not including 39m | 5m |
| 7 | 39m up to but not including 49m | 5m |
| 8 | 49m up to but not including 61m | 7m |
| 9 | 61m up to but not including 76m | 7m |
| 10 | 76m up to but not including 90m | 8m |

이는 그 공항에서 운항하는 최대 항공기의 길이와 동체를 기준으로 분류하고 있다. 인천 공항을 예로 들어 보자.

| Operational Hours | |
| --- | --- |
| ATS Hours / AD Operator Hours: H24 | |
| **Airport Information** | |
| RFF: | CAT 10 |
| PCN: | RWY 15L/R and 33L/R: 88/F/B/X/T, SWY and 300m / 1000ft RWY end are 86/R/B/X/T. |
| | RWY 16/34: 75/F/B/X/T, SWY and 700m / 2300ft RWY ends are 85/R/B/X/T. |

공항의 일반 정보로서 'RFF CAT 10'이라고 정해져 있다. 이는 RFF category 10 이라는 것으로 위의 표에서 보듯이 인천 공항에서 운항하는 항공기는 '동체 길이 최대 90m 미만 그리고 동체 폭 8m 이하'여야 한다는 것이다. 즉, 현존하는 모든 민간 항공기를 다 포함하여 운항이 가능하다는 것이다.

모든 공항이 인천 공항과 같은 이러한 RFF 능력을 갖추고 있는 것은 아니다. 아마도 여러분들이 비행하는 여러 공항들 중에는 RFF CAT 10이 되지 않는 공항이 더 많을 것으로 생각한다. 그렇다면 A380의 경우 동체 길이가 70m를 훌쩍 넘는데 RFF CAT 8의 공항에서 운항이 가능할까? 규정상 운항이 불가하다. 물론 행정적으로 취항하는 시간대에만 RFF category를 올릴 수는 있지만 이는 예외적인 규정이고 일반적인 사항으로는 RFF category를 충족하지 못하면 그 공항에 운항을 할 수 없게 된다.

특히 회항Divert을 하는 경우에 대체 공항Alternate Airport을 선정함에 있어서 그 비상 상황의 종류와 회항을 하는 시간적인 여유에 따라서 RFF category도 함께 고려되어야 하겠다.

# ICAO Aerodrome Reference Code

공항에는 한 종류의 비행기만 운항하는 것이 아니라 다양한 크기 그리고 각기 다른 무게의 비행기들이 복합적으로 운항을 하게 된다. 이러한 서로 다른 종류의 비행기들이 그 해당 공항에서 실제로 운항이 가능한지 그리고 한 공항 안에서도 모든 Taxiway나 Ramp 지역을 통과할 수 있는지 일정한 기준으로 규정할 필요가 있다. 이는 항공기의 지상 이동에 있어서 매우 중요하고 지상 충돌 사고를 미리 예방할 수 있는 제도적 방법이라고 할 수 있다.

이에 대해서 ICAO는 항공기의 최소요구이륙거리(Minimum required Takeoff Run)와 비행기의 날개 폭Wing Span을 기준으로 항공기를 분류하고 있다. 이는 뒤에 나올 Wake Turbulence 분류와는 다르다는 것을 염두에 두기 바란다. 지상 이동에 필요한 분류 기준이라고 생각하면 별 무리가 없을 것이다.

ICAO와 FAA의 서로 다른 두개의 규정이 있지만, 미국 공항으로 비행을 하지 않는 한 ICAO의 규정을 따르는 것이 일반적이다. 여기에서는 우선 ICAO의 기준을 기본으로 해서 살펴보기로 한다. ICAO table에서 'Code Element 1'은 해당 항

| ICAO Aerodrome Reference Code | | | |
|---|---|---|---|
| **Code Element 1** | | **Code Element 2** | |
| Code Number | Aeroplane Reference Field Length | Code Letter (Note) | Wingspan |
| 1 | <800m | A | <15m |
| 2 | 800m - <1200m | B | 15m - <24m |
| 3 | 1200m - <1800m | C | 24m - <36m |
| 4 | ≥1800m | D | 36m - <52m |
| | | E | 52m - <65m |
| | | F | 65m - <80m |

**Note:** Referred to as "ICAO Aircraft Code Letter" when related to taxiway restrictions.

| FAA Airplane Design Groups (ADG) | | | | |
|---|---|---|---|---|
| Group Number | **Tail Height** | | **Wingspan** | |
| | ft | m | ft | m |
| I | <20 | <6.1 | <49 | <15 |
| II | 20 - <30 | 6.1 - <9.1 | 49 - <79 | 15 - <24 |
| III | 30 - <45 | 9.1 - <13.7 | 79 - <118 | 24 - <36 |
| IV | 45 - <60 | 13.7 - <18.3 | 118 - <171 | 36 - <52 |
| V | 60 - <66 | 18.3 - <20.1 | 171 - <214 | 52 - <65 |
| VI | 66 - <80 | 20.1 - <24.4 | 214 - <262 | 65 - <80 |

공기의 최소요구이륙거리를 기준으로 한 분류이다.[44] 옆의 'Code Element 2'는 해당 항공기의 Wing Span, 즉 날개의 길이를 기준으로 분류한 것이다. 이러한 Code Element 1과 Code Element 2는 이미 항공기의 제작사에 의해서 정해져 있고 그 분류 Table도 ICAO와 FAA에서 찾을 수 있다.

---

44  The aeroplane reference field length is defined as the minimum field length required for take-off at maximum certificated take-off mass, sea level, standard atmospheric conditions, still air and zero runway slope, as shown in the appropriate aeroplane flight manual prescribed by the certificating authority or equivalent data from the aeroplane manufacturer(LIDO/GEN).

**1.2.5.1.3 ICAO Aerodrome Reference Codes / FAA Airplane Design Groups (ADG)**

| AIRBUS | | | |
|---|---|---|---|
| Aircraft Model | ICAO Aerodrome Reference Code | | FAA Airplane Design Group |
| | Code Number | Code Letter | |
| A220-100 | 3 | C | III |
| A220-300 | 3 | C | III |
| A300 | 4 | D | IV |
| A300-600 | 4 | D | IV |
| A310 | 4 | D | IV |
| A318 | 3 | C | III |
| A319 | 3 / 4 (*) | C | III |
| A319neo | 3 | C | III |
| A320 | 3 / 4 (*) | C | III |
| A320neo | 3 / 4 (*) | C | III |
| A321 | 4 | C | III |
| A321neo | 4 | C | III |
| A330-200 | 4 | E | V |
| A330-200F | 4 | E | V |
| A330-300 | 4 | E | V |
| A330-800 | 4 | E | V |
| A330-900 | 4 | E | V |
| A340-200 | 4 | E | V |
| A340-300 | 4 | E | V |
| A340-500 | 4 | E | V |
| A340-600 | 4 | E | V |
| A350-900 | 4 | E | V |
| A350-1000 | 4 | E | V |
| A380-800 | 4 | F | VI |
| (*) Aerodrome Reference Field Length depending on aircraft take-off weight | | | |

| BOEING | | | |
|---|---|---|---|
| Aircraft Model | ICAO Aerodrome Reference Code | | FAA Airplane Design Group |
| | Code Number | Code Letter | |
| B707 | 4 | D | IV |
| B717-200 | 3 | C | III |
| B720 | 4 | D | IV |
| B727 | 4 | C | III |
| B737-100 | 4 | C | III |
| B737-200 | 4 | C | III |
| B737-300, -300W | 4 | C | III |
| B737-400 | 4 | C | III |
| B737-500, -500W | 4 | C | III |
| B737-600 | 3 | C | III |
| B737-700, -700W, MAX 7 | 3 | C | III |
| B737-800, -800W, MAX 8 | 4 | C | III |
| B737-900ER, -900ERW, MAX 9 | 4 | C | III |
| B747-SP | 4 | E | V |
| B747-100, 200, 300 | 4 | E | V |
| B747-400, 400ER | 4 | E | V |
| B747-8F, -8 | 4 | F | VI |
| B747-LCF | 4 | E | V |
| B757-200, -200W | 4 | D | IV |
| B757-300 | 4 | D | IV |
| B767-200 | 4 | D | IV |
| B767-300/-300W | 4 | D | IV |
| B767-400ER | 4 | D | IV |
| B777-200, 200ER, 200LR, 777F | 4 | E | V |
| B777-300, 300ER | 4 | E | V |
| B787-8, -9, -10 | 4 | E | V |

예를 들어, 위의 표에서 A320은 '3/4-C-III' 그리고 B737-800은 '4-C-III'이 된다. A380은 '4-F-VI', 따라서 여러분들이 잘 알고 있듯이 A380은 Code F 항공기가 되는 것이다. 공항 정보를 확인할 때 Code E 또는 Code F라고 하는 단서로 시작하는 규정과 절차가 있다. 이는 여기서 말하는 ICAO 규정의 항공기 분류에 의한 코드이다. 따라서 자신의 비행기가 어느 코드에 해당하는지 그리고 공항의 지상에서 해당 구역 또는 Taxiway에서 이동 가능한 기종인지 확인하는 것은 지상 충돌을 피하는 그 첫 단계가 될 것이다.

# PCN(Pavement Classification Number)
# & ACN(Aircraft Classification Number)

Airport Chart의 공항 일반 정보 첫 머리에 보면 나오는 것 중에 하나가 바로
PCN과 ACN이다. 공항 정보를 살펴보면서 무심코 대충 넘어가는 내용 중에 하나
다. 이에 관련해서 시험에 나온다거나 검열 시에 물어보는 사람도 사실 잘 없다.
하지만 한번쯤 생각해 볼 사항이라서 간략하게나마 다루기로 하겠다. 다시 인천
공항을 예로 들어 보자.

| | |
|---|---|
| **PCN:** | RWY 15L/R and 33L/R: 88/F/B/X/T, SWY and 300m / 1000ft RWY end are 86/R/B/X/T. |
| | RWY 16/34: 75/F/B/X/T, SWY and 700m / 2300ft RWY ends are 85/R/B/X/T. |

즉, 'RWY15L/R 그리고 RWY 33L/R는 PCN이 88/F/B/X/T이고, Stopway와
Runway 끝부분 300m는 PCN이 86/R/B/X/T이다.'라는 말이다. 공항마다 그리고
활주로마다 그 해당Runway의 표면 강도가 모두 다르다. 이렇게 모두 다른 활주
로 표면 강도를 Code화시켜 구체적인 내용을 알리는 것이 바로 PCN이다.[45] 그럼

---

45   ICAO Annex 14-Volume I

인천 공항의 PCN code가 무엇을 말하고 있는지 PCN table을 가지고 살펴보자.

| Item | Description | | Code |
|------|-------------|---|------|
| | **Pavement Type for ACN-PCN Determination** | | |
| a) | Rigid pavement | | R |
| | Flexible pavement | | F |
| | **Subgrade Strength Category** | | |
| | High strength:<br>Characterized by K = 150 MN/m³ and representing all K values above 120 MN/m³ for rigid pavements, and by CBR = 15 and representing all CBR values above 13 for flexible pavements. | | A |
| | Medium strength:<br>Characterized by K = 80 MN/m³ and representing a range in K of 60 to 120 MN/m³ for rigid pavements, and by CBR = 10 and representing a range in CBR of 8 to 13 for flexible pavements. | | B |
| b) | Low strength:<br>Characterized by K = 40 MN/m³ and representing a range in K of 25 to 60 MN/m3 for rigid pavements, and by CBR = 6 and representing a range in CBR of 4 to 8 for flexible pavements. | | C |
| | Ultra low strength:<br>Characterized by K = 20 MN/m³ and representing all K values below 25 MN/m³ for rigid pavements, and by CBR = 3 and representing all CBR values below 4 for flexible pavements. | | D |
| c) | **Maximum Allowable Tire Pressure Category** | | |

| Item | Description | Code |
|------|-------------|------|
| | Unlimited: no pressure limit | W |
| | High: pressure limited to 1.75 MPa | X |
| c) | Medium: pressure limited to 1.25 MPa | Y |
| | Low: pressure limited to 0.50 MPa | Z |
| | **Evaluation Method** | |
| d) | Technical evaluation: representing a specific study of the pavement characteristics and application of pavement behaviour technology. | T |
| | Using aircraft experience: representing a knowledge of the specific type and mass of aircraft satisfactorily being supported under regular use. | U |

인천 공항의 RWY15L/R는 'Flexible pavement, Medium Strength, High Tyre pressure limited to 1.75MPa, Technical Evaluation'이라는 것을 알 수 있다. 사실 이러한 용어는 공항의 Facility manager와 직접적으로 관련되는 내용이기에 조종사로서 특별히 알 필요까지는 없다고 생각한다. 대부분의 중소형 항공기의 경우 이러한 공항의 규정에 의해서 제한되지 않고, 특히 취항 공항의 경우엔 이미 이러한 모든 규정에 부합한다고 가정할 수 있다.

하지만 조종사가 알아야 할 것이 있기 때문에 PCN을 설명한 것이다 그것은 바로 ACN이다. 항공기마다 주어진 중량에 따른 Code이다. 이는 항공기 제작사에서 이미 정해진 것이기 때문에 관련 Table에서 해당 항공기를 기준으로 어렵지 않게 찾을 수 있다.

$$PCN \geq ACN$$

ACN은 해당 공항의 PCN보다 작거나 같아야 한다. 쉽게 얘기해서 무거운 비행기가 약한 Ramp 또는 Runway에서 운항해서는 안 된다는 것이다.

| ACFT Type | Weight Variant | All Up Mass (Minimum Weight) | | Load on One Main Gear Leg (%) | Tire Pressure | | | ACN Relative to | | | | | | | |
|---|---|---|---|---|---|---|---|---|---|---|---|---|---|---|---|
| | | | | | | | | Rigid Pavement Subgrades (R) | | | | Flexible Pavement Subgrades (F) | | | |
| | | KG | LBS | | psi | kg/cm² | MPa | High | Medium | Low | Ultra Low | High | Medium | Low | Ultra Low |
| | | | | | | | | A | B | C | D | A | B | C | D |
| A340-600 | WV102 | (180 000) | (396 832) | 36.6 | 234 | 16.42 | 1.61 | 33 | 34 | 38 | 44 | 32 | 33 | 36 | 46 |
| | WV103 | 366 200 | 807 333 | 32.0 | 234 | 16.42 | 1.61 | 61 | 70 | 83 | 95 | 63 | 68 | 79 | 107 |
| | | (180 000) | (396 832) | 36.6 | | | | 33 | 34 | 38 | 44 | 32 | 33 | 36 | 46 |

인천 공항의 RWY15L/R의 PCN은 '88'이다. 위의 예에서 A340-600의 경우 366.2ton의 중량으로 ACN은 인천 공항(88/F/B/X/T-Flexible/Medium)을 기준으로 '68'이다. ACN이 PCN보다 작으므로 인천 공항에서 운항할 수 있다는 결론이 나온다. 취항지가 아닌 다른 공항에 회항Divert를 하게 되거나 부정기 항공으로 일시적인 시즌에만 운항을 하는 경우에는 반드시 이러한 공항의 PCN규정을 확인할 필요가 있다. 특히 대형 기종을 운항하는 조종사는 반드시 자신의 기종의 ACN을 숙지하고 운항해야 하겠다.

# Before Takeoff

지금까지의 모든 비행 준비는 지금 이 순간을 위해서 한 것이라고 해도 과언이 아니다. 물론 규정상으로 'In-Flight'라는 개념은 '비행기가 자력으로 지상에서 움직이기 시작하는 순간부터이다.'라고 하지만 실질적으로 그 지상이동 또한 이륙을 위한 것 아닌가? 게임이 시작되는 것이다. 조종사에게 더 많은 집중력과 노련함이 요구되고 있는 시간이 다가온 것이다.

---

Takeoff Review
- Departure Runway and condition(Dry Wet Contaminated)
- Airplane Performance of Takeoff Data calculated
- Weather condition(Wind Visibility CB Precipitation)
- Departure Procedure(SID or Radar Vector)
- Engine Out Procedure(EOSID)

---

이륙은 활주로에서 하는 것이다. '뭐 이런 당연한 소리를 하는가?'라고 할 수도 있겠지만 이 당연한 사실도 집중을 하지 않으면 당연하지 않은 얘기가 된다. 특히 두 활주로가 서로 가깝게 위치해 있는 경우, 인천 공항의 15L 15R가 그러한 예일

것이다. 하나의 활주로와 그와 비슷한 폭과 길이를 가진 유도로가 있는 경우 유도로를 활주로라고 착각할 수도 있다.

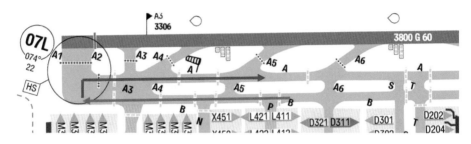

→ 활주로 07L가 아닌 Taxiway A에서 이륙을 시도한 Finnair A340-300

홍콩 첵랍콕HKG 공항의 07L와 Taxiway A가 그 좋은 예이다. 실제로 홍콩HKG 국제공항에서 헬싱키HEL 공항으로 가는 Finnair 소속 A340-300이 Taxiway B를 경유해 Takeoff position으로 이동하는 과정에서 Runway 07L가 아닌 그 옆 Taxiway A에서 Takeoff Roll을 했다. 야간이었고 다른 항공기의 이동이 많지 않아서 오히려 활주로를 정확하게 확인하지 않았던 것이다. 다행히 ATC의 지시로 1,400m를 활주한 후 멈췄지만 활주로에서 이륙을 한다는 그 당연한 사실이 여기에서는 당연하지 않은 것이 되었다.

### Takeoff Runway confirmed and crosschecked[46]

- Runway marking

- Navigation Display in cockpit

- Takeoff data on FMS

비행기의 이륙 성능Takeoff performance는 이륙 중량과 기상조건에 의해서 크게 좌

---

46  Standard call이 아니다. 단지 이해를 돕기 위해 한 문장으로 요약한 것이다. Manual에 근거한 것이 아닌 Technique 이라고 이해하길 바란다.

우된다. 현재 이륙 직전의 비행기 중량Gross Weight이 Takeoff data를 계산함에 있어서 적용된 중량과 부합하는지 확인해야 한다. 대부분의 경우 일정한 Margin을 두고 Takeoff data를 계산하지만 Max Structure Takeoff Weight로 이륙을 해야 하는 경우에는 지상에서 소모하게 될 Taxi Fuel을 예상하고 Ramp Weight를 정한다.[47] 만약 예상만큼 Taxi Fuel을 소모하지 않게 된 경우라면 Takeoff Data계산에 적용된 이륙 중량을 초과하게 된다. 이러한 경우라면 이륙을 지연하고 연료를 소모시켜 계산된 이륙 중량에 부합되게 한 다음 이륙을 해야 한다. ATC의 협조가 필요한 경우라고 할 수 있다.

계산된 Takeoff data가 정확하게 FMS에 입력되었는지 확인한다. 그에 따라서 Takeoff Power가 TOGA thrust인지 아니면 REDUCED Thrust인지를 한번 확인한다. 많은 경우 REDUCED Thrust를 사용하여 이륙을 하지만 TOGA thrust가 사용되어야 할 경우에 이를 인지하지 못하고 평소 하던 대로 REDUCED thrust를 예상하고 이륙을 하게 될 수도 있다. 예상보다 낮은 Takeoff performance로 인해 이륙 도중 당황하여 Reject Takeoff에 이르는 경우도 종종 발생한다는 걸 보면, 적지 않은 조종사들이 이러한 간단한 확인을 소홀히 한다고 볼 수 있다.

**Gross weight checked**

**Takeoff data checked**

**TOGA/Reduced Thrust**

많은 요소들 중에 비행기 운항에 가장 많은 영향을 미치는 요소를 꼽으라면 당연 기상조건이다. 비행기가 지나갈 경로(Flight path), 즉 활주로 그리고 Departure route에 어떠한 기상조건이 있는지 확인해야 한다.

---

47    Ramp Weight = Takeoff weight + Taxi Fuel

첫째, 활주로 표면이 출발 준비의 예상과 같은지 확인하라. Dry Wet Contaminated 인지 확인하고 그에 맞게 Takeoff data를 계산했는지 확인하는 것이다. 둘째, 시정Visibility을 확인하라. Takeoff Roll을 함에 있어서 충분한 시정이 확보되는지 확인하는 것이다. 셋째, Departure route상에 악기상Adverse weather조건이 있는지 확인하라. 탑재된 Weather radar로 확인을 할 수도 있고 주간인 경우엔 육안으로 구름이 있는지 그리고 다른 항공기들로부터 Windshear report가 있는지 확인하는 것이다. 만약 피해야 할 구름이 있다면 ATC Tower에 미리 이륙 후 원하는 방향 Heading을 요청할 수 있다. Departure controller와 협조해서 그 허용 여부를 알려 줄 것이다. ATC는 비행기를 통제만 하는 곳이 아니라 도와주는 곳이기도 하다는 것을 명심하자.

### "Weather condition as predicted, Departure route clear"

Departure procedure는 ATC clearance를 받을 때 이미 확인된 사항이다. 주로 사용하는 SID(Standard Instrument Departure)의 경우에도 이륙 후 낮은 고도에서 Turn이 있는 경우 또는 특별한 상승조건(Required Climb Gradient)이 요구되는 경우가 있다. 중국의 공항들이 그러한 예일 것이다. 이륙 후 짧은 Turn이 요구되고 이를 인지하지 못하면 Late Turn이 될 수도 있어 소음 규제(Noise Issue) 또는 항공기 간 분리(Traffic separation)에 문제가 발생할 수도 있다. 간단하고 어려운 것은 아니지만 예상하고 준비하지 않았다면 당황하게 되고 과도한 조작으로 더 큰 실수를 하게 된다. 이륙 직전에 주어진 SID가 Cancel되고 Radar vector가 주어지기도 한다. 이런 경우 ATC Tower가 Initial Heading & Altitude를 지시한다. Heading & Altitude가 Control Panel에 제대로 Setting되었는지 두 조종사 모두 확인해야 한다. Tower control에서 Departure control로 Transfer되는 것도 확인해야 한다. Tower의 지시를 받고 Departure control로 switch하는 건지 아니면 어떠한 정해진 시점에 Tower의 지시 없이 Departure control를 contact해야 하는 지(방콕BKK) 반드시 확인하기 바란다.

## "Heading / Altitude set and checked"

Engine Out Procedure(EOSID)를 Takeoff Briefing에서 했을 것이다. 하지만 익숙하지 않은 공항에서의 EOSID는 실제 상황에서 그리고 시간적 여유가 많지 않은 상황에서 조종사에게 적지 않은 시간적 소모를 하게 만들며, 나아가 'Frozen Mind', 즉 조종사가 그대로 얼어 버리는 상황까지 가게 된다. 이러한 원치 않는 상황들을 예방하기 위해서는 조종사 스스로가 EOSID에 미리 적응을 해야 하는 방법이 최선이다. 따라서 Takeoff를 실시하기 전에 '만약 Engine Fail이 되면 절차는 어떻게 되는지' 다시 한번 review를 하는 것이 중요하다. 물론 RTO(Reject Takeoff)도 발생할 수 있지만 이는 지상에서 마무리되는 상황이고 공항에 따라서 변동되는 사항은 아니다. 따라서 최종적으로 조종사는 Engine Fail을 가정한 절차에 집중을 해야 한다는 것이 된다.

## "Engine Out, maintain Runway Heading or Turn"

# Runway Structure

활주로를 무대로 활약하는 조종사는 당연히 그들이 밟고 서 있는 그 무대를 잘 알아야 한다. 길게 쭉 뻗은 활주로이지만 그 구조적인 면에서는 역할에 따라 다양하게 나뉘어진다. 여기에서는 활주로가 어떻게 구성되어 있는지 그리고 구간별로 어떠한 역할을 하는지 살펴보기로 한다.

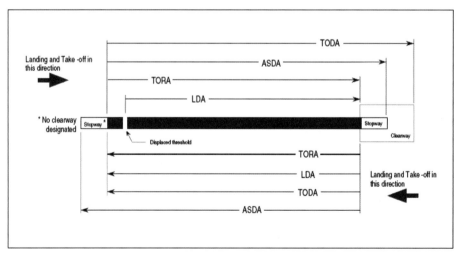

→ Declared Distances of Runway

STOPWAY                    CLEARWAY

Declared Distances[48]

**Take-off Run Available(TORA): Runway**

The length of runway declared available and suitable for the ground run of an aeroplane taking off.

**Accelerate-Stop Distance Available(ASDA): Runway + Stopway**

The length of the takeoff run available plus the length of the Stopway, if provided.

**Take-off Distance Available(TODA): Runway + Clearway**

The length of the take-off run available plus the length of the Clearway, if provided.

**Landing Distance Available(LDA): Runway - Displaced Threshold**

The length of runway which is declared available and suitable for the ground run of an aeroplane landing.

Runway는 'Takeoff Run, Stopway 그리고 Clearway'로 크게 구성되어 있다. 각 구분은 그 역할에 따라 달라지는데 이러한 구분에 따른 길이를 Declared Distance라고 한다.

Takeoff Run은 말 그대로 Takeoff Run을 위한 부분이다. 이는 Takeoff을 위해서 주어진 거리이고 Takeoff Data를 계산함에 있어서 적용되는 거리이다. Stopway는 Rejected Takeoff시 비행기를 정지시키기 위해서 사용될 수 있는 부분으로서 활주로의 연장된 부분을 말한다. 때문에 Takeoff Run의 용도로 사용될 수는 없다. Clearway는 Stopway 너머의 부분으로서 비행기가 안전하게 이륙 상승을 할 수 있도록 어떠한 장애물도 없어야 하는 구역을 말한다. Stopway처럼 포장이 되어 있을 필요는 없다. 하지만 포장이 되어 있다면 TODA로서 이용되기도 한다. 이 구간도 공항의 관제가 미치는 구간이다.

---

48  LIDO Definitions

〈Helios Airways ZU522〉

언제: 2005년 8월 14일

어디서: Grammatiko Marathon, Greece

항공사: Helios Airways B737-31S(5B-DBY)

탑승 승무원 & 승객: 6/115명

탑승자 전원 사망(121명)


2005년 8월 14일 오전 11시, 그리스 Hellenic Airforce의 두 대의 F-16전투기가 Nea Anchialos 공군기지에서 출격 명령을 받았다. 11시 49분, F-16 전투기는 34,000ft 상공에서 선회하고 있는 한 대의 민간 항공기 B737기를 발견한다. 객실 창문 너머로 보이는 객실엔 아무런 움직임도 보이지 않았다. 단지 승객용 산소 마스크들만이 덜렁거리며 매달려 있을 뿐이었다.

전투기의 위치를 조금 더 앞으로 돌려 조종석을 확인해 본다. 조종석에 앉은 채 쓰러져 있는 부기장의 모습이 보이고, 기장의 모습은 보이지 않았다. 도대체 기장은 어디에 갔으며, 부기장은 왜 저렇게 머리를 앞으로 처박은 채 쓰러져 꼼짝도 하지 않는 것일까? 잠시 뒤 조종실에서 작은 움직임이 포착된다. 누군가가 기장의 자리에 앉는다. 그리곤 전투기 조종사들을 향해

가볍게 손을 흔들고 이내 다시 뭔가를 하고 있다. 자세히 보니 그의 손에는 의료용 산소 마스크가 들려 있다. 이동용 산소 마스크를 쓰고 있는 것이다. 전투기 조종사는 여러 번 비상 호출 주파수(VHF121.5)로 불러보지만 대답이 없다.

전투기 조종사들이 어찌할 바를 모르며 당황하는 사이 비행기는 갑자기 고도를 낮추기 시작했다. 그가 조종하고 있는 것일까? 비행기는 계속해서 고도를 낮추었다. 아니 그냥 떨어지고 있다는 표현이 더 정확하다. 착륙을 위하여 공항으로 향하는 것일까? 그

러기엔 고도가 너무 낮다. 아직 공항은 너무 멀다. 전투기들은 그 비행기를 따라가 보았지만 그냥 지켜보는 것 외에는 별다른 방법이 없다. 급격히 고도를 낮춘 비행기는 작은 언덕 위에 그대로 추락하고 만다. 그리스 항공 역사상 최악의 참사가 일어나는 순간이다.

2005년 8월 14일 이른 새벽 01시 25분, 그리스 Helios airways 소속 B737기 한 대가 런던에서 이곳 Cyprus Larnaca International Airport에 도착했다. 비행은 순조로웠지만 조종사는 우측 후미 도어(Right Aft Service Door)에서 Frozen Seal로 인해 소음이 심하다는 보고를 정비사에게 했다. 이 비행기는 잠시 후 다시 비행(09:00 출발 예정)을 해야 했기 때문에 정비팀은 곧바로 정비를 실시했다. Door Full Inspection을 하기 위해 여압장치(Pressurization System)를 AUTO에서 MANUAL로 바꿔 Door의 Pressurization Leak check을 실시했다. 검사 결과 Door의 문제는 해결이 되었고 비행기는 다시 정상 운항이 가능하다는 결론이 났다. 하지만 정비사는 중요한 한 가지를 놓치고 말았다. Pressurization system을 MANUAL에서 다시 AUTO로 바꾸지 않았던 것이다.

Captain Hans-Jürgen Merten(당시 59세, 독일 국적, 총 비행 시간 16,900시간)은 부기장 Pampos Charalambous(당시 51세, 사이프러스 국적, 총 비행 시간 7,500시간)와 함께 Cyprus Larnaca 국제공항에서 그리스 Athens International Airport를 경유해서 Prague Ruzyně International Airport까지 가는 비행을 맡았다. 객실사무장 Louisa Vouteri(당시 32세, 그리스 국적)는 오늘 비행의 사무장이 병가를 신청하는 바람에 급하게 비행에 투입되었다. 마침 그가 사이프러스에 거주하고 있었기에 가능했던 것이었다.

6명의 승무원과 115명의 승객을 태운 Helios Airways B737기는 예정 출발 시간에 맞춰 정상적으로 이륙을 했다. 현지 시각 오전 9시 7분이었다. Pressurization System은 아직도 그대로 MANUAL position으로 설정된 상태였다. 이륙 몇 분 뒤 조종실에 'Cabin Altitude Warning'이 울렸다. 고도는 12,040ft를 지나서 계속 상승하고 있었다. 하지만 기장은 이 경고음을 잘못된 경고음, 즉 Takeoff Configuration warning이라고 생각했다. 이는 지상에서만 작동되도록 설계된 경고음이기에 공중에서 들어온 경고음을 오작동이라고 판단하여 이를 무시했다.

잠시 뒤 다른 여러 경고음들이 동시에 여기저기에서 들어왔다. 그중 하나가 Equipment Cooling warning이었다. 기장은 이 경고음에만 집착했다. 비행기는 계속해서 상승하여 18,000ft를 지났고 그때 객실에 승객 산소 마스크가 자동으로 내려왔다(이것이 조종사들에게 보내는 결정적인 힌트였다). 기장은 VHF 통신으로 Helios 운항본부에 연락을 하여 정비사에게 본인이 스스로 가정한 사실, 즉 Takeoff Configuration warning과 Cooling Equipment 문제에 대해서만 계속해서 물었다. 정비사는 곧 기장에게 Pressurization System을 AUTO position으로 돌려 놓는지 물었지만, 기장은 벌써 Hypoxia에 노출된 상황이었기 때문에 이 질문을 제대로 인식하지 못했다. "Where are my equipment cooling circuit breakers?"라는 질문을 끝으로 기장은 무선통신에서 멀어져 갔다.

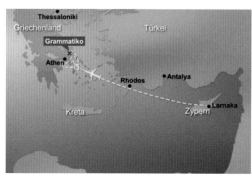 

9시 30분경, Helios B737기는 계속해서 상승하여 고도 34,000ft에 도달했고 Autopilot이 engage된 비행기는 계속해서 FMS에 입력된 대로 비행을 하고 있었다. Autopilot이 이들을 Cyprus FIR을 넘어 Greece Athens FIR로 넘겨 놓고 있었던 것이었다. Cyprus ATC는 수차례 무선 교신을 시도했지만, 아무런 반응도 그리고 아무런 대답도 들을 수 없었다. 이미 비행기의 모든 사람들은 Hypoxia에 들어 간 상태로 의식을 잃었기 때문이었다. 단 한 사람만 제외하고 말이다.

전투기는 하나의 움직임을 B737 조종석에서 감지했다. 그는 객실 승무원 Andreas Prodromou였다. 그는 객실에서 산소 마스크(약 12분 지속 가능 분량)를 모두 소진하고 이동용인 의료용 산소 마스크를 쓰고 조종실에 들어왔다. 다행히 그는 영국 사업용 조종사자격증(UK. Commercial Pilot License)을 소지한 터라 비행기의 이상을 감지하고 조종석에서 비행기를 컨트롤하려고 안간힘을 쓰고 있었던 것이었다. 하지만 그것도 거기까지. Andreas는 아직 B737을 조종할 만한 지식과 경험이 없었다. 오전 11시 49분, Andreas가 조종실에 들어오자마자 왼쪽 엔진이 꺼졌다. 10분 뒤 오른쪽 엔진마저 Flameout 되었다. 이미 Holding Pattern에서 70분 동안 비행을 한 터라 연료가 모두 연소된 비행기는 추력을 잃고 조금씩 조금씩 지상으로 떨어졌다. 12시 4분 Helios Airways B737 항공기는 그리스 Grammatiko의 작은 언덕에 추락했고 이내 불길에 휩싸였다. 121명의 소중한 생명들이 그 화염 속에서 사라져 갔다.

누구의 잘못일까?

시계열적으로 분석해 본다면 이 비행기를 Larnaca 국제공항까지 운항했던 그 이전 조종사? 우측 후미 도어를 검사한 후 Pressurization System을 MANUAL 상태로 그대로 두었던 정비사? 이를 감지하지 못하고 그대로 비행한 조종사들?

이 사고의 조사를 맡았던 Hellenic Air Accident Investigation and Aviation Safety Board(AAIAAB)는 사고에 기여된 원인을 이렇게 밝혔다.

- non-recognition by the pilots that the pressurization system was set to "manual",

- non-identification by the crew of the true nature of the problem,

- incapacitation of the crew due to hypoxia,

- eventual fuel starvation,

- impact with the ground.

처음 두 원인은 사고의 기여자로 조종사를 지목했다. 뒤에 따라 나오는 나머지 세 원인은 첫 두 원인에 의한 결과적 원인들이다.

너무한 건가, 조종사한테? 그렇다면 여압장치를 AUTO로 되돌려 놓지 않은 정비사는 아무런 잘못이 없단 말인가?

Helios522편의 조종사에게는 사고를 막을 수 있었던 세 번의 기회가 주어졌다. 바로 'Preflight Procedure, After Start Check, After Takeoff Check', 이 세 번의 명확한 기회가 주어졌음에도 불구하고 그들은 문제를 명확하게 인지하지 못했다. 앞서 언급했듯이 하나의 항공기가 비행을 하기 위해서는 수많은 스태프들이 그들의 각자의 위치에서 주어진 임무를 충실히 수행해야 한다. 그리고 조종사는 이들과 유기적으로 협조 협력하여 최선의 정보를 취득하고 이를 비행 계획에 반영해야 한다고 했다. 그리고 가장 중요한 것, 바로 '최종 책임은 조종사에게 주어진다.'라는 것이 그것이다. 하지만 그 최종적인 책임과 함께 기회도 주어진다. 위에서 본 세 가지의 기회처럼 말이다.

확인하고 또 확인하라는 말이 여기에서 나온 것이다. 확실하지 않으면 자신과 타협(Compromise)해서 쉬운 쪽으로 가정하지 말고, 묻고 또 물어야 한다. 완전히 이해될 때까지 의심하고 또 의심해야 한다(Stay below the line). 그들이 놓친 것은 비정상 절차가 아닌 정상 절차이다. 매번 반복되는 정상 절차(Normal Procedure)를 철저하게 그리고 완벽하게 이해하고 수행해야 한다. 비행에 있어서 비정상 절차보다 정상 절차를 수행할 확률이 훨씬 높기 때문이다. 작아 보이는 정상 절차 하나가 스위스치즈의 마지막 구멍을 막을 수도 있다는 것을 가슴 깊이 다시 새겨야 한다.

사고조사위원회는 객실 승무원 Andreas가 비행기가 추락하는 순간까지 비행기를 조종하려고 최선을 다했으며, 무선으로 'Mayday'를 울부짖었다는 사실을 CVR(Cockpit Voice Record)를 통해서 확인했다. 아직 Cyprus ATC에 맞춰진 VHF 그대로 말이다. 그리고 Helios522편에 탑승한 사람들은 추락하는 순간까지 살아 있었다는 사실도 함께 밝혀졌다.

# CHAPTER

# 6

Takeoff & Climb

Focus on flying Aircraft until configuration change completed
- Wake Turbulence separation by ATC
- Review Emergency Procedure as first action
- Rolling on Runway Centerline properly
- Lift Off at Rotation Speed and Rate
- Comply with climb gradient required
- Maintain Takeoff Pitch Attitude Target until 500ft AAL
- Wait 1sec prior to input(1초의 여유를 가져라!)
- Do not rush to ATC communication, Fly First!

비행기를 지표면에서 띄워 올리는 첫 과정이기에 그 무엇보다도 조종사의 집중력이 요구되는 단계이다. 특히 비행의 여러 단계 중에서 비행기 엔진의 성능을 가장 많이 요구하는 과정이기도 하다. 따라서 엔진에 많은 기계적 부담이 가해지고 엔진이 오작동을 일으킬 확률이 가장 높은 단계가 바로 이륙 단계Takeoff Phase 이다. 조종사에게는 비행기를 control하는, 즉 'Flying itself'에 집중해야 하는 단계이기도 하다. 이에 대해서는 뒤에 자세히 살펴보기로 하고, 이론적인 부분을 언급하지 않을 수 없기 때문에 여기에서는 기본적인 항공 규정(RAR, Rules and Regulation)과 항공역학적인 이론을 조금 더 살펴보기로 한다.

# Wake Turbulence

　다양한 기종의 항공기들이 같은 공항에서 운항되고 있기 때문에 서로의 항공기가 상호 어떻게 영향을 미치는가를 알아보는 것이 이류의 비행 안전에 있어서 살펴봐야 할 것 중에 하나라고 생각한다. ATC가 알아서 해 주는 Traffic flow control & Separation이라고 단순하게 생각할 수도 있지만 결국엔 조종사가 이를 예상하고 인지하고 경우에 따라서 적절하게 대처해야 하는 것이다. 그렇기 때문에 각각의 항공기들의 Wake Turbulence상의 분류와 그 영향을 조종사가 숙지하고 이해해야 함은 당연하다고 하겠다.

　항공기의 최대 이류 중량에 따라서 항공기의 Wake Turbulence가 정해지고 이에 기반해서 이류 항공기의 Separation이 이루어진다. 일반적으로 보다 큰 항공기가 작은 항공기의 뒤를 따라서 이류를 하는 경우엔 앞서 이류한 작은 항공기의 Wake Turbulence의 영향을 상대적으로 적게 받지만, 큰 항공기의 뒤를 따르는 작은 항공기의 이류는 좀 더 긴 Separation time을 필요로 한다.

　항공역학적인 면에서 봤을 때 Takeoff Roll을 하는 동안에는 Wake Turbulence가 발생하지 않고 Liftoff하는 순간부터 Wake Turbulence가 발생하기 때문에 만약 Intersection Takeoff가 진행되고 있다면 ATC는 큰 항공기를 작은 항공기보다

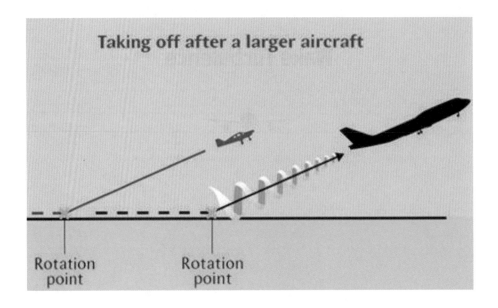

Taking off after a larger aircraft

Rotation point　　　Rotation point

좀 더 앞쪽에서 이륙을 할 수 있게 하여 뒤에 따르는 작은 항공기의 Climb Path가 큰 항공기의 Climb Path보다 위에 위치하도록 하여 항공기의 Wake Turbulence 영향을 최소화하기도 한다.

비행기 사이의 이륙 간격은 'Wake Turbulence Category'에 따라서 조금씩 다르지만 대체로 2분 간격이라고 볼 수 있고 A380과 같은 Category 'Super'인 경우엔 3분이라고 할 수 있다. 결과적으로 2~3분의 간격을 두고 이륙이 진행된다고 보면 큰 무리는 없을 것이다. 하지만 이러한 시간적 간격이 Wake Turbulence를 완전히 피할 수 있는 절대적 기준은 아니다. 이륙하는 동안의 바람 또는 공항의 특성 등에 따라서 그 영향은 얼마든지 바뀔 수 있고 오히려 예상치 못한 정도의 Wake turbulence를 받을 수도 있다. 자신이 비행하고 있는 비행기의 Wake Turbulence category를 알아 두고 내 비행기보다 큰 비행기 뒤에 이륙을 할 땐 얼마의 separation time이 필요한지 정도는 외워 두자. 내 비행기와 같은 등급 또는 상위 등급의 비행기를 따라 이륙을 하게 된다면 Wake Turbulence를 받을 수 있고 이러한 경우엔 어떻게 비행기를 Control할 건지를 미리 준비한다면 더 좋을 것이다. Wake

Turbulence 규정이 조종사에게 중요한 이유가 바로 여기에 있다.

| Wake Turbulence Category | | Definition / Maximum Certificated Take-off Mass |
|---|---|---|
| J | SUPER | A380-800 |
| H | HEAVY | Aircraft types of 136000kg (300000lbs) or more |
| M | MEDIUM | Aircraft types less than 136000kg (300000lbs) but more than 7000kg (15500lbs) |
| L | LIGHT | Aircraft types of 7000kg (15500lbs) or less |

### 1.4.2.12.4.2 Wake Turbulence Separation Standards

| Lead | Follow | Departure | | Arrival | Displaced Landing Threshold [3] | Opposite Direction [4] | Radar Separation |
| | | Full Length [1] | Interme-diate [2] | | | | |
| | | Time (Minutes) | | | | | Distance (NM) |
|---|---|---|---|---|---|---|---|
| SUPER | SUPER | - | - | - | - | - | 5 [5] |
| | HEAVY | 2 | - | - | - | - | 6 [6] |
| | MEDIUM | 3 | 4 | 3 | 3 | 3 | 7 [6] |
| | LIGHT | 3 | 4 | 4 | 3 | 3 | 8 [6] |
| HEAVY | SUPER | - | - | - | - | - | 5 [5] |
| | HEAVY | - | - | - | - | - | 4 [6] |
| | MEDIUM | 2 | 3 | 2 | 2 | 2 | 5 [6] |
| | LIGHT | 2 | 3 | 3 | 2 | 2 | 6 [6] |
| MEDIUM | SUPER | - | - | - | - | - | 5 [5] |
| | HEAVY | - | - | - | - | - | 5 [5] |
| | MEDIUM | - | - | - | - | - | 5 [5] |
| | LIGHT | 2 | 3 | 3 | 2 | 2 | 5 [6] |
| LIGHT | SUPER | - | - | - | - | - | 5 [5] |
| | HEAVY | - | - | - | - | - | 5 [5] |
| | MEDIUM | - | - | - | - | - | 5 [5] |
| | LIGHT | - | - | - | - | - | 5 [5] |

➜ Wake Turbulence separation standard(LIDO)

# Review Emergency Procedure as first action

　　Takeoff를 하면서 가정할 수 있는 Emergency는 뭐가 있을까? 어떠한 이유에서든 Runway 위에서 이륙을 중단하는 'Rejected Takeoff', 그에 따른 'Emergency Evacuation, Engine Fail or Fire after V1' 정도가 있을 것이다. 이러한 다양한 Emergency에 대해서는 Takeoff Briefing에서 충분히 서로 이해가 된 상황일 것이다. 하지만 이륙 직전에 Engine Fail이 발생한다면 첫 번째 조치로서 무엇을 해야 하는지 그리고 주어진 Engine Out Departure Procedure가 무엇인지 스쳐 지나가듯이라도 머릿속으로 Remind를 해 보는 것이 좋다. 실제로 비상 상황이 발생하게 되면 평소에 잘 알고 있는 내용도 머릿속이 하얘지면서 쉽게 생각나지 않고 당황하게 된다. Emergency 상황에서 PF(Pilot Flying)나 PM(Pilot Monitoring)은 각자에게 주어진 Procedure가 있을 것이고 이를 Remind해 보면 될 것이다. Engine Out Departure Procedure, 즉 Straight out인지 아니면 Turning procedure인지, 특히 이러한 절차는 각 공항마다 그리고 항공사마다 다르게 규정되어 있기 때문에 그 절차를 머릿속으로 Review해 보는 것으로 실제 상황에서 큰 도움이 되리라 생각한다. 이전의 Before Takeoff 단계에서도 설명했지만, 이륙을 하는 동안 이러한 emergency review는 지속적으로 이루어져야 한다는 것이다.

➜   Engine Fire in Takeoff roll

# Rolling down Runway

학생 조종사 시절에 Citation 시뮬레이터를 타면서 훈련을 받은 적이 있었다. Cessna-172와 같은 작은 프로펠러 비행기를 타다가 갑자기 Jet비행기를 타려니 이륙부터 쉽지 않았다. Takeoff Roll을 하면서 비행기가 Runway Centerline을 가로질러 좌우로 왔다 갔다 하니까 뒤의 교관님께서 '활주로 중앙선 넘어갈 때 깜빡이는 켰냐?'라고 놀리시던 기억이 난다. 그땐 그랬다.

그렇다면 Takeoff Rolling에 있어서 우선적으로 무엇에 집중해야 하는 것일까? '그냥 Takeoff 파워 넣고 앞에 쭉 펼쳐진 활주로를 내달려 이륙 속도에 도달했을 때 비행기를 띄우는 거다.'라고 한다면 틀리다고 말할 수는 없다. 하지만 그러한 과정을 하면서 어떻게 하는 것이 올바른 Takeoff rolling인 것인지가 빠져 있다. 여기서는 그것에 대해서 살펴보기로 한다.

> Position Aircraft on Runway Properly(Align with centerline)
>
> Set Takeoff Power as planned(Reduced or TOGA thrust)
>
> Maintain Runway Centerline as close as possible(Directional control)

Takeoff Rolling(Liftoff 전 단계로서)은 세 가지로 요약할 수 있다. 그 첫 번째 단계로 비행기를 Takeoff Roll을 위해 계산된 위치에 올려 놓는 것이다. Takeoff Data를 계산하면서 Full Length를 전제로 했다면 Runway 끝 지점에, 만약 inter-section을 전제로 했다면 그 intersection 또는 그 뒤에 비행기를 위치시키는 것이다. 지나간 Runway는 내 것이 아니기 때문이다. Runway에 Lineup하는 방법은 항공기 제작사마다 조금씩 다르게 정하고 있지만 일반적으로 Oversteering의 방법을 쓴다. 즉, Runway Centerline을 직각으로 해서 Runway Centerline에 비행기를 위치시키는 것이다. 거리상의 활주로 손실을 최소화하는 방법이다. 활주로 상태가 Wet인 경우엔 nose wheel이 미끄러질 수 있기 때문에 활주로의 상태에 따라서 oversteering의 정도를 조절해야 할 필요는 있을 것이다.

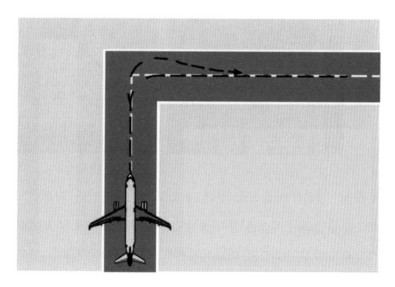

→   Oversteering technique

여기서 반드시 짚고 넘어가야 할 중요한 한 가지가 있다. 비대칭출력Asymmetric thrust의 사용이다. 비행기를 활주로에 Lineup하면서 회전의 바깥쪽 엔진의 추력을 더 사용하는, 즉 오른쪽으로 회전하는 경우 왼쪽 엔진을 더 사용하며 회전을 용이하게 하는 방법이다. 단지 이륙을 위한 Lineup에서만 사용하는 것이 아니라 좁은 공간에서 비행기를 급격하게 회전시킬 필요가 있는 경우에 사용되기도 한다. 결론부터 말하자면, 비행기 제작사 manual에서 정하는 경우 외에는 Takeoff Lineup에서 비대칭 추력Asymmetric thrust을 사용하지 말아야 한다.

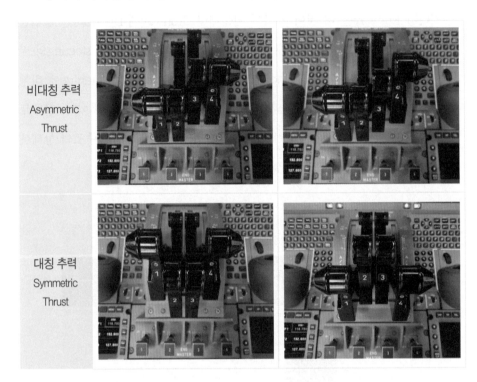

긴 설명보다는 적절한 예를 드는 것이 더 효율적일 때가 있다. 뉴질랜드 오클랜드 공항AKL을 출발해서 싱가폴 창이 공항SIN으로 가는 SQ286편 A380비행기가 이륙을 시작하자 마자 왼쪽으로 미끄러지면서 Reject Takeoff를 한 사고가 있었다. Tower ATC는 착륙할 비행기가 Short Final에 있다는 정보와 함께 immediate Takeoff을 요청했다. SQ286 A380는 Lineup을 하면서 Asymmetric thrust를 사용했고 급한 나머지 Engine Stabilization을 충분히 하지 않고 바로 Takeoff Thrust를 set했다. 어떻게 됐겠는가? Asymmetric thrust의 엔진은 이미 다른 쪽 엔진보다 Thrust가 높은 상황에서 Takeoff thrust가 사용되었으니 당연 왼쪽 오른쪽 엔진의 추력이 비대칭이 되었고 결과적으로 비행기를 적절하게 control하지 못하고 Reject takeoff를 하게 된 것이다.

Asymmetric thrust를 사용하게 되면 비대칭 추력으로 인해 비행기의 control을 잃을 확률이 높아진다는 것이다. 사실 정상적인 활주로 상태에서 비대칭 추력이 비행기 회전(Turning radius)에 미치는 영향은 그리 크지 않다. 득보다 실이 많다는 얘기다.

둘째, 계획된 Takeoff Power가 Set되었는지 확인해야 한다. 앞서 언급했듯이 TOGA thrust를 사용할 수도 있지만 일반적으로 Reduced Takeoff Thrust를 주로 사용하게 된다. 주어진 그리고 계산된 Takeoff Power가 적절하게 Set되어 있는지 반드시 확인하고 Takeoff Roll을 시작해야 한다. 하지만 이에 앞서 중요한 것, 바로 Engine Stabilization이다. 예를 들어 4엔진(4-Engine) 비행기의 경우, 1번 엔진부터 4번 엔진까지 동일한 추력을 동시에 낼 수 있도록 낮은 추력에서 엔진 안정화를 시킨 후에 Takeoff power를 set하는 것이다. 동일한 추력이 나와야 비행기를 안정적으로 directional control할 수 있기 때문이다. 엔진의 warm up의 개념보다는 대칭 추력Symmetric thrust를 위한 절차라고 하는 것이 더 정확하다고 하겠다.

셋째, Runway centerline를 유지해야 한다. 그 이유는 만약 Engine Fail이 발생한 경우 centerline에서 벗어나는 비행기의 움직임을 통해서 Engine Fail을 최대한 빨리 인지할 수 있고, 비행기를 제한된 넓이의 활주로 폭(Runway width) 안에서 control할 수 있도록 최대한의 활주로 폭을 확보해야 하기 때문이다. Runway Centerline을 유지하는 테크닉으로서는 우선 보고된 crosswind를 활용하는 것이다. 비행기의 Weathervane effect에 따라서, Left crosswind라면 right rudder를 Right crosswind라면 left rudder를 이륙 전에 염두에 두고 즉각적으로 대응할 수 있게 준비하는 것이다. 만약 Runway centerline에서 벗어나는 경우엔 다시 centerline으로 돌아가야 하지만 절대적으로 overcorrection이 되지 않도록 한다. 이는 Takeoff performance에도 영향을 미치는 사항이므로 반드시 유념해 두어야 한다.

### 'Recognize Deviation → Stop Deviation → Return to Centerline'

Runway centerline을 벗어나는 경우 이를 곧바로 회복하려고 무리하게 rudder input을 하지 말고 우선 더 이상 벗어나지 않게 Stop Deviation을 한다 그리고 얼마의 rudder input이 필요한지 생각한 후에 그만큼만 rudder control을 한다. 짧은 시간에 이루어지는 조작이기 때문에 이런 생각을 할 여유가 어딨나? 하고 되물을 수 있지만 한 번에 Runway centerline으로 돌아가려고 시도하지 말라는 것이다. 만약 한번에 Runway centerline으로 복귀하려고 시도하다가 자칫 overcorrection으로 활주로 반대편으로 넘어갈 수도 있기 때문이다. 특히 활주로 표면이 slippery(Wet, Contaminated)한 경우엔 평소보다 활주로 표면 마찰이 적어진다는 것을 반드시 유념해야 하겠다. 그것이 바로 Stop Deviation 단계가 필요한 이유이다.

→ Stay on runway centerline(Overcorrection from the opposite side)

# Liftoff from Rotation Speed and Rate

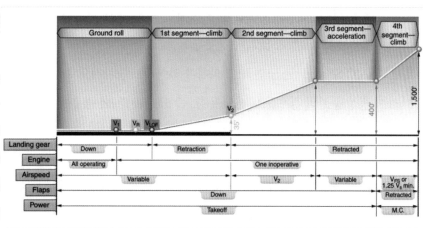

| Items | 1st T/O segment | 2nd T/O segment | Transition (acceleration) | Final T/O segment |
|---|---|---|---|---|
| 2 Engine | Positive | 2.4% | Positive | 1.2% |
| ★ 3 Engine | 3.0% | 2.7% | Positive | 1.5% |
| 4 Engine | 5.0% | 3.0% | Positive | 1.7% |
| Wing flaps | T.O. | T.O. | T.O. | Up |
| Landing gear | Down | Up | Up | Up |
| Engines | 1 Out | 1 Out | 1 Out | 1 Out |
| Power | T.O. | T.O. | T.O. | M.C. |
| Air speed | $V_{LOF} \rightarrow V_2$ | $V_2$ | $V_2 \rightarrow 1.25\ V_S(Min)$ | $1.25\ V_S(Min)$ |

★ Required Absolute Minimum Gradient of Flightpath

M.C. = Maximum continuous
$V_1$ = Critical-engine-failure speed
$V_2$ = Takeoff safety speed
$V_S$ = Calibrated stalling speed, or minimum steady flight speed at which the aircraft is controllable
$V_R$ = Speed at which aircraft can start safely raising nose wheel off surface (Rotational Speed)
$V_{LOF}$ = Speed at point where airplane lifts off

49

49    Pilot's Handbook of Aeronautical Knowledge(FAA-H-8083-25) Ch 10

조금 classic하게 이론적인 것을 조금만 더 다뤄 보기로 한다. Takeoff Segment이다. 이것을 인지하고 이해해야만 Rotation을 왜 그리고 어떻게 해야 하는지를 설명할 수 있기 때문이다. 자, 그러면 Takeoff Segment를 한번 살펴보자.

Takeoff Segment는 'Engine Fail at V1'을 전제로 설정한 개념이다. Engine fail의 경우 비행기의 항공기 성능은 공항의 규정된 장애물을 피할 수 있어야 한다는 것이다. 이러한 항공기 성능상의 규정은 제작 단계에서 충분히 고려가 되고 이에 따라 항공기가 제작될 것이다. 그렇다면 조종사들이 이것들을 알아야 하는 이유는 뭔가? Takeoff segment의 바탕이 되는 구간이 Takeoff roll이고 이러한 Takeoff Segment 각 구간의climb path는 주어진 Rotation speed(Vr)에서 권고된 Rotation rate로 적절하게 비행기가 Liftoff된다는 전제하에 규정된 것이다. 조종사가 Rotation speed에서 Liftoff하지 않거나 잘못된 Rotation rate로 Liftoff를 한다면 뒤에 따르는 Takeoff Segment는 당연히 그 의미가 없어지고 순차적으로 영향을 받게된다. 따라서 정상 운항의 경우든 비정상 운항, 즉 Engine Fail의 경우든 Rotation이 달라지지는 않는다. Engine Fail의 경우 Rotation을 Directional control(maintaining runway centerline and track)을 위해서 정상 운항보다 조금 천천히 Rotation한다는 얘기를 하는 조종사가 있지만 이는 Takeoff Segment를 잘못 이해한 것이다. 다시 말해 정상 운항이든 비정상 운항이든 Rotation은 동일하다.

Rotation speed(Vr)는 비행기가 활주로에서 떨어지는 속도가 아니다. 비행기를 활주로에서 띄우기 위해 Input을 가하는 그 시작점이다. 비행기가 활주로에서 떨어지는 speed는 Vr(rotation speed) 뒤에 따르는 Vlof(Lift Off Speed)이다. Vr(rotation speed)를 지나 비행기가 활주로에서 떨어질 때까지 몇 초의 시간적 간격이 전제가 된다. 때문에 Vr 이전에 미리 Rotation을 위한 Input을 가할 필요는 없다. 가끔 그런 조종사들이 있지만 잘못된 것이다. 하지만 그 이상 불필요하게 길어지면 Slow Rotation이 되고 이는 Takeoff segment의 Obstacle clearance에도 영향을 미치게 되는 역효과가 있다는 것도 유념해 두자.

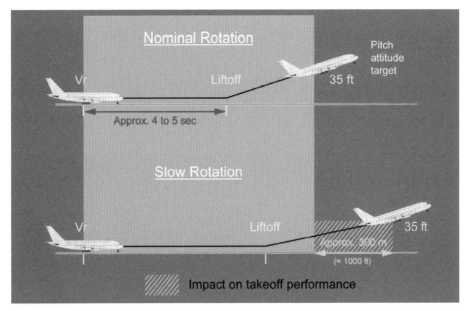

→　예시) A380 Rotation, Vr to Liftoff

　그럼 Rotation은 어느 정도의 속도로 해야 할까? Rate of Rotation.

　Rotation은 Pitch Attitude를 기준으로 "3°/s"의 속도로 목표 Pitch Attitude Target[50]
에 도달할 때까지 멈추지 말고 지속적으로 이루어져야 한다. 예를 들어 Takeoff
Pitch Attitude Target이 15°라면 5초의 시간이 걸리게 Rotation rate를 조절한다. 나름
대로 1초를 세는 기준이 있을 것이다. 'One Banana, Two Banana······.' 뭐든 상관없
다. 여러분의 기준으로 5초를 세면서 부드럽게 Pitch Up을 하면 된다. 특히 이는 Tail
Strike의 방지와 직접적인 연관이 있다. 너무 빠른 Rotation은 아직 비행기가 활주로
에서 분리되지 않았음에도 불구하고 Pitch를 과도하게 올려 Tail Strike를 발생시키는
것이다. Tail Strike는 Landing이 아닌 Takeoff에서 주로 일어난다는 것을 명심하자.

---

50　비행기마다 다른 Takeoff Pitch가 정해져 있다. 예를 들어 A330의 경우는 15°이지만 A380의 경우는 12.5°가
　　Takeoff pitch target이다.

→ Tail strike는 착륙 때보다 이륙할 때 주로 발생한다.

# Comply with climb gradient required

홍콩 첵랍콕ChekLapKok 공항HKG을 base로 비행을 하면서 가끔씩 '뭐 이런 돌산 틈바구니에다 공항을 만들어 놨지!' 하는 생각을 하곤 했다. 홍콩은 두 개의 큰 섬 Hongkong island와 Lantau island 그리고 Kowloon이라는 북쪽 내륙으로 이어지는 해안으로 구성되어 있다. 예전의 그 악명 높았던 카이탁Kai Tak 공항에 비하면 지금의 첵랍콕 공항은 소위 양반이다. 홍콩의 공항이 이럴 수밖에 없는 이유는 간단하다. 공항을 지을 마땅한 땅이 없기 때문이다. 지금의 홍콩 공항도 바다를 메워서 만든 공항이고 이와 비슷한 처지인 마카오 공항도 바다 위로 살짝 솟아 나온 바위 주위를 메워 만든 공항이다. 마카오 공항의 ATC Tower가 있는 곳이 그 살짝 솟아 나온 바위의 위치라고 한다.

➜ 마카오 공항

➜ 홍콩 카이탁 공항

→ 홍콩 카이탁 공항 Checkerboard와 착륙

그렇기 때문에 조종사들에게 최악의 공항이라고 기억되고 있는 홍콩 카이탁 공항은 Check Ride의 필수 공항이었다고 선배 조종사들로부터 듣기도 했다. 어떻게 Landing을 하느냐가 아니라 'Landing을 하느냐 못하느냐.'의 문제였다고 한다. 그렇다면 지금의 새로운 공항 홍콩 첵랍콕 공항HKG은 좀 사정이 나아졌을까? 카이탁 공항보다는 나아졌지만 그렇다고 있는 돌산Obstacle들이 없어지진 않는다. 대신 이를 피하기 위해서 나름의 절차Procedure와 요구사항Requirement이 만들어져 있는 것이다. 공항마다 Departure 절차상에 요구되는 Climb Gradient가 정해져 있다. 이를 설명하기 위해서 돌산들로 둘러싸인 홍콩 공항 이야기를 꺼낸 것이다. 자, 그럼 한번 살펴보자.

일반적으로 요구되는 Departure climb gradient는 3.3%이다.[51]

OIS(Obstacle Identification Surface) 2.5%의 기준에 0.8%의 추가 obstacle clearance를 더하여 3.3%의 standard Procedure Design Gradient(PDG)가 정해진 것이다. 이러한 기본적인 Climb gradient외에 추가적으로 공항에 따라서 더 높은 Climb gradient가 정해지기도 한다. 이는 주위의 장애물Terrain 때문일 수도 있고 Traffic flow control을 위한 것일 수도 있다. 어떠한 이유에서든 요구되는 Climb gradient는 조종사가 확인하고 준수해야 한다.

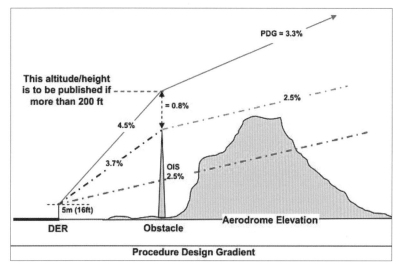

➜   Departure Procedure Design Gradient

---

51   The standard Procedure Design Gradient(PDG) is 3.3%. The PDG begins at a point 5m(16ft) above the Departure End of the Runway(DER) and provides an additional clearance of 0.8% of the distance flown from the DER above an Obstacle Identification Surface(OIS). The OIS has a gradient of 2.5%. Where an obstacle penetrates the OIS, a steeper PDG may be promulgated to provide obstacle clearance of 0.8% of the distance flown from the DER. Close-in obstacles are less than 200ft(60m) above the DER elevation. They are not considered in the calculation of the published PDG. However, if they affect the take-off performance, the close-in obstacles are considered therein(LIDO General RAR/PANS-OPS).

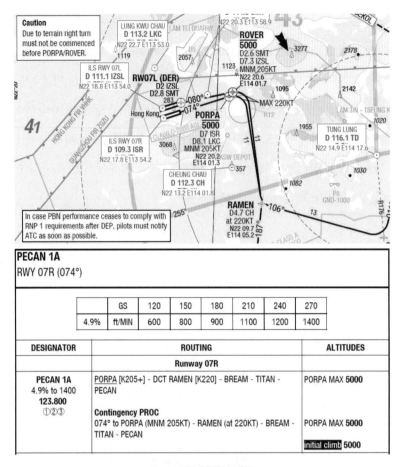

**PECAN 1A**
RWY 07R (074°)

| | GS | 120 | 150 | 180 | 210 | 240 | 270 |
|---|---|---|---|---|---|---|---|
| 4.9% | ft/MIN | 600 | 800 | 900 | 1100 | 1200 | 1400 |

| DESIGNATOR | ROUTING | ALTITUDES |
|---|---|---|
| | **Runway 07R** | |
| **PECAN 1A**<br>**4.9% to 1400**<br>**123.800**<br>①②③ | <u>PORPA</u> [K205+] - DCT RAMEN [K220] - BREAM - TITAN - PECAN<br><br>**Contingency PROC**<br>074° to PORPA (MNM 205KT) - RAMEN (at 220KT) - BREAM - TITAN - PECAN | PORPA MAX **5000**<br><br><br>PORPA MAX **5000**<br><br>initial climb **5000** |

→   HKG PECAN SID

홍콩HKG 공항의 SID 중의 하나인 PECAN Departure이다. 왼쪽 Plan View chart 에서 보듯이 주위에 Terrain들로 둘러싸여 있다. 따라서 Caution Box도 Terrain 이 있기 때문에 Initial Turn을 제한하고 있다. 오른쪽 SID Text chart에서도 마찬 가지 4.9%의 Climb Gradient를 요구하고 있다. 그에 맞춰 속도별로 어느 정도의 fpm(feet per minute)이 되어야 하는지 같이 나와 있다. 다들 알다시피 비행기의 V/S(Vertical Speed)는 Percentage(%)가 아니라 fpm으로 나오기 때문이다. 조종 사는 이러한 주어진 그리고 요구되는 Climb Gradient를 충족하여 SID를 따라서 Departure절차를 수행해야 하고 만약 그러하지 못할 경우엔 반드시 ATC에 이를 알려야 한다.

그렇다면 이러한 Percentage로 되어 있는 Climb Gradient를 쉽게 fpm으로 바꿀 수 있는 방법에는 뭐가 있을까? 하는 의문이 생긴다.

Climb Gradient = ft/nm

Ground Speed (kt)= nm/min

Ft/min (fpm) = Climb Gradient (%) × Ground Speed(kt)

오랜만에 수학, 이게 뭐냐고 할지 모르지만 그리 어렵지 않다. 간단하다.

결론부터 말하자면 chart에 주어진 'Climb gradient×Climb ground speed'가 우리가 비행해야 하는 fpm이다. Climb gradient 1%는 1nm당 60ft 상승으로 정의한다. 120kt의 상승 속도로 1%의 Climb gradient가 요구되는 상황이라면, 1nm 비행하는 동안 60ft를 상승해야 하고, 120kt의 비행기는 1nm 가는 데 0.5min(60min/120kt)이 걸린다. 그렇다면 이 비행기는 1분에 2nm을 가니까 120ft(60ft × 2nm)를 상승하게 된다. 즉, Climb gradient (1)% x Ground speed (120kt) = 120fpm이 된다.

위의 홍콩 공항의 예에서 climb gradient 4.9%라는 것은 1nm당 294ft 상승이라는 의미이고 상승 속도가 150kt라고 가정하면 4.9 × 150=735fpm이라는 결과가 나온다. 위의 chart에서도 찾을 수 있듯이 150kt에서는 800fpm이 요구된다는 것을 알 수 있다. Air speed가 아닌 Ground Speed라는 것만 유념하면 된다. 대체로 Departure에서는 Headwind가 예상되고 그럴 경우 No wind보다는 오히려 낮은 상승률Vertical Speed(fpm)이 요구되기 때문에 위의 공식으로 한다면 큰 문제는 없을 것으로 생각한다.

# Maintain Takeoff Pitch Attitude Target
## until 500ft AAL

비행기가 활주로에서 떨어지는 순간부터 Landing Gear가 완전히 Retraction될 때까지 많은 현상들이 비행기 자체 그리고 비행기 동체 주위에 일어난다. 특히 'Airflow Interference', 즉 비행기 주위의 공기 흐름의 간섭(Aerodynamic airflow interference)은 Landing gear door의 열림과 닫힘 그리고 Landing Gear의 움직임들에 의해서 짧은 시간에 주로 발생된다. 이러한 Airflow Interference는 비행기 Performance에 영향을 주는 Drag로 나타나게 되는데, 그동안의 경험에 의해서 이러한 현상들을 관찰했으며 그 현상들이 Landing Gear retraction 과정과 밀접한 관련이 있다고 판단을 해 왔다.

여러분의 비행기의 Takeoff Pitch Attitude Target은 무엇인가? Airbus A330은 15.0°인 반면에, A380의 Takeoff Pitch Target은 12.5°이다. 비행기마다 조금씩 그 차이가 있다. Air Speed가 Vr을 지나면서 천천히 그리고 지속적으로 15.0°/12.5°의 Pitch에 도달한다. 그리고 'FD(Flight Director)'가 나타나면서 Pitch + Roll Guidance를 제공해 준다. FD는 주어진 Air Data에 따라서 조금씩 움직인다. 그 Air Data는 앞서 말했던 Airflow Interference에 의해서 일시적으로 영향을 받게 된다. 이류 직후인 지상과 아주 가까운 고도에서 비행기의 Pitch를 맹목적으로

FD를 따라서 비행기 Pitch attitude를 움직일 필요는 없다.

Takeoff Pitch Target을 유지해야 한다. 언제까지? 대략 이륙 후 지상 500ft까지. 그때는 Landing Gear retraction과정이 끝나고 Airflow Interference가 더 이상 발생하지 않기 때문이다. 따라서 FD도 그 후에는 일정한 Pitch Guidance를 제공할 것이다. 이는 어떠한 manual에도 적혀진 내용이 아니다. 내가 그동안의 많은 이륙 과정을 통해서 관찰하고 분석한 경험적 결과이다.

### PPP's Golden Rule
### PITCH + POWER = PERFORMANCE

Landing gear retraction에 따른 일시적인 Airflow Interference로 인한 FD의 움직임을 저고도에서 따라가지 말고 계획된 Pitch와 계산된 Power가 있으면 원하는 Performance가 나온다는 것을 명심해야 한다. 특히 이는 Go Around 그리고 Abnormal situation에서 매우 중요한 내용이므로 뒤에 다시 자세히 살펴보기로 하겠다.

# Wait 1sec prior to input

'1초의 여유를 가져라!'

이륙 후 저고도에서 특히 Air Traffic이 많은 공항에서는 ATC가 separation을 유지하고 있지만 ATC의 관제 실수, 비슷한 callsign에 의한 조종사의 miscommunication 등의 실수로 인하여 자칫 대형 사고로 이어질 가능성이 높다. 현대의 첨단 비행기들은 Autopilot system 그리고 Flight Director와 같은 Flight Guidance system을 장착해 있고 이로 인해 조종사들은 좀더 세밀하고 용이하게 비행기를 control할 수 있게 되었다. 하지만 그러한 System들은 주어진 Input에 절대적으로 의존해서 비행기 performance를 만들어 낸다. 'Rubbish In, Rubbish Out'이 그것이다. 잘못된 정보가 들어가면 잘못된 결과가 나온다는 단순한 이치이다.

ATC는 쉴 새 없이 조종사에게 지시를 하고 조종사는 가급적 신속하게 이를 비행기에 입력하려고 한다. 비행기의 기종마다 다르겠지만, 대표적으로 Airbus의 FCU(Flight Control Unit), Boeing의 MCP(Mode Control Panel)와 같은 Interface 장비들이 이를 담당한다. 물론 ATC readback을 통해서 ATC instruction을 재차 확인하게 되지만 마지막으로 조종사가 비행기에 Input을 가하는 순간에 '1초의 여유'를 가져야 한다는 말이다. 한번만 다시 ATC instruction을 스스로 확인해 보고 입력해도 늦지 않다는 것이다. 그 시간이 얼마나 걸릴까? 1초 2초? 그렇다고 치자. Air traffic control이나 비행기 control에 지장을 초래할까? 그렇지 않다. 오히려 잘못된 Input을 비행기에 입력해서 수정해야 하는 시간이 더 걸린다.

Control Panel의 Knob 또는 Push button을 만지기 전에 1초만 되뇌어 보고 하자. 실수를 줄이는 비행이 최고의 비행이다. 그렇지 않은가?

➡  A380 FCU & B777 MCP

# Fly First!

'Landing Gear Up, changing Heading and Altitude, Flap retraction, speed setting, Lights off' 등등……

이륙 직후에 해야 할 일들이 얼마나 많은가? PF는 비행기 control에 집중하느라 정신이 없고, PM은 PF의 Order에 따라서 Setting하고 ATC는 계속 불러 대고, 정신 바짝 차리고 집중하지 않으면 어느 하나를 놓치기 쉬운 그런 순간이다. 이렇게 다양하게 한꺼번에 쏟아져 들어오는 것들 중에서 그래도 조금 더 중요한 그 무엇이 있지 않을까? 다르게 표현하자면, 이렇게 여러가지 다양한 Action들 중에 무엇을 먼저 해야 할까? 나름대로 중요한 순서를 정해서 분류를 한다면 좀 낫지 않을까? 바로 이것이다. Prioritization.

**Aviate**

**Navigate**

**Communicate**

많은 조종사들이 비행학교 첫 주쯤에 듣는 것이 아마도 이것일 것이다. 이렇게 친절하게도 이미 다 정해져 있는 것을 우리는 가끔씩 잊고 지내곤 한다. Cessna-172이든 Airbus A380이든 이러한 법칙은 동일하게 적용된다. 예를 들어 PF가 Flap Up을 order하고 있는데 ATC가 instruction을 주었다고 하자. 어느 것이 먼저인가? 당연 Flap Up이 먼저다. Flap은 Aviate이니까. 듣지 못한 ATC는 다시 물어보면 되는 것이다.

해야 할 Action 또는 order가 중복되는 경우엔 Aviate Navigate Communicate의 법칙에 따라서 어느 것이 비행 안전에 더 중요한 것인지 생각하고 그 우선 순위를 정해서 비행 절차를 수행하면 되겠다. 특히 Abnormal 또는 Emergency에서 비행 안전을 확보하는 원칙으로 뒤에서 다시 한번 설명하면서 강조할 것이다.


나는 우선순위를 정해야 하는 순간에는 항상 이렇게 외친다. 'Fly First!'

Normal이든 Abnormal situation이든.

# NADP(Noise Abatement Departure Procedure)

일반적으로 공항을 만들 때 도심 한복판에 만들지는 않을 것이다. 비행기의 엄청난 소음과 고도 제한 등 각종 규제들 때문에 한적하고 사람들이 많이 살지 않는 지역을 선정해서 공항을 지을 것이다. 인천 공항도 이와 마찬가지였을 것이다. 하지만 도시가 점점 확대되어서 멀리 지어진 공항 주변 지역도 사람들로 가득 차게 되는 현상이 세계 곳곳에서 일어나고 있다.

과정이 어찌됐든 이러한 주거환경에 영향을 미치는 항공기 소음에 대해서 할 수 있다면 최대한 줄여 보자는 것이 바로 'NADP, Noise Abatement Departure Procedure'이다. 물론 항공기 소음이 Departure에만 발생하는 것은 아니지만 여기에서는 Departure procedure 과정에 대해서만 살펴보기로 한다.

비행기의 NADP는 크게 두 가지로 나누어 볼 수 있는데, 비행기 소음을 피해야 할 지역이 공항 가까이에 있는지 아니면 공항에서 떨어진 먼 지역에 있는지에 따라서 그 절차가 분류된다.

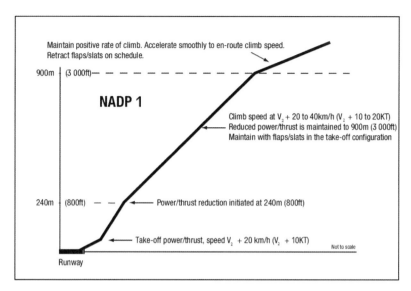

Maintain positive rate of climb. Accelerate smoothly to en-route climb speed.
Retract flaps/slats on schedule.

900m  (3 000ft)

**NADP 1**

Climb speed at V₂ + 20 to 40km/h (V₂ + 10 to 20KT)
Reduced power/thrust is maintained to 900m (3 000ft)
Maintain with flaps/slats in the take-off configuration

240m  (800ft)  Power/thrust reduction initiated at 240m (800ft)

Take-off power/thrust, speed V₂ + 20 km/h (V₂ + 10KT)

Not to scale

Runway

➔   NADP 1

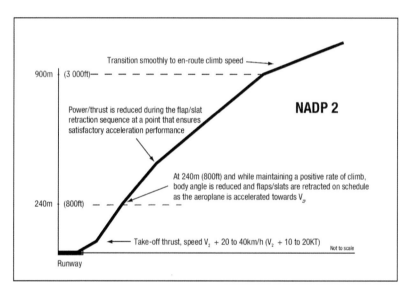

Transition smoothly to en-route climb speed

900m  (3 000ft)

Power/thrust is reduced during the flap/slat
retraction sequence at a point that ensures
satisfactory acceleration performance

**NADP 2**

At 240m (800ft) and while maintaining a positive rate of climb,
body angle is reduced and flaps/slats are retracted on schedule
as the aeroplane is accelerated towards V₂F

240m  (800ft)

Take-off thrust, speed V₂ + 20 to 40km/h (V₂ + 10 to 20KT)

Not to scale

Runway

➔   NADP 2

 'NADP 1'은 이륙 후 상승각(Angle of Climb)을 높여 공항과 가까운 지역의 소음을 줄이는 데 그 목적이 있다. 따라서 Takeoff Flap setting을 3,000ft AAL까지 유지하게 된다. 반면에 'NADP 2'는 상승률(Rate of

Climb)을 높여 공항에서 먼 지역을 빠른 속도로 벗어나는 것을 목표로 하는 것이다. Flap retraction을 보다 일찍 해서 Climb Speed를 높여 상승하게 되는 것이다.

그렇다면 Noise Abatement Departure Procedure는 어떠한 상황에서도 절대적으로 지켜져야 하는 것인가? 이와 관련해서 ICAO는 다음과 같이 규정하고 있다.

An aeroplane should not be diverted from its assigned route unless:

a) in the case of a departing aeroplane it has attained the altitude or height which represents the upper limit for noise abatement procedures; or

b) it is necessary for the safety of the aeroplane(e.g. for avoidance of severe weather or to resolve a traffic conflict).

즉, SID를 따라가든 Radar Vector를 따라가든 NADP의 정해진 고도는 지켜야 한다. 다만 비행 안전상 필요하다고 판단되는 경우에는 NADP를 벗어날 수도 있다는 것이다. 출발하는 공항이 어떠한 NADP 절차를 사용하는지는 공항의 Departure 절차 또는 CRAR(Country Rules and Regulations)에 명시되어 있고, 만약 아무런 규정이 없다면 항공사 자체의 규정을 따르면 될 것이다.

공항에 따라서 ICAO의 이전 규정인 'NADP A 또는 NADP B'를 사용하기도 한다. 방콕BKK과 베이징PEK 공항 등 몇몇 공항들이 이런 규정을 사용한다. 어떠한 규정과 절차를 사용하든지 비행의 안전 그리고 비행기의 Limitation 제한사항을 벗어나지 않는 범위 내에서 공항의 NADP, 즉 소음방지규정을 최대한 따르도록 노력해야 할 것이다.

Departure Procedure를 수행함에 있어서 정해진 Altitude constraint의무 고도를 충족해야 할 경우에 이를 위해서 NADP고도인 800ft 또는 3,000ft를 조절할 수도 있다. 예를 들어, NADP 2가 적용되는 공항에서 SID상의 Altitude constraints

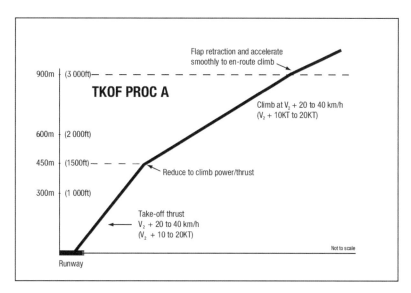

➔ NADP A

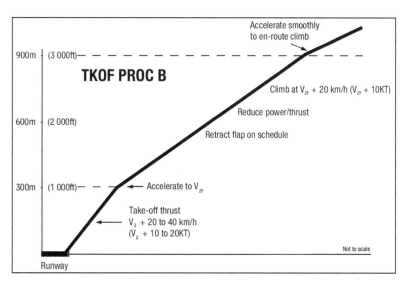

➔ NADP B

를 충족할 수 없는 경우에 Thrust Reduction Altitude를 800ft가 아닌 1,000ft 또는 그 이상으로 해서 SID상의 Altitude constraints를 충족하게 할 수도 있다. NADP 의 개념상으로 분석해 봤을 때 'at least 800ft/3,000ft'이기 때문에 그 기준이 되는

800ft/3,000ft보다 높은 고도에서 비행 운항상 유연하게 NADP 고도를 적용하면 된다는 것이다. 하지만 그렇게 해서도 SID의 Altitude constraints를 충족할 수 없다면? ATC에 그 사실을 미리 충분히 알려야 한다. ATC가 적절하게 Flow control 할 수 있도록 말이다.

# Follow Flight Director behind

    FD, 즉 Flight Director는 대형 제트항공기를 운항함에 있어서 조종사의 Control 을 guide해 주는 최고의 Tool이다. Speed change, Climb과 Decent, 그리고 Turning에 있어서 현재 그 비행기에 필요한 Rate of Speed change, rate of Climb/ Decent, rate of Turn을 계산하여 조종사에게 알려 준다. 조종사는 이렇게 계산되어 나온 FD를 따라가기만 하면 비행기에 Load를 주지 않으면서 부드럽게 Control 할 수 있게 되는 것이다. 물론 정확한 Data가 FMS에 입력되어 있고 조종사가 주어진 Altitude와 Heading을 정확하게 setting했다는 전제하에서 말이다. 이러한 FD 를 최상의 상태로 유지하고 FD를 적절하게 그리고 충분히 그 능력을 잘 활용하기 위하여 조종사가 이해해야 할 FD의 특징이 있다.

    'Flight Director는 조종사가 따라가는 것이다.'라는 사실이다. FD는 그 이름처럼 조종사가 지금 무엇을 해야 하는지 알려 주는 Director이다. 이륙을 한 다음 주어진 SID를 따라 간다고 가정하자. FD는 Waypoint를 지나면서 그 다음 필요한 Heading 또는 Pitch Change를 위해서 빠르게 움직일 것이다. 쉬운 말로 FD가 튄다고 하자. 그렇다면 그 빠르게 움직이는 FD를 지금 내가 빠르게 따라가야 할까?

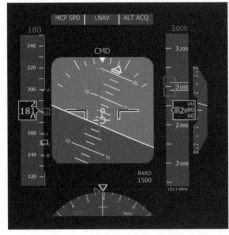

➔ Boeing Flight Director

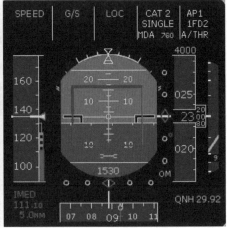

➔ Airbus Flight Director

그렇지 않다. FD는 조종사가 그 변화를 인지하고 정해진 Rate로 뒤에 따라올 것을 감안하여 움직인다. 조종사는 FD가 변화된 것을 보고 그 뒤를 따라가도 늦지 않을 뿐 아니라 오히려 그렇게 조종사가 FD 뒤에 따라가도록 만들어졌다.

'Lead FD'라는 말을 한번쯤 들어봤을 것이다. 나 또한 학생조종사 시절에 이 말을 들어 본적이 있다. 이 말은 FD가 앞으로 어떻게 움직일 것인가를 미리 파악하고 FD와 같이 또는 조금 앞서 비행기를 Control하라는 말이다. 나쁘지 않은 말이다. 적어도 Situational Awareness 측면에서는 말이다. 하지만 이는 FD의 특성을 정확히 이해하지 못한 말이다. 앞서 언급했듯이 FD는 조종사가 그 뒤를 따라오도록 설계되어 있기 때문이다. 만약 Lead FD를 한다면 오히려 Over Correction이 될 가능성이 높다. Climb/Decent 그리고 Turning에 있어서 FD는 비행기의 속도 고도 외부 기상조건(온도)에 따라서 그 지시하는 Rate가 모두 다르다. FD에 주어진 모든 Data를 분석하여 나름의 알고리즘Algorithm으로 현재 필요한 최선의 Control을 조종사에게 지시하는 것이다. 고도 1,000ft에서의 Bank angle과 고도 40,000ft에서의 Bank Angle은 많이 다르다. FD는 주어진 외부 Data를 바탕으로 최선의 control을 계산해 내는 것이다. 이를 조종사가 Lead할 수 있나? 아니, 할 필요가 있나?

Autopilot이 FD와 어떻게 움직이는지 한번 유심히 살펴보라. 그러면 내가 하는 말이 이해가 될 것이다. 한 가지 팁을 더 주자면, Heading mode와 LNAV(Lateral Navigation) mode는 FD의 계산법이 다르다. Heading mode에서 FD는 적절한 Bank angle이 목표이지만, LNAV mode에서는 Navigation Display에 나름의 계산대로 이미 그려진 그 Line을 따라가는 것이 목표이다. 그러니 LNAV에서 FD 상관없이 조종사 나름의 Bank angle로 Turning을 한다면 FD는 오히려 반대로 지시할 수도 있다. 왜냐하면 FD가 원하는 것은 Bank angle이 아니라 그려진 Line이기 때문이다.

# Head Up below 10,000ft AAL

조종사의 Workload는 객실 승무원과는 정반대이다. 조종사는 비행기가 지상에 가까이 있을수록 바빠지고, 객실 승무원은 비행기가 지상에서 멀어질수록 바빠진다. 조종사와 객실 승무원의 업무 시간을 말하려는 것이 아니다. 지상으로 가까워질수록 조종사가 바빠진다는 의미는 다르게 표현하면 지상으로 가까워질수록 비행에 중요하고 위험한 단계들이 있다는 의미이기도 한다. 이를 비행에서는 'Critical Phase of Flight'라고 정의한다.[52] 비행기 사고 통계를 보면 고고도보다는 지상과 가까운 저고도에서 사고가 집중적으로 발생했다는 것을 알 수 있다.

FAA와 EASA는 〈Critical Phase〉를 정의함에 있어서 같은 수준의 과정과 단계로 나타내고 있다. 즉, Critical Phase란

**Taxiing out**

**Takeoff Run**

---

52 The critical phases of flight are defined as all ground operations involving taxi, takeoff, and landing, and all other flight operations conducted below 10,000 ft., except cruise flight(FAA).
Critical phases of flight' in the case of aeroplanes means the take-off run, the take-off flight path, the final approach, the missed approach, the landing, including the landing roll, and any other phases of flight as determined by the pilot-in-command or commander(EASA).

Climb until 10,000ft AAL

Descend below 10,000ft AAL

Approach and Landing roll

Missed Approach and Go Around

Taxiing in and Parking

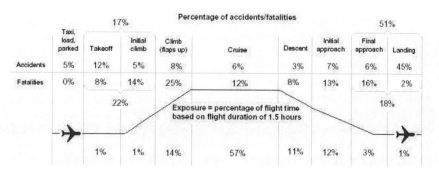

→ Source: Statistical Summary of Commercial Jet Airplane Accidents, Boeing

여기서 강조하고 싶은 것은 'Below 10,000ft AAL'이다. 지상으로 가까워질수록 다른 항공기들과의 충돌 위험(TCAS alert), 지상 장애물과의 충돌 위험(GPWS alert), Navigation Error 그리고 ATC communication failure 등 많은 위험 요소(Threat)에 노출된다. 이러한 상황을 극복하기 위한 최선의 resource는 바로 조종사이다. 하나가 아닌 두 명의 조종사 말이다.

결론적으로 말해서 10,000ft 이하에서는 두 조종사 모두가 Head Up하고 비행에 집중해야 한다는 것이다. '불필요한' FMS 등 Head down이 필요한 작업을 피해야 한다. 앞에 놓인 PFD/ND를 보고 비행을 monitoring하고 밖을 보면서 Traffic을 살피는 것이 중요한 때가 바로 Critical Phase인 Below 10,000ft인 것이다. 그리고 Head down을 해야 할 필요가 생기면 이를 다른 조종사에게 자신이 flight monitoring에서 잠시 떠나 있을 수 있다는 것을 알려야 한다. 이것이 CRM이다.

# EODP(Engine Out Departure Procedure)

이륙 중 또는 이륙한 직후에 Engine Fail이 된 경우를 대비해서 모든 공항엔 'EODP, Engine Out Departure Procedure'가 정해져 있다. Departure Briefing을 하면서 매번 입버릇처럼 언급하고 있는 내용 중에 하나가 바로 이것이다. Takeoff/Initial Climb phase에서는 지상과 매우 가깝기 때문에 그만큼 비상시 조치를 취할 시간적 그리고 공간적 여유가 많이 주어지지 않는다. 따라서 Memory Item처럼 반사적으로 control을 하기 위해서 매번 Briefing마다 반복해서 스스로에게 그리고 비행 파트너에게 주지를 시키는 것이다. 사실 이러한 EODP절차들은 항공사마다 모두 다르다. 따라서 EODP를 실시한다면 다른 항공기들 그리고 ATC는 지금 우리가 어떠한 절차를 수행하는지 알 수가 없다.

자, 그러면 두 개의 다른 유형의 공항을 예로 들어 EODP가 어떠한 기준으로 만들어지고 그리고 조종사는 어떻게 이러한 절차들을 이해해야 하는지 살펴보자.

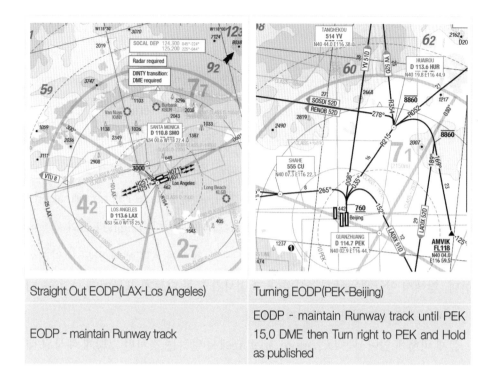

| Straight Out EODP(LAX-Los Angeles) | Turning EODP(PEK-Beijing) |
|---|---|
| EODP - maintain Runway track | EODP - maintain Runway track until PEK 15.0 DME then Turn right to PEK and Hold as published |

EODP는 Engine Out이라는 비상상황(Abnormal Situation)을 전제로 하기 때문에 Flight Safety에 모든 초점이 맞춰져 있다. Engine Fail의 경우 비행기에 미치는 가장 큰 영향은 뭐가 될까? 그렇다. Climb Performance이다. Runway의 Clearway를 지나게 되면 Terrain 또는 지상 장애물들이 나타나게 된다. 특히 Terrain은 Engine Fail에 있어서 가장 주요한 위험 요소Threat가 된다.

즉, 다시 말해 EODP는 Departure Route상에 Terrain이 있느냐, 아니면 그렇지 않느냐에 따라서 두 가지로 나뉜다.

'Straight Out EODP',

'Turning EODP'

위의 왼쪽 그림은 로스앤젤레스(LAX) 공항의 SID chart이다. West bound(RWY 24LR/25LR)의 경우에 Terrain이 Departure route상에 존재하지 않는다. 따라서

Straight Out EODP가 적용될 수 있는 것이다. 즉, Terrain은 문제가 안 된다는 의미이다.

　오른쪽 그림은 베이징(PEK) 공항의 SID chart이다. North bound(RWY 01/36LR)의 경우 Departure route상에 뭐가 나오는가? Terrain이다. 그렇기 때문에 Turing EODP를 사용하게 되는 것이다. 즉, 베이징 공항에서는 Engine Fail의 경우 Terrain이 가장 큰 위험 요소(Threat)가 된다는 것이다. 여기서 PF는 절대적으로 주어진 EODP를 그대로 수행해야 한다. 사실 Engine Fail abnormal procedure 수행보다 Terrain이 더 큰 위험 요소이기 때문이다. Engine Fail의 경우에 Straight Out EODP이든 Turning EODP이든 그 절차를 ATC에게 반드시 알려야 한다. 앞에서 언급했듯이 항공사마다 그 절차가 모두 다르기 때문이다. ATC는 내가 어떤 EODP를 수행하고 있는지 모른다.

　실제 비행에 있어서는 Departure Briefing에서 말하는 것처럼 그렇게 예상된 대로 Engine Fail이 일어나지 않을 수도 있다. 하지만 그러한 경우라도 Engine Fail과 같이 항공기의 Climb Performance가 영향을 받을 땐 EODP의 주요 목적을 생각하면 어떻게 해야 하는지 명확해진다. 즉, Terrain을 피하는 것이 그 주된 목적이라는 것, 그것만 머릿속에 새겨 두면 예상치 못한 상황에서도 당황하지 않고 적절하게 비행기를 Control할 수 있을 것이다. 나아가 경우에 따라서 기장의 재량(Command Discretion)으로 EODP를 상황에 따라서 적절하게 변형시킬 수도 있을 것이다. EODP의 컨셉을 정확하게 이해한다는 전제하에서 말이다. 특히 공항의 MSA(Minimum Safe Altitude)를 염두에 두고 Terrain clearance를 이해한다면 더 훌륭한 EODP를 수행할 수 있을 것이다.

〈Air France Concorde 4590〉

언제: 2000년 7월 25일

어디서: Gonnese near Paris Charles de Gaulle Airport, France

항공사: Air France Aérospatiale-BAC Concorde(F-BTSC)

탑승 승무원 & 승객: 9/100명

탑승자 전원 사망(109명) 그리고 지상 인명 피해(4명 사망)


'Mach 2.04

Service Ceiling 60,000ft

Max Range 3,900nm

Turbojet Engines with afterburn'

전투기의 Specification 제원이 아니다. 이 엄청난 Performance의 주인공은 바로 Concorde로 잘 알려진 Super-sonic commercial Jet이다. 스피드에 대한 인간의 무한한 열망과 노력은 지금 으로부터 50년 전인 1969년에 전투기의 속도와 맞먹는 상업용 비행기를 만들기에 이르렀다.

CONCORDE: FIRST FLIGHT (1969)

프랑스 Sud Aviation(후에 Aérospatiale로 변경됨)사와 영국의 British Aircraft Corporation(BAC) 은 상업용 초음속 비행기 제작 프로젝트를 시작한다. 그 후 1969년에 드디어 첫 초음속기를 제 작 시험 비행하게 되고 7년 뒤 1976년에 'Concorde'라는 이름으로 첫 상업용 운항에 들어갔다. 예상된 개발 제작비를 훨씬 초과하는 비용 때문에 당시 이 비행기를 운항할 여력이 있는 항공 사는 많지 않았다. 단지 영국의 British Airways와 프랑스의 Air France만이 Concorde를 인수하 여 운항에 투입할 정도였다.

독수리의 날카로운 부리를 닮은 조종석 부분과 동체 옆으로 넓게 펼쳐진 델타형 날개(Delta Shaped Wing)는 세계의 주목을 받기에 충분했다. British Airways와 Air France는 각 7대씩 총 14대의 Concorde를 도입하고 이 비행기를 런던 Heathrow 공항과 파리 Charles de Gaulle 공항을 기점으로 한 대서양 횡단 루트에 주로 투입했다. 뉴욕 JFK John F. Kennedy International Airport, 워싱턴 Washington Dulles International Airport, 그리고 발바도스의 Grantley Adams International Airport이 그들의 주요 취항지였다.

비행기 개발상의 엄청난 비용과 제한된 좌석수로 인해서 그 항공권 가격은 1997년 런던-뉴욕 왕복의 경우 7,995USD(2018년 금액으로 12,500USD)일 정도로 상당한 가격이었다. 이는 같은 구간의 최저가 항공권보다 약 30배 정도 비싼 가격이었다. 하지만 이러한 초음속 비행기를 경험하고 싶은 욕망에 사람들은 열광했고 하늘 위의 럭셔리 서비스를 원하는 승객은 줄을 이었다. 덕분에 두 항공사는 Concorde 비행기를 계속해서 운항할 수 있을 만큼 충분한 수익을 내고 있었고, 이 시기 두 항공사는 역사상 최고의 전성기를 누리며 전 세계의 주목을 한껏 받고 있었다. 하지만 아직까지는 부족하다는 기술적인 한계였는지 아니면 두 항공사에 다가올 미래의 운명이었는지, Concorde는 2003년 역사의 뒤안길로 물러나게 된다.

2000년 7월 25일 파리 샤를 드골 국제공항에서 Air France 소속 Concorde기 한 대가 Runway 26R에서 이륙을 기다리고 있었다. 앞에서는 미국 Continental 항공 소속 DC-10기가 굉음을 내며 이륙을 하고 있었다. 잠시 후 Air France 4590 Concorde기는 관제사의 이륙 허가를 받고 Full Thrust로 이륙을 위해서 활주로를 내달렸다. 활주로를 절반 정도 지났을 무렵 Tower 관제사가 뭔가를 인지하고 급하게 Air France기를 부른다.

"Air France 4590, you got fire on Left wing."

하지만 이미 Concord기는 V1 speed를 지나고 있었고 기장은 훈련받은 대로 그리고 비상 절차대로 이륙을 계속했다. 그 순간 4개의 엔진 중 왼쪽 1번과 2번 엔진이 꺼졌다. 다행히 1번 엔진은 다시 Recovery(Relight)가 되고 2번 엔진만 꺼져 있는 상태가 된다. Flight Engineer는 기장의 지시에 따라 2번 엔진을 OFF했다. 하지만 곧 바로 회복되었던 1번 엔진마저도 꺼져 버렸다. Takeoff Segment를 채 끝내지도 못한 고도에서 4개의 엔진 중 2개의 엔진을 잃은 것이다. 비행기 제작 시 이륙과 상승 성능을 계산함에 있어서 두 개의 엔진을 동시에 잃는다는 것은 전제되지 않는다. 너무나 드문 상황이기 때문이다.

왼쪽 날개 위로 치솟아 올라오는 화염은 그 엄청난 열기로 날개 일부를 녹여 버렸고 오른쪽 날개 두 개의 엔진에서만 발생되는 비대칭 추력Asymmetric Thrust은 순식간에 Concorde기를 100°의 Bank로 밀어 올렸다. 타버린 날개 그리고 엄청난 비대칭 추력Asymmetric Thrust으로 인해서 조종 통제력을 잃은 Concorde기는 공항 부근 Hôtelissimo Les Relais Bleus 호텔 근처에 추락했다. 이 사고로 9명의 승무원과 100명의 승객 그리고 지상의 4명이 목숨을 잃었다. 탑승한 인명 중 생존한 사람은 아무도 없었다.

당시 최첨단 항공기에서 무슨 일이 일어났던 것일까? 그것도 이륙을 한참 하고 있는 상황이었는데 무엇 때문에 Concorde기는 화염에 휩싸였을까?

Air France 4590 Concorde기가 이륙하기 바로 전 Continental 항공 소속 DC-10이 미국 Newark 국제공항을 향하여 이륙을 했다. DC-10은 이륙 도중 작은 무언가를 활주로 떨어트린다. 길이 45cm 너비 3cm의 얇은 쇳조각이 DC-10의 엔진 덮개Engine Cowl에서 떨어져 활주로에 그대로 있었고 그 위를 Concorde기가 지나가면서 왼쪽 Landing Gear의 타이어(No2

Tyre)를 파손시켰다. 타이어에서 떨어져 나온 Debris 파편은 빠른 속도(140m/sec)로 왼쪽 날개 아랫부분의 연료탱크를 강타하고 이 충격으로 5번 Fuel Tank에서 Fuel Leak이 발생했다. 여기에서 나온 연료들은 곧바로 발화되었고 1번 2번 Engine을 Flame Out시키면서 왼쪽 날개의 일부분을 녹여 버렸던 것이다. 이 작은 쇠 조각 하나가……. 'FOD, Foreign Object Damage'가 바로 이것이다.

기장 Christian Marty(당시 54세, 총 비행 시간 13,477시간) 부기장 Jean Marcot(당시 50세, 총 비행 시간 10,035시간) 그리고 항공기관사 Gilles Jardinaud(당시 58세, 총 비행 시간 12,532시간)은 규정과 절차에 따라서 성실히 임무를 수행했다. 이미 V1 speed를 넘어선 순간이었지만 Reject Takeoff를 해서 지상에서 충돌하더라도 이륙을 하지 말았어야 했다는 일부의 의견도 있었지만 조사 결과 그 경우에도 엄청난 피해를 막을 수는 없었을 것이라는 사실이 밝혀졌다.

영국과 프랑스의 대표로 구성된 사고조사위원회는 곧바로 앞서 이륙한 Continental 항공의 DC-10기의 조사에 착수하였다. Air France 4590 Concorde기 5분 전에 이륙한 DC-10기는 정비기록에서 엔진 덮개, 정확히 말해 Engine Reverser Cowl의 부품이 2000년 7월 9일에 미국 텍사스주 휴스턴에서 장착된 것으로 나왔고 이를 조사한 결과, 그 부품은 제작사의 규정에 의거해서 제작되지도 그리고 장착되지도 않은 것으로 밝혀졌다.

이외에 Air France 4590은 최대 이륙 중량(Max Structure Takeoff Weight)보다 약 810kg을 초과하여 이륙을 실행한 것으로 밝혀졌지만 이는 이번 사고에 직접적인 원인 제공을 하지는 않았다고 결론 내려졌다. 뿐만 아니라 조종사들의 모든 훈련 기록을 조사한 결과, 조종사들은 규정에 따라 적절하게 훈련을 받았고 Concorde 비행기 또한 감항증명(Airworthiness)에 문제가 없었던 것으로 밝혀졌다.

비행에 관련된 모든 규정과 절차는 반드시 그 이유와 배경 이론이 자리하고 있다. 이는 비행을 운항하는 조종사의 규정뿐만 아니라 정비를 맡는 정비부서의 규정도 마찬가지다. Continental 항공의 DC-10기가 왜 비규격 부품을 사용했는지는 알 수 없다. 짐작해 볼 만한 것으로는 정비 비용을 절약하기 위한 조치였을 것이라는 정도가 전부이다. 한편의 비행이 안전하게 이루어지려면 각각의 부분이 주어진 임무를 성실하게 그리고 적절하게 수행을 해야 한다는 전제가 있어야 한다. Air France 4590 Concorde기 사고의 직접적인 원인이 된 비규격의 부품 그리고 절차를 따르지 않은 부품 장착은 주어진 각자의 임무를 적절하게 했다고 볼 수 없다. 이유 없는 규정, 이유 없는 절차는 없다. 규정을 존중해야 하는 이유가 바로 여기에 있는 것이다.2000년 이후에 일어난 항공업계의 경기 변화와 2001년에 있었던 미국 9·11테러 사건의 계기로 인하여 항공업계의 많은 본질적 변화도 있었지만 Air France 4590기의 사고가 그 후 3년 뒤 Concorde기가 퇴역을 맞이하는 결정적인 계기가 되었다는 것을 부인하는 사람은 없다.

더 빠르게 그리고 더 높게 날고 싶어 하는 인간의 욕망과 도전의 산물인 Concorde기는 역사 속으로 사라져 이제는 박물관에서나 볼 수 있는 비행기가 되었지만 짧은 미래에는 이보다 더 뛰어난 성능의 비행기가 탄생한 것이라는 것을 의심하지 않는다. 하지만 Concorde기는 아직도 여전히 아름답다.

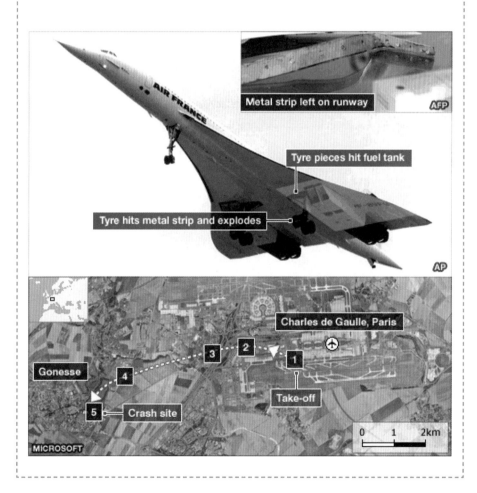

Concorde기의 마지막 비행에서

*Good Bye, Concorde…….*

# CHAPTER

# 7

......................................................

# Cruise

> **Flight Management**
> - Be Prepared of undesired non-normal situation(Safety)
> - Alternate Airports & Contingency Procedures
> - Find Optimum Flight Condition(Efficiency)
> - Care of Passengers' Welfare(Comfortability)

일반적으로 Transition Altitude(TA)를 통과해서 상승을 하게 되면 TMA(Terminal Control Area)[53]를 벗어나게 된다. 해당 공항을 중심으로 항공기들의 수가 상대적으로 적어지게 되고 사용할 수 있는 Airspace가 넓어짐에 따라 Traffic Alert의 가능성이 줄어들게 되고, MSA(Minimum Safe Altitude) 위로 상승함으로써 Terrain Alert의 가능성 또한 감소하게 된다. 따라서 비행의 단계도 전환이 되게 되는데, 비행기를 안전하게 지상으로부터 분리시켜 움직이게 하는 단계에서 이제는 비행기를 어떻게 하면 더 효율적으로 관리를 할 수 있는가? 라는 단계로 넘어가게 된다. '비행의 효율적 관리'라는 측면이 부각되는 과정인 것이다.

### Flight Control Phase → Flight Management Phase

즉, Flight Control Phase(비행기의 물리적인 Maneuvering에 집중되는 단계)에서 Flight Management Phase(비행의 효율적인 Management에 집중되는 단계)로 전환이 되는 과정이다. 따라서 조종사는 해당 비행기의 조건에 최적인 상태를 찾아서 적용시켜야 한다. 이를 'Flight Optimization'이라고 한다.

---

53   TMA(Terminal Control Area): A control area normally established at the confluence of ATS routes in the vicinity of one or more major aerodromes.

# Alternate Airport Nomination in En-Route

　현대의 최첨단공학의 결정체인 항공기이지만 기계적인 면에서 완벽할 수는 없다. 게다가 비행이라는 자체가 외부적인 환경에 의해서 많은 영향을 받는 것이기 때문에 비행기 자체의 문제든 아니면 외부적인 요인에 의하든 비행중에 조종사로 하여금 결정을 하게 하는 순간이 생길 수 있다. 이러한 경우를 대비해서 조종사는 비행을 하는 매순간 주위의 공항들을 확인하고 미리 준비를 해 놓을 필요가 있다. En-Route Alternates(대체 공항)의 선정이 바로 그것이다.

## Adequate Airport Vs. Suitable Airport[54]

　대체 공항Alternate Airport은 항공기 운항상 요구되는 요건에 따라서 크게 두 가지

---

54　**Adequate Aerodrome**(EASA): An aerodrome on which the aircraft can be operated, taking account of the applicable performance requirements and runway characteristics.
　**Suitable Aerodrome:** A suitable aerodrome is an adequate aerodrome with weather reports, forecasts, or any combination thereof, indicating that the weather conditions are likely to be at or above operating minima and the RWY condition reports indicate that a safe landing can be accomplished at the time of intended operation(LIDO GEN).

로 분류될 수 있는데, 'Adequate airport'와 'Suitable airport'가 그것이다. 다양한 항공기의 종류만큼이나 항공기들의 성능Performance도 다양할 뿐만 아니라 공항들 또한 공항 자체의 규모나 어느 정도의 항공기를 수용할 수 있는가 하는 그 운항능력면에도 모두 다를 것이다. 따라서 이렇게 다양한 성능의 각기 다른 항공기들 그리고 그 수만큼이나 다양한 항공기 수용 능력의 공항들을 항공기 성능에 따라 운항적인 측면에서 크게 분류해 볼 필요가 있을 것이다. 필요한 시기에 조종사가 사용할 수 있는 대체 공항 선정(En-Route Alternate Nomination)을 용이하게 하기 위해서 말이다.

'Adequate Airport'란 항공기 이착륙 성능만을 기준으로 했을 때 해당 항공기가 착륙을 할 수 있는 공항, 즉 항공기의 물리적인 수용가능성을 전제로 한 공항을 말한다. 그에 더해서 예상되는 착륙 시간에 해당 공항의 기상조건과 운항조건 모두가 부합해서 안전한 착륙이 가능한 공항, 즉 공항의 물리적인 수용가능성과 현재의 운항가능성(Weather & Airport operational condition)을 모두 갖춘 공항을 'Suitable Airport'라고 한다.

**Adequate Airport + Weather condition + Operational Requirements = Suitable Airport**

Adequate airport 중에서 Suitable airport가 선정되는 것이고, 그 기준은 현재의 기상조건이 착륙을 할 수 있는 실질적인 조건(Weather minima)에 부합하고 항공사의 제한 사항에 해당하지 않으며(Operational requirements) 그 공항이 대체 공항으로서 착륙을 거부하지 않아야 한다(Airport in operation)는 것이다.

조종사는 우선 주위의 Adequate Airport를 먼저 선별하고 그 해당 공항들의 기상조건과 관련 운항조건(NOTAM)을 확인해야 하겠다. 그 결과에 따라서 현재 위치에서 가장 적절한 Suitable Airport를 선정하게 되는 것이다. 가능하면 복수의 Suitable airport를 선정하는 것이 조종사에게 좀 더 넓은 option을 주는 방법이 되겠다.

미리 준비를 해야 한다. 그래야 당황하지 않는다.

➔ Adequate or suitable for your aircraft?

# Contingency Procedure

    계획된 항로 또는 고도를 유지할 수 없는 경우에 조종사는 반드시 ATC로부터 Amended Clearance를 받아야 한다. 하지만 긴급한 비상상황 또는 ATC로부터 Clearance를 즉각적으로 받을 수 없는 경우에는 조종사의 판단으로 ATC Clearance 로부터 벗어날 수 있는데 이러한 절차를 규정하는 것을 'In-flight Contingency Procedure'라고 한다. 말 그대로 만일의 사태를 대비한 절차인 것이다.

Step 1. Turn Right / Left at 45° from assigned route

Step 2. Maintain Cleared FL until 10nm if able to maintain FL

Minimize Descend until 10nm if unable to maintain FL

Step 3. From 10nm, Descend or Climb to Altitude 500ft different from RVSM

(FL295 ~ FL405, if below FL410)

Step 4. At 15nm, maintain Offset Track from assigned route

Step 5. Broadcast intention on VHF 121.500 / 123.450 & All exterior lights ON

간단하게 말해서, Airway를 일정한 거리(15nm)를 두고 벗어나서 일반적으로 사용되지 않는 고도Flight Level를 유지함으로써 주위의 항공기들을 피하는 절차인 것이다. Airway에서 15nm은 평행하는 Airway와 겹치지 않는다. 그리고 고도 500feet 분리는 RVSM/non-RVSM Flight Level로 사용되지 않는 고도이므로 다른 항공기와 충돌할 위험이 없다. 즉, 다른 항공기로부터 수평과 수직의 안전한 분리(lateral & vertical separation)를 하는 것이 이 절차의 주요 핵심 내용(main concept)이다. 이것이 'In-flight Contingency Procedure'이다.

이러한 initial action(Fly first)을 마치고 나면, 조종사는 ATC로부터 amended clearance를 받기 위해 지속적으로 노력을 해야 한다. ATC와 교신이 이루어지면 현재 나의 상황(Nature of problem)과 항공기의 위치(Position of aircraft) 그리고 조종사의 의도(Intention of pilot)를 ATC에게 통보해야 한다. ATC는 이를 바탕으로 추가적인 clearance 또는 advice를 해 주게 되는 것이다. 이렇게 ATC로부터 clearance를 받으면 그대로 수행하면 될 것이고 만약 시행할 수 없는 불가능한 clearance를 받게 되면 즉시 이를 reject(saying 'UNABLE')하고 수용 가능한 범위 내의 clearance를 요청해야 할 것이다.

일반적으로 ICAO에서 규정하고 권고한 In-flight contingency procedure를 사용하고 있지만 경우에 따라서 각각의 FIR(Flight Information Region)들은 나름대로의 절차를 다르게 규정해 놓은 경우도 있다. 예를 들어 중국의 경우 다른 In-flight Contingency Procedure를 규정해 놓고 있는데, 이러한 각국의 다른 규정에 대해서는 Jeppesen/LIDO의 General Information에서 국가별 규정(CRAR)을 통해 파악할 수 있다. 비행 전에 확인해 볼 사항 중에 하나이다.

### 3.36.12.2 Contingency Procedures for Aircraft Requiring Rapid Descent

| Pilot will: | Controller will: |
|---|---|
| <ul><li>Notify ATC of aircraft location and request FL change as required.</li><li>Upon declaring an emergency a pilot may exercise his right and change his assigned flight level. He shall notify ATC immediately and submit a report upon arrival at the destination.</li><li>If unable to contact ATC and rapid descent required:</li><li>**Deviation procedure for level change:**<ul><li>turn 30° right and track out 20km (i.e. deviate right of airway centerline by 10km or 5NM); then</li><li>turn left to track parallel the original route; then</li><li>climb or descend to the new level; and then</li><li>return to the original one (when appropriate).</li></ul></li><li>**Note:** when return to the original route, it is possible to have conflict traffic on that route.</li><li>Establish communications with and alert nearby aircraft by broadcasting, at suitable intervals: flight identification, flight level, aircraft position and intention on the frequency in use, as well as on frequency 121.500 (or, as a backup, the VHF inter-pilot air-to-air frequency 123.450).</li><li>Establish visual contact with conflicting traffic.</li><li>Turn on all aircraft exterior lights.</li></ul> | Issue ATC clearance to change flight level. |

➜ China FIR in-flight contingency procedure (LIDO/CRAR)

# Optimum Flight Level

비행의 효율성 또는 경제성을 관리함에 있어서 주어지는 선택은 크게 두 가지 요소로 정해진다고 할 수 있는데, 'Time(시간)과 Fuel(연료)의 상호 거래성(Trade)' 이 그것이다.

### 'Trading Fuel in Time'

비행기에서 이를 관리하는 것이 'Cost Index(CI)'이다. 시간과 연료를 항공사의 경제성에 비추어 최적의 거래점을 나타내는 것이다. 즉, CI가 낮으면 Time보다는 Fuel에 무게를 둔 것이고(lower airspeed), CI가 높으면 Fuel보다는 Time에 더 큰 비중(higher airspeed)을 둔 결정이라고 하겠다. 예를 들어 출발이 지연된 항공편의 CI는 어떻게 되어야 할까? 늦어진 비행을 회복(Recovery)해야 하므로 연료보다는 시간에 집중이 된 높은 CI가 결정되어야 할 것이다.

FMS에 제시된 Optimum Flight Level은 CI에 따라서 가변적인 것이다. 다른 조건들이 동일하다는 전제하에 High CI는 Lower Flight Level을, Low CI는 High Flight Level을 제시할 것이다. 비행기가 Cruise phase로 접어들면 조종사가 가장 먼저 해야 할 것 중에 하나가 바로 어느 고도로 비행을 할 것인지(Cruise Altitude) 그리고 얼마나 빠른 속도로 비행을 할 것인지(Cruise Speed)를 결정해야 한다. 그 결정의 기준이 되는 것이 바로 Fuel과 Time의 거래성이고, 그 결과가 숫자로 나타나는 것이 CI인 것이다. CI가 입력된 FMS는 최적인 고도Optimum Flight Level를 계산해 낼 것이고, 이렇게 제시되고 결정된 Optimum Flight Level을 조종사는 ATC에 최적의 Flight Level을 미리 Request해서 시간과 연료를 효율적으로 관리할 수 있어야 하겠다. Tip을 하나 낸다면, cruise에 접어들기 전인 climb단계에서 CI를 결정하여 Optimum FL을 미리 결정하는 것이 좋다. 왜냐하면 다른 항공기들도 대부분 비슷한 FL을 요구할 것이므로 다른 항공기들이 request 하기 전에 미리 ATC에게 나의 Optimum Cruise FL을 신청해야 원하는 고도를 할당 받을 확률이 높아진다. Flight Level은 선착순First come first serve이다.

# Passenger Care and Welfare

 사실 승객들에 대한 서비스 그리고 관리에 대해서는 조종사가 직접적으로 할 수 있는 게 없다. 객실에 나가서 승무원들과 함께 cart를 가지고 hot meal service를 할 수 있는 것도 아니고 말이다. 하지만 cockpit에 있는 조종사가 객실에 있는 승객들에게 가장 직접적으로 그리고 효과적으로 영향을 미칠 수 있는 것이 있다. 그것은 바로 'Passenger Address(PA, 기내방송)'이다. 기장은 기내방송을 통하여 현재 비행의 상태 위치 그리고 통과하는 기류의 변화 등을 승객들에게 알려 줄 수 있고, 경우에 따라서 기내에서 발생할 수 있는 불미스러운 일에 대해여 기내의 안전을 확보하고 객실의 승객을 관리할 수 있는 효과적인 수단으로서 기장의 기내방송을 이용하기도 한다. 기장의 목소리 하나가 객실 승무원의 그 어떤 수단보다도 승객들에게 강한 impact를 준다는 사실을 기억해야 할 것이다.

 대부분의 경우에 조종사는 객실에 대해서 객실 승무원들을 전적으로 믿고 객실 관리를 맡기게 되는 것이다. 하지만 어떠한 상황이라도 항공기에 탑승한 모든 인명(승무원 포함)에 대해서 그 최종적인 책임은 기장을 비롯한 운항 승무원에게 있다.

**Establish communication with cabin crew**

객실 승무원은 조종사의 눈과 귀가 되어야 한다. 따라서 기장은 주기적으로 객실의 상황과 승객의 상태를 객실 승무원을 통하여 확인하고 인지할 필요가 있다. 또한 객실 승무원은 기장에게 객실의 서비스와 승객들의 상태를 적극적이고 주기적으로 통보해야 한다. 만약 작은 일이라고 판단하여 기장에게 보고를 하고 있지 않다가 상황이 악화되어 갑작스럽게 이를 기장에게 보고한다면 사전 정보가 없는 기장은 그 판단을 함에 있어서 시간적 심리적 여유가 줄어들게 되고 이로 인하여 최선의 선택을 하지 못할 수도 있기 때문이다. 조종사는 미리 객실 승무원에게 객실에서의 상황을 적극적으로 통보할 것을 주문하고, 설령 그 보고된 내용이 필요 없을 정도로 사소한 것일지라도 이러한 보고를 한 객실 승무원을 칭찬하고 계속해서 적절한 보고를 할 수 있도록 motivation을 줘야 할 것이다. 이 글의 처음 부분에 언급했던 조종사와 객실 승무원과의 'Ice Breaking' 그리고 'Be approachable'이라는 CRM의 과정이 중요한 이유가 여기에 있는 것이다.

이러한 조종사와 객실 승무원 사이의 유기적인 보고와 협력은 결국엔 승객들의 안전과 비행의 품질(Flight safety and quality)로 이어지게 되는 것이다. 동일한 현상이라도 조종사의 시점에서 바라보는 것과 객실 승무원의 시점에서 바라보는 것은 서로 다를 수 있고 각자의 관심 분야에 따라서 그 정보의 종류와 양도 달라질 수 있다.

예를 들어 turbulence가 예상되어 기장이 'seat belt sign on'을 한 경우에 기장은 어떻게 하면 turbulence를 효과적으로 벗어날 수 있을까? 하는 부분에 최대의 관심이 있을 것이고, 반면에 객실 승무원은 서비스를 어떻게 조절해야 할까? 하며 승객 서비스의 부분에 모든 관심을 쏟을 것이다. 조종사와 달리 객실 승무원은 현재 이곳에 어느 정도의 turbulence가 있는지 전혀 알 길이 없다. 만약 심한 난기류가 있을 경우엔 뜨거운 음료 서비스를 하지 말아야 되는데, 이를 간과하고 조종사로부터 난기류에 대한 정보를 제대로 받지 않았다는 이유로 뜨거운 음료를 서비스했다가 승객에게 부상을 입히는 경우도 있을 것이다. 기내에 환자가 발생했을 경우 객실 승무원은 절차에 따라 환자에게 응급조치를 취하게 되지만 이러한 상황도 아주 구체적으로 환자의 상태를 조종사에게 전달해야 한다. 이렇게 전달된 정보를 바탕으로 조종사는 비행을 지속할 것인지 아니면 가까운 공항으로 회항 Divert을 할 것인지를 결정하게 되는 것이다. 즉, 객실 승무원의 정확한 정보 전달과 조종사와의 유기적인 협력이 중요한 요소가 되는 것이다. 이렇게 함으로써 결과적으로 승객의 안전과 비행의 품질에 영향을 미치게 되는 것이다. 따라서 승객의 안전과 보호에 대한 최선의 판단을 하기 위해서는 조종사와 객실 승무원의 chemistry가 결정적인 요소라고 할 것이다.

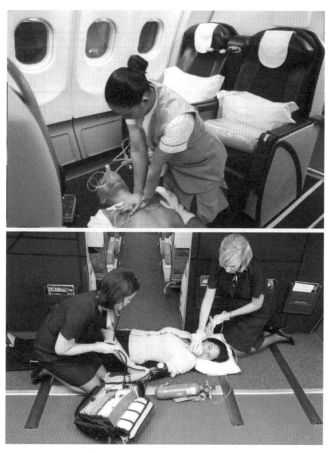

→ 승객의 보호를 위해서는 조종사와 객실 승무원 사이의 적절한 communication이 필수적이다.

# RVSM

| TRACK (Note 2) | | | | | | | | | | | |
|---|---|---|---|---|---|---|---|---|---|---|---|
| From 000 degrees to 179 degrees (Note 3) | | | | | | From 180 degrees to 359 degrees (Note 3) | | | | | |
| IFR Flights | | | VFR Flights | | | IFR Flights | | | VFR Flights | | |
| | Level | | | Level | | | Level | | | Level | |
| FL | Feet | Meters | FL | Feet | Meters | FL | Feet | Meters | FL | Feet | Meters |
| 010 | 1000 | 300 | - | - | - | 020 | 2000 | 600 | - | - | - |
| 030 | 3000 | 900 | 035 | 3500 | 1050 | 040 | 4000 | 1200 | 045 | 4500 | 1350 |
| 050 | 5000 | 1500 | 055 | 5500 | 1700 | 060 | 6000 | 1850 | 065 | 6500 | 2000 |
| 070 | 7000 | 2150 | 075 | 7500 | 2300 | 080 | 8000 | 2450 | 085 | 8500 | 2600 |
| 090 | 9000 | 2750 | 095 | 9500 | 2900 | 100 | 10000 | 3050 | 105 | 10500 | 3200 |
| 110 | 11000 | 3350 | 115 | 11500 | 3500 | 120 | 12000 | 3650 | 125 | 12500 | 3800 |
| 130 | 13000 | 3950 | 135 | 13500 | 4100 | 140 | 14000 | 4250 | 145 | 14500 | 4400 |
| 150 | 15000 | 4550 | 155 | 15500 | 4700 | 160 | 16000 | 4900 | 165 | 16500 | 5050 |
| 170 | 17000 | 5200 | 175 | 17500 | 5350 | 180 | 18000 | 5500 | 185 | 18500 | 5650 |
| 190 | 19000 | 5800 | 195 | 19500 | 5950 | 200 | 20000 | 6100 | 205 | 20500 | 6250 |
| 210 | 21000 | 6400 | 215 | 21500 | 6550 | 220 | 22000 | 6700 | 225 | 22500 | 6850 |
| 230 | 23000 | 7000 | 235 | 23500 | 7150 | 240 | 24000 | 7300 | 245 | 24500 | 7450 |
| 250 | 25000 | 7600 | 255 | 25500 | 7750 | 260 | 26000 | 7900 | 265 | 26500 | 8100 |
| 270 | 27000 | 8250 | 275 | 27500 | 8400 | 280 | 28000 | 8550 | 285 | 28500 | 8700 |
| 290 | 29000 | 8850 | | | | 300 | 30000 | 9150 | | | |
| 310 | 31000 | 9450 | | | | 320 | 32000 | 9750 | | | |
| 330 | 33000 | 10050 | | | | 340 | 34000 | 10350 | | | |
| 350 | 35000 | 10650 | | | | 360 | 36000 | 10950 | | | |
| 370 | 37000 | 11300 | | | | 380 | 38000 | 11600 | | | |
| 390 | 39000 | 11900 | | | | 400 | 40000 | 12200 | | | |
| 410 | 41000 | 12500 | | | | 430 | 43000 | 13100 | | | |
| 450 | 45000 | 13700 | | | | 470 | 47000 | 14350 | | | |
| 490 | 49000 | 14950 | | | | 510 | 51000 | 15550 | | | |
| etc. | etc. | etc. | | | | etc. | etc. | etc. | | | |

➔ ICAO cruising Level RVSM table

제한된 공역Airspace과 증가된 항공 교통량을 수직적 분리(Vertical separation)를 통하여 효율적으로 수용하고 효과적으로 관리하기 위하여 고안된 Procedure가 RVSM(Reduced Vertical Separation Minimum)이다. FL290-FL410를 2000feet가 아닌 1000feet separation으로 한다는 것이 그 주요 내용이다.

이렇게 함으로써 제한된 Airspace를 최대한 활용할 수 있고 항공기는 최대한 Optimum Flight Level에 가깝게 비행할 수 있어 효율적인 비행을 가능하게 한다. 하지만 이는 첨단장비(Reliable Equipment)의 도움이 있다는 전제하에 이루어지는 것이므로, 항공기가 해당 RVSM에서 비행할 수 있는 조건이 따라 정해져 있다.

| Required Equipment | In-Flight Procedures |
|---|---|
| - 2 Altitude Measurement System(Altimeter)<br>- Automatic Altitude Keeping Device(Autopilot)<br>- 1 Altitude reporting Transponder(Mode C Transponder)<br>1 Altitude Alerting Device | - Capture Altitude within +/-150ft<br>- Regular hourly cross check between 2 altimeters within 200ft<br>- Autopilot remain engaged |
| **Airworthiness Approval(감항증명서상 승인)** | |

만약 이러한 조건들을 충족하지 못하면 RVSM에서 운항하면 안 될 것이고, RVSM airspace에서 운항을 하고 있는 중이라도 RVSM에 필요한 요건을 유지할 수 없을 경우엔 이를 반드시 해당 ATC에 통보하고 추가 Clearance를 받아야 할 것이다. 비록 RVSM 요건을 비행 도중에 유지할 수 없게 되더라도 ATC는 주위의 Air Traffic 등을 고려하여 계속 RVSM airspace에 남아 있게 할 수도 있을 것이다. 따라서 조종사가 미리 판단하여 RVSM을 떠날 필요가 없고 ATC와 상호 협력 하에 비행을 관리하면 되겠다.

ATC는 항공기들을 통제할 뿐만 아니라 도와주는 비행의 Partner라는 것을 다시 한번 기억하자.

# PBN(Performance Based Navigation)

　민간 항공사에서 운항하는 항공기들은 대부분 GPS를 기본 Navigation으로 하고 있고 이에 따라서 Airway(항로) 또한 다양하게 구성되어 있으며, 해당 Airway를 운항하기 위해서는 항공기의 Navigation 성능도 그 해당 Airway에서 요구하는 수준에 부합해야 한다. 처음 비행 학교에서 배웠던 항로는 대부분 Station Based Airway, 즉 VOR/NDB를 기준으로 한 Airway였다. 하지만 GPS를 기본으로 하는 Navigation에서는 굳이 VOR/NDB를 이용하지 않더라도 좌표coordinate를 기반으로 한 Waypoint를 통하여 Position을 정할 수 있다. 이러한 Airway를 RNAV(Area Navigation) Airway라고 한다. 여러분들이 현재 사용하고 있는 5-letter waypoint를 이어 만든 Airway가 그것이다. 이로 인해서 Airway가 간단해지고 지상의 NAV AID에 상관없이 직선에 가깝게 만들어질 수 있었던 것이다.

**Navigation Specifications**

**RNP specifications**
Includes
a requirement for on-board performance monitoring and alerting

**RNAV specifications**
Does not include
a requirement for on-board performance monitoring and alerting

| Designation | Designation | Designation | Designation | Designation |
|---|---|---|---|---|
| **RNP 4**<br>**RNP 2**<br><br>Oceanic and remote navigation applications | **RNP 2**<br>**RNP 1**<br>**A-RNP**<br>**RNP APCH**<br>**RNP AR APCH**<br>**RNP 0.3**<br><br>En-route and terminal navigation applications | **RNP with additional requirements**<br><br>(e.g. 3D, 4D) | **RNAV 10**<br>**(RNP 10)**<br><br>Oceanic and remote navigation applications | **RNAV 5**<br>**RNAV 2**<br>**RNAV 1**<br><br>En-route and terminal navigation applications |

| Navigation Specification | Flight Phase | | | | | | | |
|---|---|---|---|---|---|---|---|---|
| | En route Oceanic / Remote | En route Continental | Arrival | Approach | | | | DEP |
| | | | | Initial | Inter-mediate | Final | Missed (1) | |
| RNAV 10 | 10 | | | | | | | |
| RNAV 5 (2) | | 5 | 5 | | | | | |
| RNAV 2 | | 2 | 2 | | | | | 2 |
| RNAV 1 | | 1 | 1 | 1 | 1 | | 1 | 1 |

| Navigation Specification | Flight Phase | | | | | | | |
|---|---|---|---|---|---|---|---|---|
| | En route Oceanic / Remote | En route Continental | Arrival | Approach | | | | DEP |
| | | | | Initial | Inter-mediate | Final | Missed (1) | |
| RNP 4 | 4 | | | | | | | |
| RNP 2 | 2 | 2 | | | | | | |
| RNP 1 (3) | | | 1 | 1 | 1 | | 1 | 1 |
| Advanced RNP (A-RNP) (4) | 2 (5) | 2 or 1 | 1 | 1 | 1 | 0.3 | 1 | 1 |
| RNP APCH (6) | | | | 1 | 1 | 0.3 (7) | 1 | |
| RNP AR APCH | | | | 1 - 0.1 | 1 - 0.1 | 0.3 - 0.1 | 1 - 0.1 | |
| RNP 0.3 (8) | | 0.3 | 0.3 | 0.3 | 0.3 | | 0.3 | 0.3 |

55

55   LIDO/GEN/NAV/PBN

**Navigation by Conventional Navigation Compared to Area Navigation**

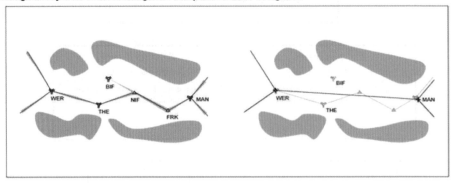

→ 직선의 RNAV airway

이렇게 편리한 RNAV airway를 사용하기 위해서는 항공기의 Navigation Accuracy 가 각 Airway의 성능요구조건required performance에 부합해야 한다. 이것이 바로 'PBN(Performance Based Navigation)'이다. 항공기가 좁은 Airspace에 밀집하게 되는 Arrival/Approach/Departure의 경우에는 좀 더 정밀한 Navigation Accuracy가 요구되고(RNAV 1), 반면에 En-route/Oceanic remote Airway의 경우와 같이 항공 교통이 많지 않은 지역에서는 조금 여유 있는 Navigation Accuracy(RNAV 5/10)이 적용된다. 예를 들어 RNAV 5 airway라고 하면 항공기가 해당 Airway route를 기준으로 전체 비행 기간의 95% 이상 동안 +/-5nm 이내의 navigation accuracy로 유지해야 한다는 의미이다. 뒤의 숫자가 그 airway에서 허용되는 거리를 말하는 것이다.[56]

물론 이러한 PBN에 관해서는 운항관리사가 충분히 인식하고 Flight Plan에 반영하여 관리를 하겠지만, 조종사 자신도 본인의 비행기가 어느 정도의 Navigation Accuracy를 가지고 또 허가되어 있는지, 그리고 현재 비행하고 있는 airway가 어떠한 navigation accuracy를 요구하고 있는지 확인하고 인식할 필요가 있다. 공항

---

56  For both RNP and RNAV designations, the expression "X"(where stated) refers to the lateral navigation accuracy(expressed as TSE) in nautical miles, which is expected to be achieved at least 95 per cent of the flight time by the population of ACFT operating within the airspace, route or procedure(LIDO/GEN/NAV/PBN).

에 따라서 ATC(TMA)가 traffic separation을 위하여 어느 정도의 navigation accuracy performance를 가지고 있는지 이를 확인하기도 하기도 한다. "Confirm RNP1?"

➜    Elrey B. Jeppesen과 그의 Black Book

# Weather Avoidance

비행을 함에 있어서 여러 다양한 위험 요소가 있지만 그중에서도 가장 빈번하게 노출되는 요소가 바로 악기상(Adverse Weather)이다. 이륙을 하기 전부터 시작해서 착륙을 한 후 지상 이동까지 영향을 미치는 것이기 때문이다. 이를 위하여 민간 항공에 이용되는 항공기들은 기상레이더(Weather Radar)를 장착하고 있으며 이를 통하여 조종사들을 예보되거나 기상레이더로 인지된 악기상을 피하게 되는 것이다.

## Weather Deviation 5 Steps

Step 1. 구름의 위치와 높이를 확인한다(Visual & Weather Radar).

Step 2. 바람의 방향을 보고 Upwind(바람이 불어오는 방향)을 찾는다.

Step 3. 항로에서 벗어나야 할 거리를 정한다.

Step 4. ATC에 충분한 시간을 두고 미리 요청한다.

Step 5. Original Airway로 복귀한다(Return to cleared airway).

바람이 불어오는 방향인 upwind에서는 구름의 경계가 명확하게 드러나고 그 구름으로부터 얼마만큼 벗어나서 회피 기동을 해야 하는지 조종사가 판단하기 쉬워진다. 반면에 구름이 흘러 내려가는 방향인 downwind에서는 시각적으로 판단해도 어느 정도의 거리가 구름을 회피할 수 있는 거리인지 그 구분이 명확하지 않고 기상레이더에서도 그 경계 확인이 쉽지 않다. 설령 시각적으로 보이는 구름을 완전히 피했더라도 바람이 구름을 통과하면서 발생하는 불안정 기류들이 downwind에 계속해서 영향을 주기도 한다. 따라서 방향을 선택함에 있어서 downwind보다는 upwind를 선택하는 것이 효과적일 것이다.

→ 다양한 기상현상들(Adverse weather)

Weather Deviation을 함에 있어서 ATC와의 협력은 악기상을 회피하기 위한 key factor이다. 특히 중요한 것은 ATC에 그 요청을 충분한 시간을 두고 미리 해야 한다는 것이다. ATC의 제한, 즉 공역FIR의 이탈 또는 일시적 제한공역의 설정

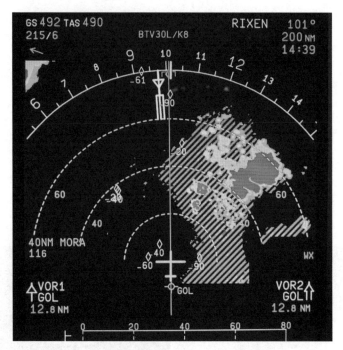

→ 구름의 경계가 선명한 upwind side 와 명확하지 않은 downwind side
(그림에서 바람은 오른쪽에서 왼쪽으로 불고 있다)

(military activity) 등으로 인하여 필요한 거리를 확보할 수 없을 경우도 생기기 때문이다. 이러한 경우 다른 대안을 생각해야 할 것이고 그에 따른 시간을 조종사에게 그리고 ATC에게 미리 확보할 수 있게 해 주는 것이다.

그리고 구름 위로 지나갈 것으로 판단이 될 경우라도 이는 보이는 것이 전부가 아니라는 것을 명심해야 한다. Convective activity, 즉 구름 내부에서의 수직대류 활동이 활발하게 일어나는 경우엔 구름 위를 지날지라도 그 영향이 구름의 top을 넘어 그 위로 높은 고도에까지 미치기 때문이다. 그래서 바람이 불어오는 방향, 즉 Upwind 쪽으로 선회하는 것이 효과적이라는 것이다. 구름 내부에서 발생한 기상현상들이 바람을 타고 Downwind 쪽으로 이동하기 때문에 그 영향이 적은 Upwind가 바람직한 방향이다. 하지만 그 선회 거리가 상대적으로 너무 크면 바람의 세기(풍속)를 고려해서 Downwind 쪽을 생각할 수도 있다고 하겠다.

# - Examples of weather deviation[57] -

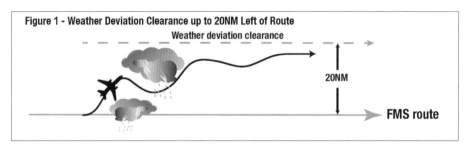

Figure 1 - Weather Deviation Clearance up to 20NM Left of Route

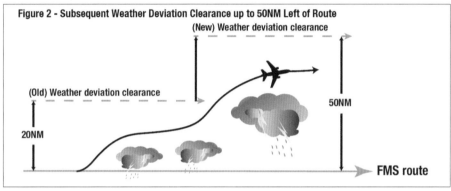

Figure 2 - Subsequent Weather Deviation Clearance up to 50NM Left of Route

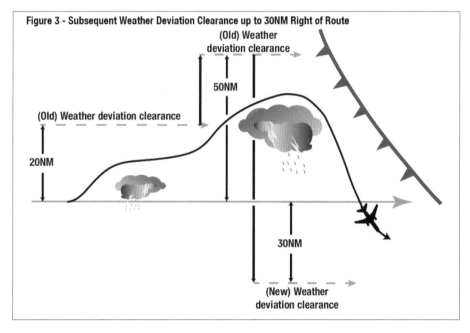

Figure 3 - Subsequent Weather Deviation Clearance up to 30NM Right of Route

---

57   LIDO/GEN/COM

**- Weather Deviation Contingency Procedure -**

| Route Centre Line Track | Deviations Greater than 10 NM | Level Change |
|---|---|---|
| East 000 to 179 Magnetic | Left of Track | Descend 300 feet |
| | Right of Track | Climb 300 feet |
| West 180 to 359 Magnetic | Left of Track | Climb 300 feet |
| | Right of Track | Descend 300 feet |

만약 ATC로부터 Clearance를 받을 수 없는 경우에는, 'Weather Deviation Contingency Procedure'를 수행해야 한다. 10nm 이내로 Deviation이 필요하다면 현재의 고도를 유지하면 되고, 10nm보다 더 먼 거리로 Deviation을 한다면 위의 표에 따라서 고도 변경을 하면 되겠다.[58] 예를 들어 현재 고도 FL370, 비행하고 있는 airway의 track이 090°, weather deviation을 위해 15nm right of track deviation 이 필요한데 ATC로부터 clearance를 받지 못한 경우라고 가정하자. 현재의 airway 에서 10nm을 벗어날 때까지는 FL370을 유지하면서 right turn을 한다. 10nm을 벗 어나면서 FL373로 상승하고 15nm을 유지하면 되는 것이다. 원래의 airway로 돌 아올 때는 그 반대의 절차인, airway로부터 10nm까지 가까워질 때까지는 FL373을 유지하고 10nm 이내로 들어오게 되면서 원래의 고도인 FL370로 하강하면 된다. 현재의 airway의 track이 East인지 West인지, 그리고 deviation을 하려는 turning direction이 Right인지 Left인지에 따라서 상승과 하강이 정해지는 것이다.

이와 다르게 'CAT, Clear Air Turbulence'는 말그대로 구름과 연관되어 있지 않 은 Turbulence를 말한다. 여러 가지 요인에 의해서 발생하지만 일반적으로 Jet Stream과 깊은 관련이 있다. 비행 전 Jet Stream의 위치와 고도를 통해서 대략적

---

58  외우는 Tip이 있다면, 북반구에서는 북쪽으로 Turn을 한다면 300ft descend. 남쪽으로 Turn을 한다면 300ft climb 이라고 생각하면 된다(ND3, SC3).

으로 예상을 할 수도 있고, 만약 CAT이 예상된다면 해당 ATC에 PIREP(ex, 'con-firm ride/turbulence report at FL370')을 확인해 볼 수도 있을 것이다. 그로 인하여 Turbulence가 없는 고도가 확인되면 그 고도를 요청해야 할 것이다. 그렇다 하더라도 CAT을 확인하고 회피하기란 실제적으로 쉽지 않은 게 사실이다. 따라서 CAT을 회피하기 위한 노력을 함과 동시에 객실의 안전을 같이 살펴야 한다. Seat Belts On과 함께 객실승무원과 소통하여 객실의 상태를 파악하고 승객 서비스의 가능 정도를 협의할 수도 있고, 나아가 안전을 위하여 객실 승무원의 착석 또한 적극적으로 고려해야 할 수도 있을 것이다.

→ Turbulence를 조우한 객실의 모습

기상조건과 상관없이 발생하는 것이 Wake Turbulence이다. 정해진 항로를 수많은 항공기들이 minimum separation으로 운항을 하는 상황에서 Wake Turbulence는 또 다른 주요 이슈가 되고 있다. 특히 항공기가 대형화되면서 상대적으로 작은 크기의 항공기들은 Wake Turbulence에 노출될 가능성이 더 높아지게 된 것이다.

같은 항로에 선행하는 항공기가 있다면 Wake Turbulence를 예상하고 대비를 할 수 있어야 한다. Climb이나 Descend할 경우엔 Wake Turbulence 위에 머물 수 있게 Climb/Descend 고도를 조절할 수도 있고, ATC에 Wake Turbulence를 통보하고 Heading change와 같은 적절한 Deviation을 요구할 수도 있다. Cruise 의 경우엔 ATC에 통보한 후 Airway offset을 요청하는 것도 충분히 고려할 수 있는 방법이다.

- Avoiding Wake Turbulence -

**Stay Higher than Wake Turbulence**

**Consider Offset on airway**

# Volcanic Ash Encounter

'뭘 이 정도까지 대비를 해야 하나?'라고 반문을 할 수 있겠지만 화산 활동이 점점 더 빈번하게 일어나고 있고, 비행기가 화산 활동에 노출이 되면 그 결과는 치명적이기 때문에 그 가능성이 현재는 낮더라도 조종사가 반드시 염두에 두어야 한다. 화산 활동에 대해서 Volcanic Ash report가 비행 전에 조종사에게 주어지긴 하지만 그것 또한 비행 중에 일어날 상황을 정확하게 예측할 수는 있는 자료는 아니다.

항공기 제작사마다 'Volcanic Ash procedure'가 정해져 있고 조종사들은 필요에 따라서 훈련을 하기도 할 것이다. 하지만 그 절차를 실제 비행에 적용해서 수행하기란 쉽지 않을 것이다. 이 글을 쓰고 있는 나 또한 실제로 화산재에 직접적으로 노출이 되어 본 적은 없다. 그렇지만 사진에서 보이는 이탈리아 Etna 화산은 내가 직접 촬영한 사진이고, 이를 통해서 그 심각성을 한번쯤 되뇌어 보고 주어진 절차를 확인해 보는 계기가 되기를 바라는 생각에서 Volcanic Ash를 언급하는 것이다.

Volcanic Ash는 다른 기상현상들처럼 이겨 내고 뚫고 나가는 것이 아니라 무조건 회피해야 하는 현상이다. 최대한 빠른 시간에 그 지역을 벗어나는 것이다. 최선의 방법은 180°turn이다. 즉, 뒤돌아 나가는 것이다. 이것이 first action이다. 가끔 FCOM의 volcanic ash abnormal procedure를 들춰 보도록 하자.

→ 이탈리아 시칠리섬 Etna Volcano/KLM 867 emergency landing after Volcanic ash encounter

# TCAS alert

　항공기 수가 증가한다는 것은 그만큼 항공기 충돌의 위험 또한 함께 증가한다는 의미이다. 특히 복잡한 공항에서의 Departure 과정과 Arrival 단계에서 그 가능성이 높지만 고고도인 Cruise단계에서 일어나기도 한다. 나에게도 지금까지한 번의 심각한Traffic Alert(TCAS TA)와 한 번의 Traffic Resolution Alert(TCAS RA)이 발생했었다. 두 번 모두 저고도가 아닌 Cruise 단계에서였다.

　민간 항공사에서 운항되고 있는 모든 항공기에는 TCAS가 장착되어 있다. TCAS를 통하여 주위의 항공기의 위치 정보를 알 수 있고 경우에 따라서는 Traffic Alert(TA)와 Traffic Resolution Alert(RA)를 받기도 한다. 하지만 이러한 TCAS가있다고 하더라도 조종사는 본인 항공기의 위치와 주위 항공기들의 위치 정보를지속적으로 확인하고 일어날 수 있는 모든 가능성에 대비해야 한다. 필요하다면 ATC에 관련된 항공기 정보를 확인해 볼 수도 있고 이로 인해서 ATC의 관제 실수를 줄일 수도 있을 것이다. 충돌을 피하는 것도 중요하지만 그 이전에 미리 예방하는 것이 더욱 더 중요하기 때문이다.

　항공기의 TCAS procedure를 정확히 파악하고 이를 충분히 숙지하고 연습해 보기를 권장한다(image training). 실제로 Traffic Alert를 듣게 되면 Simulator에서 여러 번 훈련을 했다고 하더라도 당황하게 된다. 적어도 최종적 해결책인 TCAS RA만큼은 철저하게 익히기 바란다.

Monitor TCAS on ND → Ask ATC → Perform TCAS procedure

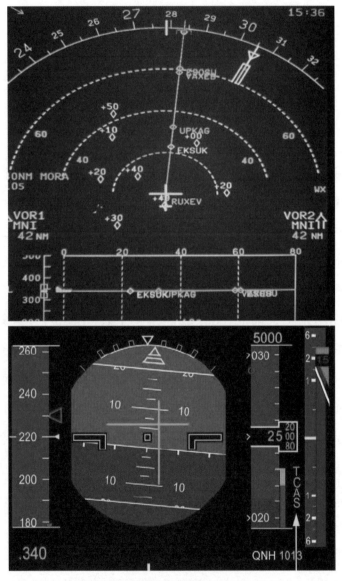

→ 주위에 근접한 항공기들과 TCAS alert

# Va vs. Cruise speed

항공기 간의 안전한 분리(traffic separation)는 ATC임무 중에 가장 중요한 부분을 차지한다. 효과적인 항공기들의 분리를 위해서 ATC는 radar vector를 통한 수평적 분리Lateral separation, 항공기들의 고도에 따른 수직적 분리Vertical separation 그리고 항공기들의 속도를 조절하는 Mach Number technic 등이 있다.

이러한 여러 절차들 중에서도 cruise phase에서 가장 흔하게 사용되는 방법은 항공기 사이의 속도를 조절하는 Mach number technic이라고 할 수 있다. 그렇다면 만약 ATC가 조종사에게 특정한 Mach number를 유지할 것을 요구하면 그 요청을 받아들일 수 있는 속도의 범위는 어떻게 되는가? 다시 말해 속도를 줄이라면 어느 정도까지 속도를 줄일 수 있는가라는 것이다.

이를 알기 위해서는 우선 내가 운항하는 비행기의 'Va(maneuvering speed)'를 알아야 한다. 항공기마다 Va를 표시하는 방법이 다르기 때문에 어느 특정한 speed를 지정해서 말할 수는 없다. Va는 항공기 Load Factor와 관련되기 때문에 가변적인 speed이다. Airbus를 한 예로 보자면, Va는 Flap configuration에 따라서 'Green Dot, S, F speed'로 표현이 되는데, 다른 항공기는 또 다른 형태로 표현이 될 것이다. 항공기의 FCOM을 통해서 이는 어렵지 않게 찾을 수 있을 것이다.

## Cruise speed ≥ Va maneuvering speed

결론부터 말하자면, 비행의 전 과정을 통해서 airspeed를 Va보다 낮게 유지하지 말아야 한다는 것이다. Va maneuvering speed보다 낮은 airspeed에서 항공기의 급격한 조작 또는 turbulence에 의한 airflow의 급변이 발생하는 경우에는 Stall의 가능성이 높아진다. 이는 Va 아래의 airspeed에서는 AOA(Angle of Attack)의 Stall margin이 급격히 작아지기 때문이다.

반대로 Va보다 높은 airspeed에서 급격한 항공기의 조작이 일어나는 경우엔 항공기 자체의 structure damage가 생길 가능성이 높아진다. 하지만 항공사에서 사용되고 있는 대부분의 비행기들은 최대 Load factor를 조절할 수 있는 기능이 있기 때문에 항공기 자체의 Max structure airspeed를 넘어서지 않는 이상 structure damage를 입을 가능성은 실제로 낮다고 하겠다.

따라서 ATC가 airspeed를 줄일 것을 요청하는 경우엔, 현재 비행기의 Va를 확인하고 이보다 낮은 속도로 비행을 해서는 안 될 것이므로, 이를 ATC에 통보하여 적절하고 가능한 airspeed를 요청해야 할 것이다. 특히 Severe Turbulence 구간을 통과할 때 고도를 높이는 것이 아니라 필요하다면 낮춰서 비행을 하는 것이 일반적인데, cruise speed와 Va의 margin을 더 높여 turbulence의 영향으로 airspeed가 Va 아래로 내려가는 상황을 방지하기 위한 것이 그 이유이다. 이러한 Va에 기반한 airspeed조절은 Cruise 단계에서뿐만 아니라 이륙 후 비행 전반에 걸쳐서 적용되어야 하는 것이다.

항공기의 속력Velocity와 Load factor와의 관계를 보여 주는 것이 'Vg diagram'이다. Vg diagram은 항공기마다 다르기 때문에 그림에서 보여지는 내용은 설명을 위한 어느 항공기 하나의 예이다. 그림에서 light blue로 표현되는 구간은 Stall이 발생하는 구간이고 light green의 구간은 normal operation range이다. 그림에서 보이듯이 Maneuvering speed보다 낮은 airspeed에서는 일정한 Load factor일 지라도 Stall이 발생하고, 그보다 높은 airspeed에서는 어떠한 이유로 인하여 Load factor가 증가된 경우엔 Structure damage(orange color)가 발생한다는 것을 볼 수 있다. 하지만 이는 그 너머의 Structure failure(red color) 이전의 구역이므로 실질적인 structure damage의 그 전 단계이라고 할 수 있다. 이러한 이유로 Stall 구간을 피하는 것이 우선시되어야 하는데, Stall은 말 그대로 항공기의 control을 잃을 수 있는 상태를 의미하는 것이기 때문이다. Structure damage보다 Stall이 조종사의 control에 있어서 더욱 직접적으로 영향을 미친다고 할 것이다.

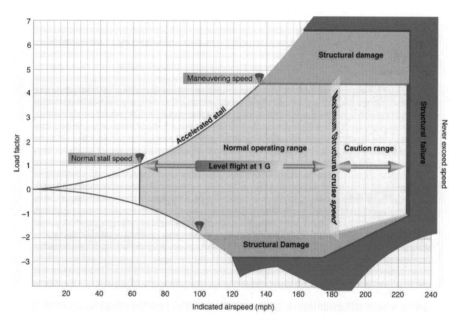

Cruise speed ≥ Va maneuvering speed

〈 Air Transat 236 〉

언제: 2001년 8월 24일

어디서: Lajes Air Force Base, Terceira Island, Azores, Portugal

항공사: Air Transat 236/TS236(C-GITS)

항공기: Airbus A330-243

탑승 승무원 & 승객: 13/293명

탑승자 전원 생존, 부상자(18명)

2001년 8월 24일 저녁 8시 52분(00:52 UTC), Toronto Pearson International Airport에서 Air Transat 소속 A330 한 대가 이륙을 한다. 승객 293명과 승무원 13명을 태운 Airbus A330기에는 47톤의 연료도 함께 실렸다. 이 비행기의 목적지는 Portugal Lisbon Portela Airport로 비행 시간은 6시간 30분 정도였다.

이륙을 한 후 4시간이 지났을 무렵(05:03UTC), 기장 Piché(총 비행 기간 16,800시간)과 부기장 Dirk DeJager(총 비행 시간 4,800시간)은 System Display에서 2번 엔진(오른쪽)에서 Low Oil Temperature와 High Oil Pressure를 감지한다. 그들은 시스템 오작동(False Warning)이라고 판단하고 이를 무시해 버린다.

그 후 30분 정도 지난 후(05:36UTC), 기장과 부기장은 'Fuel Imbalance' Warning을 받게 된다.

사실 이로부터 한 시간 전인 04:38UTC부터 2번 엔진의 연료계통(Fuel Pipeline)에서 연료가 새어 나오고 있었던 것이었다. 'Fuel Leak'이다.

이때까지도 기장과 부기장은 Fuel Leak을 알아차리지 못하고 Airbus A330 'Fuel Imbalance Abnormal Procedure'에 따라 연료 탱크의 무게를 맞추기 위해 Fuel Transfer Valve Open을 한다. 두 엔진 모두 Flame Out이 되는 결정적인 실수를 하는 순간이었다. 그들은 단지 연료 탱크의 무게 균형이 서로 맞지 않아서 발생한 경우라고 생각한 것이다.

문제의 원인이 된 'Fuel Leak'은 단지 2번 엔진에서만 일어나고 있기 때문에 Fuel Transfer Valve를 Open하면 정상적인 Fuel Tank의 연료까지 모두 2번 엔진으로 넘어가 나머지 연료도 모두 새어 나가게 된다. 살아 있는 1번 엔진까지 연료 부족으로 Flame out될 수 있는 상황으로 몰고 가고 있는 것이다.

이때까지도 기장과 부기장은 Fuel Leak을 감지하지 못하고 연료가 예상보다 빨리 소모되는 Fuel Overburn이라고만 생각하였고, 따라서 목적지까지 가기에는 연료가 부족하다고 판단을 하게 된다. 하지만 현재 위치는 대서양 한가운데, 가장 가까운 공항은 Lajes Air Base로 200nm 이상 떨어진 곳이었다.

05:45UTC, 조종사는 Lajes Air Base로 회항을 결정하고 이를 Santa Maria Oceanic Control에 요청한다. 06:13UTC 연료 부족으로 2번 엔진이 Flame Out되고 기장은 One Engine Out Drift Down FL330로 하강한다. 아직 공항까지는 150nm 떨어진 곳이었다.

06:26UTC 착륙 공항으로부터 아직 65nm이나 떨어진 곳에서 남아 있던 1번 엔진마저도 Flame Out된다. A330은 모든 추력을 잃은 상태이고 게다가 전기시스템마저 최소한으로만 유지되고 있었다. RAT(Ram Air Turbine)이 자동으로 Deploy되고 비행에 필요한 최소한의 전력만 생산하고 있었다.

고도 33,000ft, Ram Air Turbine 그리고 65nm이 지금 그들이 가진 전부였다.

비행기의 하강 속도는 2000fpm, ATC는 Radar Vector로 A330을 공항으로 최단 거리 유도를 했고 이내 기장의 시야에 공항이 보이기 시작했다. 예상보다 높은 고도 빠른 스피드, 아직 착륙을 할 조건이 되어 있지 않다고 판단한 기장은 360도 선회를 한 후 활주로 위를 200kt의 속도로 강하게 부딪혔고 다시 튀어 오른 비행기는 활주로 반대쪽 끝 700m를 남겨 두고 멈춰 섰다. 모든 엔진이 Flame Out된 상태에서 Flap Slat Brake 등 모든 작동을 수동으로 해야만 했기에 A330의 모든 타이어들은 Deflate되었지만, 승객들은 Slide를 이용한 Emergency Evacuation으로 무사히 비행기를 벗어날 수 있었다.

사실 평가가 엇갈리는 항공 역사상의 사고이다.

65nm을 Glide해서 아무런 사상자 없이 안전하게 활주로에 착륙을 한 것 자체만으로도 모든 이들에게 찬사를 받을 만한 충분한 자격이 있을 것이다. 하지만 그 이전에 조종사들이 System Warning을 보고 취했던 판단에 대해서는 얘기가 좀 달라진다.

우선, 왜 Fuel Leak이 발생했는지부터 알아보자. Air Transat 정비부서는 항공기의 엔진을 수리하면서 그 규격에 맞지 않는 Fuel Pipe를 장착했고 이 부품이 비행 중 Fracture(깨짐)가 생겨서 Fuel Leak이 발생한 것이다. 간단하게 요약하자면 이것이 사고의 직접적인 원인이다. 명백한 정비상의 실수로 결론이 났고 이에 관련되어 항공사는 제재를 받기도 했다.

→ Fuel Leak의 원인이 된 Fuel Pipe/Deflated Tyre

그렇다면 이제 조종사의 절차 수행에 대해서 한번 살펴보자. Air Transat 236편의 조종사가 마주했던 첫 Warning인 Low Oil Temperature와 High Oil Pressure는 사실 Fuel Leak으로부터 기인한 간접적인 결과였지만, 조종사들은 이를 단순히 시스템 오작동False Warning으로 치부해 버렸다. 왜 이런 시스템상의 현상이 일어나게 되었는지 깊이 있게 생각하지 않은 것이다. 나아가 Fuel Imbalance Warning에 대해서도 "왜Why?"라는 질문을 스스로에게 하지 않고 그냥 Procedure대로 Fuel Transfer Valve를 Open해 버렸고, 그 결과 정상적인 1번 엔진의 연료마저 균열된 파이프를 통해서 모두 새어 나가게 했던 것이었다.

Fuel Imbalance는 다양한 원인에 의해서 올 수 있고 System은 이것이 무엇에 의해서 발생되었는지 알지 못한다. 단지 Fuel Tank의 무게가 균형적이지 않다는 사실만 조종사에게 알려 줄 뿐이다. 조종사는 '왜' Fuel Imbalance가 발생했는지 분석을 했어야 했다.

일반적으로 조종사들이 비행 중에 가장 관심을 가지는 부분이 연료의 상태이고 이는 System을 통해서 그리고 주기적으로 확인하는 Flight Plan을 통해서 Fuel Leak을 확인할 수도 있다. 또한 단순 계산인 'Ramp Fuel On Board(출발 전 연료) - Fuel Used(현재까지 사용된 연료) = Fuel On Board(현재 남아 있어야 할 연료)'로써 간단하게 파악할 수 있고, 만약 이렇게 계산된 '계산상 현재 있어야 할 연료'보다 실제로 현재 가지고 있는 연료가 적으면 그 나머지 연료는 Leak된 걸로 의심할 수 있게 되는 것이다. 이와 더불어 Flight Plan을 통하여 waypoint마다 ATA(Actual Time of Arrival)과 FOB(Fuel On Board)를 기입하면서 주기적으로 연료양을 비교하게 되는데 이러한 확인 절차의 주된 이유 중의 하나가 바로 Fuel Leak의 확인이다. 만약 그들이 Fuel Leak을 인지했더라면 비록 2번 엔진의 모든 연료를 잃더라도 1번 엔진만으로도 충분히 회항을 안전하게 할 수 있었을 것이다. 이 부분에 대해서 평가가 엇갈리는 것이다.

Airbus의 Manual 또한 도마 위에 올랐다. 그때까지 Fuel Imbalance의 Procedure에는 Fuel Leak을 먼저 확인하라는 절차가 없었다. Airbus도 절차를 만들면서 다양한 그리고 가능한 시나리오를 적절하게 예상하지 못한 책임을 면할 수 없었다. 그 후 Airbus는 Fuel Imbalance procedure의 첫 단계로 Fuel Leak을 확인하라는 절차를 삽입하게 된다.

모든 엔진을 잃고 A330이라는 대형 항공기를 안전하게 활주로 위에 착륙시킨 것은 너무나도 훌륭하다. Abnormal 상황에서 'Aviate Navigate Communicate'의 Golden Rule을 따라 비행기 Control에 집중한 것에는 조종사로서 뛰어난 감각이다. 하지만 Abnormal 상황을 분석하고 그 Background를 확인하는 과정에 있어서는 아무래도 아쉬움이 남는다. 아이러니하게도 이와 정반대의 상황이 스위스 항공에서 일어났다. 이 사고에 대해서는 뒤의 부분에서 같이 다뤄 보기로 하겠다.

Fuel Leak으로 Ground된 Air Transat A330기는 정비와 검사를 마친 후 정상적으로 운항에 투입되었고 2019년 현재까지 운항하고 있다.

# CHAPTER

# Descend

Be ready for all possibilities
- Prepare all possible Arrivals & Approaches
- Plan Fuel Scenarios
- Nominate Suitable Destination Alternates

# Prepare all possible Arrivals and Approaches

착륙 공항의 상황에 따라서 그리고 기상 상황에 따라서 다를 수 있지만, 일반적으로 TOD-30min에서 'Approach Briefing'을 준비하게 된다. 하지만 이것 또한 절대적인 기준은 아니며, 필요하다면 더 많은 시간을 도착 준비에 할애할 수도 있다. 도착하는 공항이 복잡한 시간이라면 더욱 그렇게 해야 할 것이다.

두바이에서 인천 공항으로 비행을 한다는 가정하에 지금까지 설명해 왔는데, 인천 공항처럼 체계적으로 안정된 공항에서는 특수한 상황, 즉 Low Visibility Operation 또는 태풍이나 폭설 등의 기상현상으로 인한 비정상 공항 운영 상황이 아니라면 대체로 동일한 Arrival이 Assign된다. 하지만 만약 베이징(PEK)으로 비행을 한다면 얘기는 달라진다. 각각의 Air traffic controller마다 다른 Arrival을 부여하기도 하고 심지어 Runway까지 빈번하게 변경되는 그러한 공항이라면 예상되는 Arrival과 Approach to Landing Runway를 모두 준비해서 Briefing해야 한다. 그렇지 않으면 Descend 중에 예상하지 않은 절차로 변경된다면 준비할 그리고 Briefing할 시간적 여유가 주어지지 않을 뿐만 아니라 더 중요한 것은 심리적으로 쫓기게 되는 상황이 된다는 것이다. 이는 조종사가 PF로서의 비행에 집중하지 못하기 때문에 정상 운항 절차를 적절하게 수행하지 못하게 되는 상황이 생기고, ATC violation 나아가 Flight Safety 에까지 영향을 주게 되는 것이다(situation escalated).

# Plan Fuel Scenarios

조종사에게 있어서 Fuel, 연료는 비행이 끝날 때까지 손에서 절대로 놓지 못하는 숙명과도 같은 운명이다. Fuel Management는 비행을 시작하기 전부터 머릿속에 계속해서 맴도는 그런 존재다. 지금 이 글을 쓰고 있는 호주 멜버른에서도 내일 두바이로 돌아가는 비행에서 Fuel을 얼마만큼 Uplift를 해야 하는지, 지금은 빗방울이지만 내일은 폭우가 될지 그렇다면 지상 이동과 Departure에서 더 많은 연료가 소모될 텐데 등, 조종사이기 때문에 Fuel은 뗄 수 없는 항상 따라다니는 그런 것이다.

### Fuel = Time = Opportunity

연료는 시간이고, 그 시간은 조종사에게 그만큼의 기회를 준다. 이렇게 표현하면 정확할 것 같다. 연료가 있다는 것은 그만큼 비행을 유지할 시간이 남아 있다는 것이고, 나아가 조종사에게 더 많은 기회를 주게 되는 것이다. 자, 그럼 다양한 Fuel Management중에서 여기서는 'Arrival Fuel Management(Plan)'에 대해서 알아보자. Arrival을 하면서 조종사에게는 최종적으로 두 개의 Landing Option이 주어진다.

Landing at Destination(목적 공항에 착륙) 또는 Diversion(회항).

이 두 가지 외에는 없다. 여기서 질문하나, 만약 목적지 공항에 착륙을 못하고 Holding을 하고 있는 상황이라면 'Fuel이 얼마 남아 있을 때 Diversion을 해야 할까?' 이것이 Arrival Fuel Management(Plan)의 목적이다.

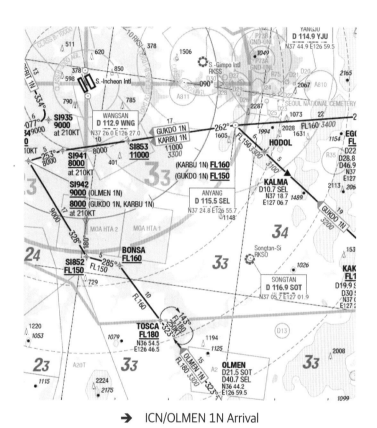

➔ ICN/OLMEN 1N Arrival

어떠한 이유로 인해서 인천 OLMEN 1N Arrival 도중 TOSCA Holding을 한다고 가정하자. Destination Alternate은 김포(GMP)라고 한다면 Fuel이 얼마 남아 있을 때 김포 공항으로 Divert를 해야 할까?

**FOB - (Diversion Fuel + Minimum Fuel at touchdown) = Holding Fuel**

현재 가진 연료(FOB, Fuel On Board)에서 김포 공항으로 가는 데 필요한 연료(Diversion Fuel)와 Runway에 Touchdown했을 때 남아 있어야 할 연료(Minimum Fuel at touchdown[59])를 제외한 나머지가 가능한 Holding Fuel이 되는 것이다. 이 Holding Fuel을 가지고 여러분의 기종에 따른 Holding Time을 구하면 된다.

Fuel은 Time이다.[60] Holding Fuel이 모두 소모가 된다면 일반적인 경우에 기본적으로 비행기는 Holding waypoint를 떠나 Alternate 공항으로 향해야 한다. 그렇지 않으면 최종적으로 남아 있어야 할 연료까지 소모를 하게 될 확률이 높아지는 것이다.

결론적으로 어떠한 상황에서든, 그리고 어떠한 공항이든 그것이 목적 공항이든 대체 공항이든, 그 touchdown 순간에 Minimum Fuel을 유지해야 한다는 것이다. 이것이 Fuel Management의 핵심이다.

하지만 연료 정책(Fuel Policy)은 항공사마다 다르게 규정하고 있기 때문에 해당 항공사의 규정을 절대적 기준으로 적용하면 되고, 여기에서 제시하는 내용은 여러분들이 Fuel Management의 컨셉을 이해하기 위한 참고 사항으로 삼기를 바란다. 특히 연료 정책은 비행 안전을 확보할 수 있는 key factor이므로 조종사로서 섬세하게 그리고 좀 더 까다롭게 Fuel management를 해야 할 것이다.

연료 관리와 관련된 Holding에 관해서 조금만 더 들어가 보자. 연료를 소모해 가면서 Holding을 한다는 것은 무엇을 위한 것인가? 그렇다. 목적 공항에 성공적인 착륙을 하기 위해서 연료를 소모해 가면서 기다리고 있는 것이다. 이걸 다른 방향으로 묻는다면, 만약 기다려도 성공적인 착륙을 할 수 없는 경우라면 연료를 소모해 가면서 기다릴 필요가 있을까? 당연히 대답은 'NO'이다. 오래 지속될 악기

---

59  Minimum Fuel at touchdown의 규정은 각 국가마다 상이하다. 일반적으로 30min Holding Fuel을 기준으로 하지만, 추가적인 시간을 요구하는 국가도 있다.

60  A380을 예로 들어 TOSCA Holding entry에서, FOB(15,000kg) Diversion Fuel(4,000kg) Minimum fuel at touchdown(5,000kg)라고 한다면, 15,000kg - (4,000kg + 5,000kg) = 6,000kg이 Holding Fuel이 된다.

상(태풍, 안개, 돌풍 등)이라든지 공항의 일시적 폐쇄 등 Holding을 하면서 기다려도 착륙을 할 가능성이 없다면 Holding을 할 것도 없이 회항Diversion을 하는 것이 현명하다. Fuel Planning도 Fuel management의 중요한 부분이지만, 효율적인 Fuel Saving도 그에 못지않게 중요한 부분이다.

# Nominate Suitable Destination Alternates

평소에는 잘 쓰이지 않지만 특히 비행에서 많이 쓰이는 영어들이 있다. 'What if, just in case, worst case' 이들이 바로 그것이다. 모든 일들이 순조롭게 예상한 대로 풀리면 그보다 좋은 것이 없을 것이다. 하지만 세상 모든 일이 그렇듯이 바라는 대로만 예상한 대로만 풀리지는 않는다. 일반적으로 이러한 경우가 생기면 사람들은 둘러 가거나 또는 시간을 두고 쉬면서 생각하기도 하지만 비행의 경우에 이러한 상황은 safety와 직결된다. 시간이 그렇게 많이 주어지지 않는다. 그래서 이러한 여러 '경우의 수'를 예상하고 반드시 대비를 해야 한다. 그중에 첫 번째가 "What if we can't land at the Destination?'이다. 만약 목적 공항에 착륙을 하지 못한다면 어떻게 하지? 어디에 착륙을 하지? 이것이 스스로에게 물러야 할 첫 번째 질문이다.

### Destination Alternate = Suitable Airport

앞에서 살펴보았듯이 Suitable airport는 해당 비행기의 착륙 성능과 기상조건에 부합해서 안전하게 착륙을 할 수 있는 공항을 말한다. 먼저 나의 비행기가 착륙을 할 수 있는 공항(Landing Distance)을 찾고, 이러한 공항들의 기상상태(Weather Condition)를 확인한다.

일반적으로 목적 공항(Destination)의 기상상태가 좋다면, 즉 현재 기상이 CAT I minima 이상이고 예보상 기상이 좋아지는 경우라면 하나 정도의 Destination Alternate(대체 공항)을 선정하면 되겠고, 만약 기상상태가 좋지 않거나 향후 나빠질 가능성이 있다면, 즉 현재 기상이 CAT I minima 이하이고 예보상 변동 없거나 혹은 더 나빠질 경우라면 두 개 정도의 Destination Alternate을 선정할 필요가 있다.[61] 왜냐하면 다른 항공기들도 같은 생각을 해서 특정한 대체 공항으로 몰릴 수 있기 때문이다.[62]

단지 기상상태 때문에 목적 공항에 착륙을 못하게 되는 상황이 생기지는 않는다. 비록 기상이 좋더라도 다양한 이유, 즉 공항의 폭발물 발견이나 요즘 일어나는 드론(Drone)의 출현으로 공항에 착륙을 못할 수도 있다. 이러한 다양한 경우에 대비해서 착륙 확률이 높은 대체 공항을 선정해야 할 것이다.

대체 공항을 선정함에 있어서 한 가지 더 고려해 본다면, 회항 후 Recovery Flight, 즉 다시 목적 공항으로 비행을 출발시킬 수 있는지도 생각해 볼 문제이다. 하지만 이에 관해서는 만약 기회가 된다면 Flight Management에 대해서 글을 쓸 때 다루기로 하겠다.

---

61  CAT I minima는 Approach Chart를 이용하여 확인한다.

62  예를 들어, HKG 공항의 대체 공항으로서 MFM(Macau) 공항을 대부분 선정하는데 경우에 따라서 HKG에서 회항하는 모든 항공기들을 수용할 수 없게 될 수도 있다. 이러한 경우가 발생하므로 제2의 대체 공항의 선정이 필요한 것이다.

AIRPORT FLOODED
BY TYPHOON

LONDON CITY AIRPORT CLOSED
AFTER DISCOVERY OF
UNEXPLODED WW2 BOMB

➔ 다양한 이유로 인한 공항의 폐쇄(Airport closure)

# Descent Profile

Descent Profile이라는 것은 다르게 표현하지만 'Energy Management'이라고 할 수 있다. Descent를 준비하고 있는 항공기가 가진 Energy는 크게 보면 '고도(High Altitude), 속도(High True Air Speed-TAS)'로 분류할 수 있다. 항공기가 가진 두 에너지인 고도와 속도를 착륙에 적합하게 조절하는 것이 Descent Profile/Energy Management이다.

Factors on Descent Profile

- Altitude

- Speed

- Wind(Head/Tail wind)

- Weight of Aircraft(Inertia)

- Engine Anti-Ice On(Higher Thrust)

대부분의 민간 항공사에서 운용되고 있는 항공기는 Vertical Navigation function(VNAV, managed descend)이 장착되어 있다. 비행기의 종류에 따라서 그 용어가 조금씩 다르긴 하지만 FMS가 입력된 정보에 의해서 Descent Profile을 자동적으로 계산해서 관리한다는 면에서는 그 기능이 동일하다. 특히 두바이 공항이나 인천 공항과 같은 복잡한 공항에서는 Standard Arrival Route(STAR)에 많은 Altitude/Speed Constraints가 있기 때문에 FMS의 도움 없이는 효율적인 Descent Profile 관리가 쉽지 않다.

따라서 조종사는 FMS의 정확한 Descent Profile의 계산을 위해서 정확한 Data를 입력해야 한다. 앞서 말했듯이 'Garbage in, Garbage out', 즉 부정확한 정보가 들어가면 부정확한 결과가 나온다는 것이다. 그 다음 Descent profile을 지속적으로 monitoring해야 한다. FMS가 계산을 정확히 해서 실행한다고 하더라도 실제 외부 환경(wind temperature)은 다를 수 있다. 주어진 Altitude/Speed Constraints를 확인하고 비행기가 이를 충족할 수 있는지 미리 monitoring하고 필요한 조치를 취해야 한다.

| Altitude X 3 + 10nm = Required Distance to touchdown | |
| --- | --- |
| FL300 | 100nm required |
| FL200 | 70nm required |
| FL100 / 250kts | 40nm required |

만약 Radar Vector가 주어진다면 FMS는 더 이상 도움이 되지 못할 것이다. 왜냐하면 FMS는 ATC가 어떻게 Radar Vector를 할 것인지 모르기 때문이다. 자, 그렇다면 이제 조종사의 경험과 약간의 수학이 필요한 순간이 되었다. 대략적으로 -3.0°의 Rate of Descent(ROD)로 하강을 한다면 '현재 고도×3+10nm'을 하면 대략적인 필요한 거리를 구할 수 있다. 예를 들어 현재 고도 30,000ft라면 30×3+10nm=100nm이 된다. 편의상 고도에서 천 단위 이하의 숫자는 고려하지 않는다. 현재 고도 20,000ft라면 20×3+10nm=70nm이 필요하다는 결론이 나온다. 10nm을 더해 주는 이유는 비행기의 속도를 줄이는 구간이 필요하기 때문이다.

특히 10,000ft 이하에서의 10nm은 configuration change를 위한 추가적인 거리이므로 이를 반드시 고려해야 할 것이다. 이는 비행기의 종류에 따른 관성Inertia 그리고 바람의 방향과 세기(headwind or tailwind)에 따라서 다르기 때문에 이러한 공식이 절대적일 수는 없다. 하지만 비행기의 Descent Profile을 관리함에 있어서 참조할 수 있는 좋은 Tool이라는 것은 분명하다. A380을 비행하면서 아직도 이 공식을 사용하고 있고 큰 틀에서 굉장히 유용하게 활용하고 있다.

특히 field elevation이 높은 공항인 경우엔 공항의 해발 고도를 감안해야 할 것이다. 경험이 많은 조종사들도 이러한 공항에서는 단순 계산의 혼동으로 인해서 어이없는 profile management 실수를 범할 수 있다. 이러한 경우엔 descent를 시작하는 시점에서는 고도를 기준으로 profile을 관리하지만, FL100 이하로 내려오고 configuration change(Flaps, Landing gear)를 위해서는 고도가 아닌 공항으로부터의 거리를 기준으로 하는 것이 실수를 줄일 수 있는 방법이다. 예를 들어 Flap은 공항으로부터 15nm지점에서 내리기 시작하고, Landing gear는 공항으로부터 10nm지점에서 내린다고 계획하는 것이다. 지금 이 글을 쓰고 있는 이탈리아 밀라노MXP 공항도 filed elevation 800ft이다. 어제 비행에서 Radar vector로 3,000ft를 유지하면서 approach를 했는데 지상으로부터의 실제 고도는 대략 2,000ft이었고 10nm에서 Landing gear를 내렸다. 조종사에게 configuration change의 시간적 여유를 주는 것은 고도뿐만 아니라 공항으로부터의 거리도 있다는 것을 잊지 말아야 할 것이다.

# Holding

공항의 Approach traffic flow Control을 위해서 가장 많이 사용되는 것이 바로 'Holding'이다. Arrival Chart에도 구간별로 Holding waypoint(주로 clearance limit point가 holding point로 지정된다)가 정해져 있고 이에 따라서 조종사는 Assigned된 STAR의 Holding waypoint를 미리 확인해 볼 필요가 있다

Holding에 관해서는 정확한 국제 규정이 있다. 왜냐하면 여러 대의 비행기들이 동일한 Holding Waypoint에서 좁은 고도 간격으로 Holding을 하고 있기 때문에 각각의 비행기가 동일한 규정에 의해서 Holding을 유지해야만 충돌의 위험을 줄일 수 있고, ATC로 하여금 비행기들의 행동을 예상할 수 있게 하기 때문이다. 이와 더불어 특히 야간에는 Holding pattern에 들어가면 Landing Lights와 같은 Exterior Lights을 ON 해서 다른 항공기로부터 Be Seen, 즉 보이게 하는 것도 고려해야 할 사항이다.

| Maximum Holding Speed(ICAO/ PANS-OPS) | | |
|---|---|---|
| Levels | Normal Conditions/Outbound Timing | Turbulence Conditions |
| Above 34,000ft | 0.83 Mach/1.5min | 0.83 Mach |
| Above 20,000ft ~at 34,000ft | 265kt/1.5min | 280kt or 0.80 Mach whichever less |
| Above 14,000ft ~at 20,000ft | 240kt/1.5min | |
| At below 14,000ft | 230kt/1.0min | 280kt |

Holding Pattern에서 최대 속도가 규정되어 있는 이유는 속도에 따라서 Holding Pattern의 크기Radius가 달라지기 때문이다. 어느 한 비행기는 낮은 속도로 그리고 다른 비행기는 빠른 속도로 제각각 다르게 Holding을 한다면 그 Holding Pattern의 크기가 모두 다르게 된다. 따라서 Holding waypoint로 돌아오는 순서도 모두 다르게 되어서 ATC로 하여금 Traffic flow control을 어렵게 하기 때문이다. 만약 미국의 FAA의 규정이 적용되는 공항이라면 FAA의 규정에 따라서 다르게 적용된다.[63] Holding Pattern을 유지하는 중에 고도를 계속 하강하여 다른 최고 속도 Max Holding Speed 또는 Outbound Leg timing(1min 또는 1.5min)이 다르게 적용되는 고도에 들어간다면, 그에 맞춰서 속도와 Timing을 다시 조절해야 한다.

ATC로부터 Holding instruction을 받게 되었을 때 그 Holding waypoint로 가는 동안의 속도는 어떻게 해야 할까? 상식적으로 본다면 어차피 Holding으로 시간이 지체가 될 텐데 굳이 빨리 갈 필요가 있을까? 하는 생각이 들것이다. 하지만 Controlled Airspace에서의 고도와 속도는 ATC와 조종사와의 coordination이 필

---

63  FAA (TERPS) holding Speed

| Altitude(MSL) | Airspeed |
|---|---|
| Above 14,000ft | 265kt |
| Above 6,000ft | 230kt |
| At below 6,000ft | 200kt |

요한 부분이다. 속도를 너무 일찍 줄여 오히려 뒤에 따라오는 비행기가 Holding waypoint에 먼저 도착하는 경우도 생길 것이고 그 반대의 경우도 생길 것이다. 따라서 현재의 speed를 유지하다가 Holding pattern에 들어가는 시점에 Holding speed에 도달할 수 있게 조절하는 것이 바람직하다. 그래야만 ATC도 각 비행기들의 순서를 예상할 수 있고 이를 바탕으로 Traffic flow를 조절할 수 있게 되는 것이다. 하지만 필요하다면 그리고 속도를 줄이기 원한다면 ATC로부터 원하는 낮은 Speed를 요청할 수도 있을 것이다. 속도를 미리 줄여서 약간의 연료라도 아낄 수 있기 때문이다. 말했던 것처럼 ATC와 조종사의 coordination이 중요하게 되는 Arrival Phase이므로 ATC와의 조율이 있다면 얼마든지 허용될 수 있을 것이다. Holding instruction을 받으면 두 가지의 질문은 스스로에게 해야 한다.

### 언제 Holding을 떠날 수 있는가?(EAT-Expected Approach Time)
### 언제 Holding을 떠나야 하는가?(Maximum Holding Fuel/Time)

조종사는 현재의 연료 상태로 얼마 동안 Holding을 할 수 있는지 알고 있어야 한다. 그리고 ATC에게 언제 approach를 할 수 있는지 확인해야 한다. 이 두 시간을 비교해서 최대 가능 Holding time이 EAT보다 짧으면, 즉 연료가 EAT까지 충분하지 않다는 의미이므로 ATC에게 이를 통보하고 적절한 순서 배정을 다시 받아야 할 것이다. 만약 ATC로부터 적절한 조치를 받지 못한다면 이는 Fuel status에 관련된 Urgent 또는 Emergency 상황이 될 수 있는 경우가 된다. 'Minimum Fuel'과 'MAYDAY FUEL'으로 발전될 수 있는 상황인 것이다. 이와 관련해서는 뒷장의 Abnormal situation을 설명하면서 다시 구체적으로 언급하겠다.

EAT가 정해져 있다는 것은 Holding을 하는 이유가 traffic control에 있다는 의미이므로 만약 연료의 양이 충분하지 않은 비행기가 있다면 ATC 재량으로 그 비행기에게 우선순위를 배정할 것이다. 하지만 Holding의 이유가 기상악화 또는 공항의 일시적 폐쇄 등 정확한 Approach time을 예상할 수 없는 경우라면 얘기는 달라진다. Holding을 계속해서 연료를 다 소모시킬 때까지 기다릴 수는 없다. 이러한 경우엔 Holding을 계속할 이유가 없고, Divert, 즉 대체 공항으로의 회항을 고려해야 할 시간이 되는 것이다. 이 경우 절대로 Divert fuel을 Holding하면서 소모시키지 말고 항상 대체 공항으로의 회항을 할 수 있는 충분한 연료를 가지고 있어야 할 것이다.

# TCAS Avoidance

한정된 TMA에서 Inbound 비행기와 Outbound 비행기들이 좁은 고도 간격으로 분리되어 비행을 하다 보면 당연히 충돌의 위험성이 높아지게 되고 이를 방지하기 위해서 TCAS(Traffic Collision Avoidance System)가 의무적으로 장착되어 있다. TCAS 장치를 이용해서 충돌을 피하는 것도 중요하지만 이러한 충돌의 위험성을 미연에 방지하는 것이 더 중요하다고 하겠다.

TCAS는 서로의 항공기에 장착된 Transponder의 정보를 서로 주고받으며 그 충돌의 가능성을 조종사에게 알려 주고 나아가 충돌회피기동(TCA RA, Resolution Advisory)를 하기도 한다.

2,000ft to level off → Max V/S 2000fpm

1,000ft to level off → Max V/S 1000fpm

1000ft의 고도를 간격으로 항공기들이 분리되지만, 각 비행기에 할당된 고도 cleared altitude에 얼마나 빠르게 접근하는지에 따라서 TCAS Alert가 발생하기도 한다. 따라서 이러한 불필요한 경고 상황을 방지하기 위하여 Rate of Descent/Climb

을 조절할 필요가 있다. 만약 하강으로 10,000ft에 Level off하게 된다면 12,000ft에 도달할 때 Vertical Speed를 2000fpm로 줄이고, 11,000ft에 도달할 때는 Vertical Speed를 1000fpm으로 단계적으로 조절한다. 이로써 TCAS Alert를 방지할 수 있고 조종사 또는 system failure에 의한 실수를 줄일 수 있게 되는 것이다.

TCAS RA(Resolution Alert)가 발생하면 이 'TCAS RA'는 다른 어떠한 clearance보다 최우선시 되어야 한다. 조종사는 충돌을 피하는 것에 집중해야 하고 TCAS RA를 절대적으로 따라야 한다. 왜냐하면 TCAS RA는 상대 비행기의 TCAS RA와 시스템적으로 이미 조율이 된 회피 방향을 나에게 보여 주는 것이기 때문이다. 두 비행기의 TCAS system끼리는 어느 방향으로 서로 피할 것인지 이미 약속을 하고 다 정해 놨다는 것이다. 따라서 이는 ATC clearance보다 우선시되어야 하고, 또한 조종사가 임의의 판단으로 바꿔서는 안 되는 절대적 사항이다.

〈 Bashkirian Air 2937 & DHL 611 〉

언제: 2002년 7월 1일

어디서: Überlingen, Germany

항공사: Bashkirian Airlines & DHL cargo

항공기: Tupolev TU-154M(RA-85816) & Boeing 757-23APF(A9C-DHL)

탑승 승무원 & 승객: Bashkirian Airlines(9/60) & DHL(2 crew)

탑승자 전원 사망(69명/2명)

2002년 7월 1일 러시아 Bashkirian airlines 소속 Tupolev기가 러시아 모스크바 Domodedovo international 공항을 이륙한다. 이 비행기는 스페인 바르셀로나에서 개최되는 UNESCO의 행사를 위해서 Charter 운항으로 비행 허가를 받은 상태였다. 러시아 Bashkortostan의 Ufa시의 어린 학생 45명과 이들을 인솔하는 선생님들과 보호자들이 그 비행기에 타고 있었다.

비슷한 시각, 바레인 Manama international 공항을 이륙한 바레인 소속의 DHL Boeing 757 화물기는 중간 경유지인 이탈리아 Bergamo공항을 떠나 최종 목적지인 벨기에 Brussels 공항으로 향하고 있었다. 이 비행기에는 두 명의 조종사만이 타고 있었다.

Bashkirian 항공의 Tupolev기는 동쪽에서, 그리고 DHL 소속의 Boeing 757기는 남쪽에서 스위스 취리히 airspace로 넘어오고 있었다. 지리적으로는 독일 남부에 속하지만 Airspace의 관제는 아직 스위스의 항공관제 사립 회사인 Skyguide의 관할을 받고 있었다. 밤 늦은 시각 Skyguide 소속의 관제사 Peter Nielsen은 두 개의 Radar Scope을 동시에 관제하면서 항공기들을 통제하고 있었다.

당시 Bashkirian 항공의 Tupolev기는 고도 36,000ft를 유지하고 있었고, 남쪽에서 올라오는 DHL 항공의 Boeing757기도 같은 고도인 36,000ft로 비행하고 있었다. 그 시각 Radar Scope를 보던 Peter Nielsen은 두 항공기의 Track이 한 지점에서 만나게 된다는 것을 인지하게 된다. 공중 충돌 1분도 채 남지 않은 때였다. Peter Nielsen은 공중 충돌의 위험을 인지하고 Bashkirian 항공의 Tupolev기에게 35,000ft로 하강할 것을 지시한다. 이에 따라 Bashkirian 항공의 기장은 하강을 시작하게 되는데 그 순간 TCAS(Traffic Collision Avoidance System)이 경보음을 울리면서 ATC의 지시와 반대인 상승(Climb)을 지시한다. 순간 기장은 어느 것을 우선적으로 따라야 하는지 당황하게 되고 ATC의 지시대로 계속 하강을 하게 된다.

그 순간, Bashkirian 항공의 Tupolev기의 왼쪽에서 다가오던 DHL 소속 Boeing757기에서도 TCAS warning이 울리면서 하강을 지시했고 조종사는 TCAS의 지시대로 하강을 시작했다. 두 대의 항공기가 같은 지점으로 그리고 같은 고도를 향하여 가고 있었던 것이었다. TCAS의 경보가 이미 두 비행기에 작동되고 있다는 것을 모르는 관제사 Peter Nielsen은 Bashkirian 항공의 Tupolev기에게 다시 한번 35,000ft로 하강할 것을 지시하면서 DHL 항공기가 오른쪽에서 오고 있다고 비행 정보를 알려 주었으나 사실, 왼쪽에서 오고 있었다.

충돌 8초 전, Bashkirian 항공의 운항 승무원들은 DHL Boeing757기를 육안으로 확인하고 Rate of Descent를 높이게 된다. 충돌 2초 전 Bashkirian 항공의 기장은 그제서야 TCAS의 지시대로 상승으로 기체를 돌려보지만 이미 너무 늦어 버렸다. 현지 시간 23시 35분 32초, 69명의 생명을 태우고 있던 Bashkirian Tupolev기와 2명의 조종사가 탄 DHL Boeing757기는 어두운 밤 공중에서 충돌하게 된다. 이 사고의 첫 번째 비극이 일어나는 순간이다.

DHL기의 수직꼬리날개(Vertical Stabilizer)는 Tupolev기의 동체 한가운데를 칼날처럼 가르고 지나가 Tupolev기를 두 동강 내 버렸고, 수직꼬리날개(Vertical stabilizer)의 80%를 잃은 DHL

Boeing757기는 비행기의 컨트롤을 잃은 상태로 수마일을 더 나아가 지상에 추락했다.

이 사고를 분석하면서 내 머릿속에 계속해서 떠오른 것이 하나 있었다. 바로 '사고의 스위스치즈 모델'이 그것이다. 어느 하나만이라도 정말 제대로 작동했더라면 그 많은 오류와 실수와 부작동이 있었더라도 어느 하나만 그 하나만 작동했더라면 이 사고는 막을 수 있었다. 지금부터 어떠한 것들이 이 사고에 기여를 했는지 살펴보겠다. 그러면 여러분들도 내 생각을 이해하게 될 것이다.

- 유럽의 좁은 Airspace
- 관제사의 규정에 어긋난 업무 과중(1 controller for 2 scopes)
- 충돌경고 관제장비의 고장과 오작동(Ground-based optical collision warning system & aural STCA)
- 조종사의 TCAS procedure 무시
- 항공업계의 TCAS에 대한 이해 부족
- 조종사의 상황 판단과 유연성(Situational Awareness)

유럽을 비행하다 보면 주파수 변경을 굉장히 자주하게 된다. 각 나라들이 조밀하게 붙어 있고 그에 따라서 주파수를 계속해서 자주 바꿔야 한다는 것이고 그때마다 다른 관제사와 교신을 하게 된다. 각 관제사끼리 유기적으로 연결되어서 항공기들의 정보가 정확하게 인계되겠지만, 한 명의 관제사가 오랜 시간 항공기를 관제하면서 충분히 그 항공기에 대해 인지하는 것보다는 효율적이지 않을 것이다. 항공기가 다음 관제사로 넘어갈 때마다 그 인계되는 항공기 정보에 대해서 다시 파악할 시간이 관제사에게 필요할 것이다. Peter Nielsen은 취리히 관제로 넘어서 오는 두 비행기에 대한 관제 정보를 충분히 인지하지 못했을 것이다.

규정상 두 명의 관제사가 각각의 Radar Scope를 관제해야 하지만 다른 한 명의 관제사는 과중된 업무로 휴식을 취하고 있었고 이러한 관행도 공공연히 허용되고 있었다. 비행기에 TCAS가 있듯이 관제사에게도 이와 같은 공중 충돌 방지 경고 시스템이 있다. 하지만 고장으로 수리 중이었고 그렇지 않은 장비마저도 제대로 작동하지 않았다.

**'TCAS는 ATC지시에 우선한다.'**

**'TCAS advisories should always take precedence over ATC instructions.'**

지금은 모든 조종사들이 이러한 Golden rule을 알고 있지만 당시 2002년엔 TCAS가 의무화 (2000년에 유럽에서 의무화되었다)된 지 얼마 되지 않은 시기라 조종사들도 이러한 경우에 어떻게 해야 하는지 제대로 교육받지 못했다. 항공사 또한 Manual을 만들면서 TCAS가 ATC 에 우선한다고 규정하지 않았다. 항공업계의 TCAS에 대한 인식 부족이 여기에서 나온다.

DHL기의 조종사들은 TCAS의 지시를 충실히 수행했다. 그 부분에 대해서는 언급할 것이 없다. 하지만 DHL 조종사들은 무선 교신에서 Bashkirian Tupolev기가 ATC로부터 하강 지시를 받았다는 것을 알았을 것이다. 물론 DHL 조종사들도 관제사로부터 주위 항공기 정보를 받지 못했기 때문에 Tupolev기가 그 다가오는 항공기라고 생각을 못했을 수도 있다. 하지만 조금만 더 유심히 보면 Navigation Screen상에 Traffic 정보가 나올 것이고 충돌하는 항공기와 같은 고도로 내려간다는 생각을 할 수고 있었을 것이다. Descent로써 충돌을 피하기에 부족했다면 Turning(Lateral Deviation)이라도 했더라면 어땠을까? 하는 아쉬움이 남는 부분이다.

이들은 피했다. 2001년 일본 공역에서 두 대의 JAL기가 TCAS지시와 ATC 지시가 상충하는 상황에서 충돌 위험이 있었으나 조종사의 시각적 판단으로 충돌을 가까스로 피했다.

조종사는 충돌을 피할 수 있는 모든 방법을 동원해야 한다. TCAS의 목적도 결국엔 충돌을 피하는 거 아닌가. 나는 이를 Situational Awareness라고 분류해 보고 싶다. 충돌의 가능성이 있다는 Situation을 Aware하고 이를 적극적으로 피해야 한다는 최종 목적에 충실해야 한다는 것이다.

비극은 여기서 그치지 않았다. Tupolev기에 타고 있던 45명의 어린이와 그 부모들 중에 아내와 두 아이를 이 비행기에 태워 보낸 Vitaly Kaloyev는 가족을 잃은 슬픔을 끝내 이기지 못하고 당시 관제사였던 Peter Nielsen의 집에서 그의 가족이 보는 앞에서 그를 살해하게 된다. 너무나 안타까운 사고이지만 조종사 그리고 Peter Nielsen도 최선을 다했다. 그래서 더욱 안타까워진다.

→ Bashkirian Tupolev기 그리고 Peter Nielsen의 추모비

# CHAPTER

# Approach

Focus on Safe Landing Only
- Plan the most preferred available approach type
- Brief your approach and landing plan to your partner pilot

하강을 시작하면서 조종사의 workload는 점점 높아진다. 지상과 가까워질수록 그리고 주위의 다른 항공기들과의 거리가 좁아질수록 조종사에겐 더 많은 집중력과 노련함이 요구된다. 이러한 여러 위험 요소들을 관리하기 위해서 조종사는 자신이 가진 모든 resource를 충분히 활용해야 한다. Instrument panels, approach charts, crew briefing, ATC instruction and information, and radio communication from other airplanes 등등 조종사가 활용할 수 있는 모든 것은 정보와 자원resource이 된다. 이 모든 것들을 취합해서 그리고 분석해서 나의 비행을 최선으로 만드는 것이 바로 조종사의 능력이고 임무이다.

자 그러면 비행의 궁극적 목적인 approach와 landing에 대해서 살펴보자.

# Approach Category

<ICAO PANS-OPS Aircraft Approach Category>[64]

| CAT KIAS | A | B | C | D | E |
|---|---|---|---|---|---|
| $V_{at}$ (Note 1) | < 91 | 91-120 | 121-140 | 141-165 | 166-210 |
| Range for Initial Approach | 90-150 | 120-180 | 160-240 | 185-250 | 182-251 |
| Reversal and Racetrack Procedure | MAX 110 | MAX 140 | 160-240 | 185-250 | 185-251 |
| Range for Final Approach | 70-100 | 85-130 | 115-160 | 130-185 | 154-230 |
| Circling Maneuver | MAX 100 | MAX 135 | MAX 180 | MAX 205 | MAX 240 |
| Missed Approach Intermediate Phase | 100 | 130 | 160 | 185 | 230 |
| Missed Approach Final Phase | 110 | 150 | 240 | 265 | 275 |
| **Note 1:** $V_{at}$ speed based on 1.3 times stall speed $V_{S0}$ or 1.23 times stall speed $V_{s1g}$ in the landing configuration at maximum certificated landing mass. | | | | | |

지상과 가까워질수록 그리고 다른 항공기와의 간격이 좁아질수록 ATC와의 유기적인 협력은 필수적이다. 수많은 항공기들의 비행 특성이 모두 다르기 때문에 ATC는 지금 자신의 관제에 어떠한 종류의 비행기들이 있는지 그리고 그 비행기들의 성능, 특히 Approach Speed가 어떠한 지를 알아야 효과적으로 항공 관제를

---

64 ICAO Procedures for Air Navigation Services Aircraft Operations(PANS-OPS)
FAA TERPS도 ICAO PANS-OPS와 동일한 Approach Category를 사용한다고 볼 수 있다(TERPS criteria may also be applied in countries outside the United States. Countries applying TERPS are identified in the CRARs. In general, TERPS may correspond to a large extent with ICAO PANS-OPS.).

할 수 있을 것이다. 이러한 요구에 의해서 비행기의 Approach Category가 만들어지게 되었다.

조종사는 자신의 비행기가 어느 Approach Category에 해당하는지 알아야 한다. Approach Category에 따라서 Approach minima가 정해지고 ATC에 의한 항공기 수평적 분리(Lateral Separation)가 이루어진다. Approach Category의 기준이 되는 'Vat'는 Speed over threshold이다. 즉, Vref가 그 기준이 된다는 것이다. A380을 예로 들자면 Approach Category는 'CAT C'가 된다. 비행기의 크기가 크다고 더 빠른 Approach speed가 필요한 것은 아니다. 따라서 이 Approach Category는 앞에서 말한 Wake Turbulence category(A380, Super-J) 그리고 Wing Span을 기준으로 한 Aircraft category(A380, code F)와는 다른 분류이다. 그래서 이러한 Category가 무엇을 위한 분류인지 먼저 설명한 것이다. 각각의 분류 방법에 의한 category들을 혼동하지 않기를 바란다.

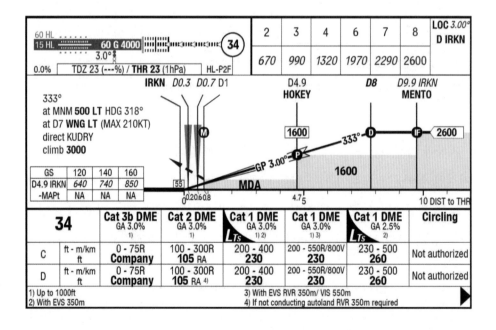

인천 공항 RWY34 ILS minimum section이다. LIDO chart를 기준으로 한 것이지만 어떠한 chart를 사용하든 그 내용은 동일할 것이다. 자 그러면 이 chart를 이용해서 같이 연습을 한번 해 보자.

그런데 Approach Category에 'C' 'D'만 나와 있다. 대부분의 민간 항공용의 비행기들이 category C 또는 D에 속하기 때문에 그 외의 분류는 제공하지 않는 것이다. 예를 들어 A380을 가지고 기상조건이 CAVOK인 상황에서 Runway34 ILS approach를 한다고 하자. Approach Category 'C' 그리고 'CAT 1 DME GA 3.0%' column을 적용하게 된다. 이 column에서 두 종류의 minimum을 찾을 수 있다.

### Weather minima
### Approach minima(MDA/DA)

위의 column에서 550R/800V(RVR 550m/Visibility 800m)가 Weather minima가 되고, 230(230ft)가 DA(Decision Altitude)가 된다. 모든 Approach chart가 이러한 정보를 포함하고 있기 때문에, 여러분들이 사용하고 있는 다른 종류의 Chart도 같은 정보를 포함하고 있을 것이다. 따라서 Chart를 보고 그 담겨 있는 내용을 분석해 낼 줄 알아야 한다. Jeppesen General/LIDO General의 Legends section에서 chart를 읽는 방법을 찾을 수 있을 것이다.

# Type of Approaches

어떤 종류의 approach가 내 비행기에 가능한가를 알아야 할 것이다. 공항마다 일반적으로 사용되는 approach가 있는 반면에 그 공항에만 독특하게 이루어지는 approach도 있다. Approach의 종류를 크게 나누면, Visual Approach와 Instrument Approach로 나눌 수 있다. Visual Approach는 말 그대로 외부의 시각적 정보를 이용해서 approach를 하는 것이고 Instrument Approach는 외부의 시각적 정보 없이 계기의 도움으로만 approach를 하는 것이다. 대표적으로 ILS, LOC, VOR, NDB가 잘 알려진 Instrument approach이지만 기술적인 진보로 인해서 좀 더 다양한 approach들이 만들어지고 있다. RNAV(GPS), RNP, GLS 등 지상의 장비(Ground based equipment)의 도움 없이 비행기 내부에 장착된 장비로 Instrument approach를 하는 approach type들이 그것이다. 이러한 다양한 종류의 Instrument approach type으로 인해서 공항 운영의 효율성과 유연성을 이룰 수 있고, 경제적인 면에서도 지상장비의 설치 보수 등 유지 비용을 줄일 수 있기 때문에 앞으로는 이러한 approach들이 더욱 유용하게 사용될 것이라고 생각한다.

그렇다면 이러한 다양한 종류의 approach type 중에서 어떠한 approach를 선택해야 할까? 물론 공항 정보(ATIS)를 통해서 현재 이루어지고 있는 approach를 확인하고 그 해당 approach를 하면 되겠지만, 만약 조종사에게 선택의 기회가 주어지는 경우 또는 Abnormal situation의 경우엔 safe approach/landing에 가장 가까운 approach를 선택할 필요가 있을 것이다.

**Precision Approach: ILS GLS**

**Non-Precision Approach: LOC RNAV RNP VOR NDB**

VOR보다는 RNAV approach, RNAV보다는 ILS approach를 선택하는 것이다. 이러한 approach가 더 쉬워서가 아니라 safe approach & landing의 확률이 높기 때문이다. 특히 Abnormal situation에서는 더욱 그렇게 할 필요가 있다.

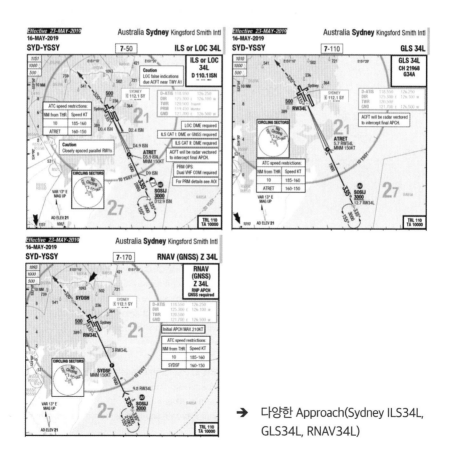

➜ 다양한 Approach(Sydney ILS34L, GLS34L, RNAV34L)

# ILS approach category

| ICAO ILS approach category[65] | | |
|---|---|---|
| Category | Decision Height(ft) | RVR(m) |
| CAT I | DH ≥ 200 | RVR ≥ 550m(Vis ≥ 800m) |
| CAT II | 200 > DH ≥ 100 | RVR ≥ 350m |
| CAT III — Cat IIIa | 100 > DH, or No DH | RVR ≥ 200m |
| CAT III — CAT IIIb | 50 > DH, or No DH | RVR ≥ 50m |
| CAT III — CAT IIIc | No DH | No RVR |

---

65　Categories of precision approach and landing operations : ICAO ANNEX 6

**Category I(CAT I) operation.** A precision instrument approach and landing with a decision height not lower than 60m(200 ft) and with either a visibility not less than 800 m or a runway visual range not less than 550m.

**Category II(CAT II) operation.** A precision instrument approach and landing with a decision height lower than 60m(200 ft), but not lower than 30m(100 ft), and a runway visual range not less than 350m.

**Category IIIA(CAT IIIA) operation.** A precision instrument approach and landing with:
　a) a decision height lower than 30m(100 ft) or no decision height; and
　b) a runway visual range not less than 200m.

**Category IIIB(CAT IIIB) operation.** A precision instrument approach and landing with:
　a) a decision height lower than 15m(50 ft) or no decision height; and
　b) a runway visual range less than 200 m but not less than 50m.

**Category IIIC(CAT IIIC) operation.** A precision instrument approach and landing with no decision height and no runway visual range limitations.

가장 보편적으로 사용되고 있는 ILS approach를 함에 있어서 그 성능(weather minima, approach minima)을 기준으로 한 분류가 ILS approach category이다. ILS라고 해서 다 같은 ILS가 아니다. 공항에 설치된 ILS 장비, 항공기에 장착된 ILS equipment 그리고 조종사의 자격요건(Qualification)에 따라서 시행할 수 있는 ILS approach가 다르게 된다.

이러한 ICAO ILS approach category 규정에 근거해서 각 항공사들은 구체적인 자체 규정을 두고 있다. 따라서 어느 한 가지의 규정을 일률적으로 모든 항공사에 적용할 수는 없다. 항공사의 조종사는 내부 규정을 충분히 숙지하고, 가능한 approach를 선택함에 있어서 항공사 규정에 부합하는 Weather minima/Approach minima를 적용해야 할 것이다. 특히 CAT II/III approach는 LVO(low visibility operation)의 영역이므로 이와 관련된 조종사의 자격 사항도 함께 고려되어야 할 것이다. 이는 앞에서 언급한 LVO와 같은 맥락이라고 할 수 있겠다.

자 그렇다면, approach를 할 공항의 활주로가 어느 정도의 ILS category를 가지고 있는지 어떻게 알 수 있을까?

| 01 | | Cat 2 DME | Cat 1 DME | LOC DME | | | Circling 1) |
|----|---|-----------|-----------|---------|---|---|----------|
| C | ft - m/km ft | 100 - 300R **112** RA | 250 - 550R/800V **340** 2) | 470 - 1.9V **560** | | | 760 - 3.2V **870** |
| D | ft - m/km ft | 100 - 350R **112** RA | 260 - 600R/800V **350** 3) | 470 - 1.9V **560** | | | 760 - 3.6V **870** |

→ PEK 01 ILS

| 19 | | Cat 1 DME | LOC DME | | | | Circling 1) |
|----|---|-----------|---------|---|---|---|----------|
| C | ft - m/km ft | 200 - 550R/800V **300** | 460 - 1.7V **560** | | | | 760 - 3.2V **870** |
| D | ft - m/km ft | 200 - 550R/800V **300** | 460 - 1.7V **560** | | | | 760 - 3.6V **870** |

→ PEK 19 ILS

해당 공항의 활주로가 어떠한 ILS CAT를 가지고 있는지는 approach chart의 minima section을 보면 쉽게 파악할 수 있다. 인천 공항의 경우 모든 활주로(34/16, 33L/15R, 33R/15L)가 ILS CAT3b까지 할 수 있는 성능을 가지고 있는 반면에 베이징(PEK) 공항의 경우를 보면 RWY01은 ILS CAT2까지, RWY19은 ILS CAT1까지만 가능하다는 것을 알 수 있다.

# Brief your approach plan to your partner pilot

TMA에 들어와서 IAF(Initial Approach Fix)를 통과하면 그동안의 Arrival phase를 떠나 Approach Phase로 넘어 가게 된다. 이러는 동안 Radio communication/instruction 그리고 speed/configuration change 등 시간적으로 짧은 순간에 많은 일들이 동시에 또는 순차적으로 빠르게 일어나게 된다. 이러한 상황에서 PF의 action에 대해서 충분히 알지 못하고 있는 PM이라면 어떠한 생각이 들겠는가? 정말 PF를 100% 신뢰하고 그가 뭐를 하든 순종적으로 따를 것인가, 아니면 믿지만 약간의 불안감을 갖고 지속적으로 불편해하며 의심할 것인가? 이는 첫 장에서 언급했던 CRM과도 연결되는 부분이다.

PF 그리고 PM으로 나뉘어져 있다고 해서 비행을 PF 혼자 하는 것은 아니다. PM은 PF의 손과 발을 통해서 비행을 같이 하는 것이다. 단순하게 말하자면 말이다. 따라서 PF는 approach를 하기 전에 충분한 시간을 갖고 어떠한 전략으로 어떠한 테크닉으로 Approach를 해 나갈 것인지 자신의 'Approach Plan'을 PM에게 전달해야 한다. 이것이 CRM이다.

## 〈Main Factors on Approach and Landing〉

- Approach Profile management

- Speed reduction

- Configuration Change

- Automation (Autopilot, Auto Thrust/Throttle)

- Braking and Exit point

Approach Landing의 주요 요소라고 한다면, 고도를 어떻게 관리할 것인지(Approach profile), 속도 조절을 언제 할 것인지(Speed reduction), Flap과 Landing Gear를 언제 변경할 것인지(Configuration change), manual control로 언제 전환할 것인지 (Automation) 그리고 landing 후에 어떻게 활주로를 벗어날 것인지(Braking and Exit)가 PF/PM으로서 주요 관심 사항이다.

이러한 내용에 대해서 PF는 PM에게 어떻게 action을 해 나갈 것인지 충분히 설명하고 PM으로부터 feedback/advice를 구해야 한다. 실제로 Approach를 하면서도 Plan과 다를 경우엔 다시 자신의 plan을 지속적으로 PM에게 알려 줘야 한다. 그래야 PM의 불필요한 간섭(interference)과 건의(suggestion)를 피할 수 있고, 나아가 PM과 유기적인 coordination이 될 수 있다.

# Runway & Approach Lighting Systems

공항의 Airside의 모든 시설은 비행의 안전을 위하여 그리고 조종사를 위해서 존재한다고 해도 과언이 아닐 것이다. 그중에서 approach landing의 critical한 순간에 조종사에게 최고의 flight information을 제공하는 것이 바로 Runway & Approach Lighting System이다. Approach Lighting System(ALS)의 경우엔 공항 울타리를 너머서 심지어는 바다 위에까지 연장되어 설치되어 있는 걸 보면 그만큼 Approach lighting system이 조종사에게 얼마나 중요한지를 가늠할 수 있을 것이다.

Approach Lighting System(ALS)은 approach의 진행 방향 또는 Runway의 위치를 조종사에게 알려 주는 목적 외에 Approach Minima(DA/DH)에 도달했을 때 Landing을 위해서 계속 approach를 해야 하는지 그 결정을 내리는 기준 중의 하나가 된다. Minima에서 Approach Light가 조종사의 시야에 들어오고 다른 조건이 충족된다면 landing으로 계속 이어지는 것이다. Approach Light System을 이해해야 할 필요성이 여기에 있는 것이다. ICAO와 FAA의 Approach Lighting System이 약간의 차이는 있으나 이는 그 설치 기준의 측면에서 차이가 있는 것이지 전체적인 개념과 양식은 크게 다르지 않다고 하겠다.

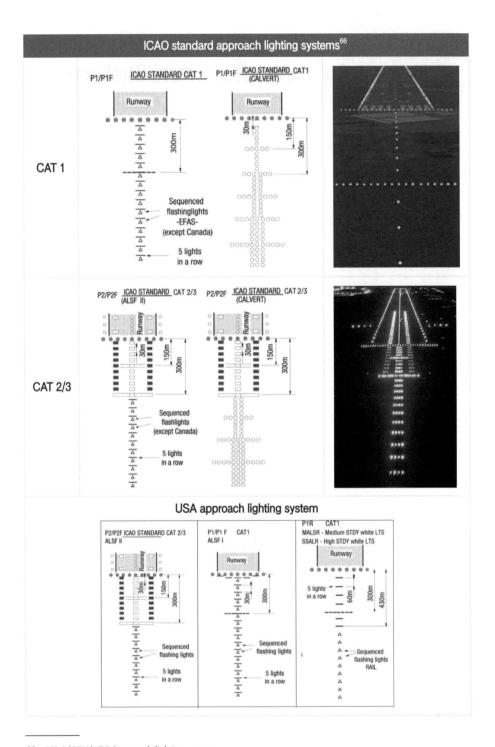

# ICAO standard approach lighting systems[66]

## CAT 1

P1/P1F ICAO STANDARD CAT 1

P1/P1F ICAO STANDARD CAT1 (CALVERT)

Runway

300m

Sequenced flashinglights -EFAS- (except Canada)

5 lights in a row

Runway

30m

150m

300m

## CAT 2/3

P2/P2F ICAO STANDARD CAT 2/3 (ALSF II)

P2/P2F ICAO STANDARD CAT 2/3 (CALVERT)

Runway

30m

150m

300m

Sequenced flashlights (except Canada)

5 lights in a row

Runway

30m

150m

300m

## USA approach lighting system

P2/P2F ICAO STANDARD CAT 2/3 ALSF II

Runway

30m

150m

300m

Sequenced flashing lights

5 lights in a row

P1/P1 F CAT1 ALSF I

Runway

30m

300m

Sequenced flashing lights

5 lights in a row

P1R CAT1
MALSR - Medium STDY white LTS
SSALR - High STDY white LTS

Runway

5 lights in a row

60m

300m

430m

Sequenced flashing lights RAIL

---

66   LIDO/GEN/ADR/Approach lighting system

Approach Lighting System과 더불어 Runway Lighting System은 조종사에게 Landing과 Stopping에 중요한 visual aids를 제공한다. 이러한 Runway lighting system에 의해서 주어진 정보들을 가지고 조종사는 안전한 landing과 stopping을 위해서 지금 무엇을 어떻게 해야 하는지 그 판단의 기준을 제공하게 되는 것이다. 활주로의 정확한 위치에 touchdown하지 못할 것으로 예상되는 경우엔 Go-Around를 해야 할지, auto brake로 활주로 내에서 안전하게 비행기의 속도를 줄이지 못할 것 같은 경우엔 manual brake를 사용할 건지 등등, 조종사는 활주로가 나에게 주는 정보를 보고 적절하고 효과적인 action을 취해야 한다. 이것을 위해서 Runway lighting system이 존재하는 것이다.

Landing을 하면서 가장 중요한 Runway light 세 가지가 있는데 'Runway centerline lights, Touchdown zone lights 그리고 Runway End Identification lights'가 그것이다. 이 세 가지의 lighting system의 공통점은 바로 비행기가 Runway 안에서 안전하게 landing하고 stopping을 할 수 있게 도와주는 Lighting system이라는 것이다. 물론 다른 Light들도 중요하지만 그중에 이 세 가지의 Light가 조종사에게 필수적으로 인식되어야 할 Light이다. 특히 Touchdown Zone에 관해서는 뒤에 Landing을 설명하면서 다시 상세하게 다루기로 하겠다.

## 1.2.1.6 Standard Runway Lighting Systems and Markings

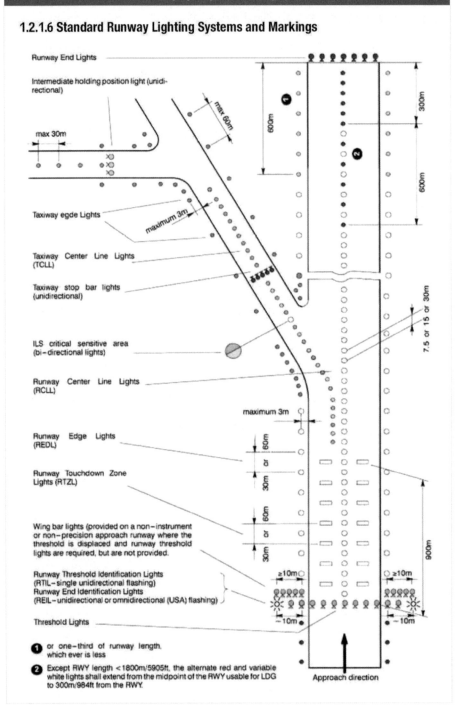

Runway End Lights

Intermediate holding position light (unidirectional)

max 30m

max 60m

600m

300m

600m

Taxiway egde Lights

maximum 3m

Taxiway Center Line Lights (TCLL)

Taxiway stop bar lights (unidirectional)

ILS critical sensitive area (bi-directional lights)

Runway Center Line Lights (RCLL)

maximum 3m

Runway Edge Lights (REDL)

Runway Touchdown Zone Lights (RTZL)

60m or 30m

Wing bar lights (provided on a non-instrument or non-precision approach runway where the threshold is displaced and runway threshold lights are required, but are not provided.

60m or 30m

Runway Threshold Identification Lights (RTIL-single unidirectional flashing)
Runway End Identification Lights (REIL-unidirectional or omnidirectional (USA) flashing)

≥10m     ≥10m

Threshold Lights

~10m     ~10m

7.5 or 15 or 30m

900m

❶ or one-third of runway length, which ever is less

❷ Except RWY length <1800m/5905ft, the alternate red and variable white lights shall extend from the midpoint of the RWY usable for LDG to 300m/984ft from the RWY.

Approach direction

# Stabilized Approach Criteria

대부분의 항공사들은 Stabilized approach criteria/requirement를 내부적으로 규정하고 있다. 그 내용은 조금씩 항공사마다 다르지만, 그 목적에 있어서는 분명하다. '일정한 고도에 이르기 전에 안전한 착륙을 위한 조종사 항공기 그리고 활주로가 모든 착륙 준비를 마쳐야 한다.'라는 것이 그 목적이다. 그렇다면 Safe Landing을 위해서는 어떠한 사항들이 준비가 되어 있어야 할까?

**Cockpit - Pilot's judgement to continue approach for landing**

**Airplane - Landing configurations completed**

**Runway - being ready to take landing airplane**

조종사는 approach를 계속 진행할 수 있다는 판단을 가지고 심리적 준비를 하여야 하며, 비행기는 조종사가 계획한 대로 Flap, Landing Gear, Ground spoiler 등 착륙에 필요한 모든 configuration을 마쳐야 하고(Stabilized approach criteria) 착륙에 사용될 활주로는 비행기의 착륙을 위한 준비를 하고 있어야 한다. 이러한 모든 준비가 완료되어야 할 고도(ex, 1000ft or 1500ft)가 특정되어 있는 것이다.

이것이 Stabilized approach requirement이다. 여기에 한가지 더 요구한다면 객실의 준비도 완료되어야 한다. 정상적인 상황에서 객실이 준비가 되어 있지 않으면 비행기는 아직 안전한 착륙을 위한 준비를 마쳤다고 볼 수 없다. 만약 이러한 모든 준비 사항들이 항공사의 Stabilized approach criteria/requirement에 부합하지 못한다면, 정상적인 상황에서는 Go Around를 실시해서 안전한 2nd approach를 준비해야 할 것이다.

그렇다면 이러한 Unstabilized approach로 인한 Go around를 방지하기 위해서 무엇을 어떻게 해야 할까? Approach profile을 관리함에 있어서 가장 중요한 요소는 바로 'Altitude & Airspeed'이다. 왜냐하면 이 두 요소가 바로 비행기가 품고 있는 Energy이기 때문이다.

## (Altitude X 3) + 10nm vs. Distance remained

앞서 언급했던 고도 관리 요령을 여기에서도 사용한다. '고도 곱하기 3'이라는 공식으로 착륙까지 남아 있는 거리와 비교해서 현재의 고도보다 높은지 아니면 낮은지를 확인하는 것이다. 예를 들어 현재 고도 5,000ft이고 착륙까지 남은 거리 15nm이라면 필요한 거리는 (5X3)+10=25nm이다. 하지만 남은 거리는 15nm이므로 고도가 아직 높다. 그러면 Speed brake를 사용해서 고도를 빠르게 낮출 필요가 있는 것이다. 여기에서 '+10nm'은 Airspeed를 줄이는 데 필요한 거리이다. 안정적인 Approach profile을 위해서 Glide Path를 Capture하기 전 5nm 정도에서 Level off를 하는 것을 권하고 싶다. 물론 Constant Descent Approach(CDA)를 위해서 조종사들이 많이 노력하지만 Approach의 성공 확률을 확보한다는 의미에서 Glide Path capture 5nm 전 Level off는 충분히 허용 가능한 수준이다.

Approach profile를 적절하게 관리하기 위해서는 **'Altitude+Airspeed=Energy'**라는 것을 명심하자.

# Circling maneuver & Radius

공항주위의 terrain 또는 Runway instrument approach system의 부족 등의 이유로 Circling approach를 해야 하는 상황이 생긴다. Circling approach는 Visual approach이다. 다시 말해 Circling을 시작하기 전까지는 Instrument approach이고 Circling approach를 시작하면 이제는 Visual approach로 전환된다는 것이다. 즉, 시각적 판단 근거(Visual reference)가 circling approach의 주된 요소가 된다.

공항은 Circling visual maneuver를 위해서 장애물이 없는 일정한 구역을 확보하여야 하는데 그것이 'Circling Area'이다. ICAO와 FAA의 규정이 다른데 이는 비행 안전과 직결되는 사항이기 때문에 반드시 확인해야 한다.

### ⟨ICAO circling area⟩

| Aircraft Category/kts | A/100 | B/135 | C/180 | D/205 | E/240 |
|---|---|---|---|---|---|
| Radius from Threshold(nm) | 1.68 | 2.66 | 4.20 | 5.28 | 6.94 |
| Min Obstacle clearance | 295ft | 295ft | 394ft | 394ft | 492ft |
| Min Visibility | 1.9km | 2.8km | 3.7km | 4.6km | 6.5km |

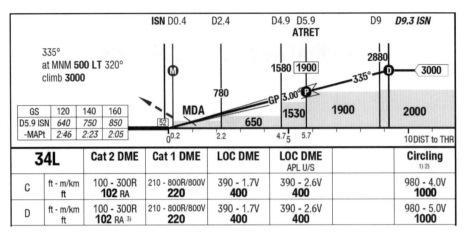

| 34L | | Cat 2 DME | Cat 1 DME | LOC DME | LOC DME APL U/S | | Circling 1) 2) |
|---|---|---|---|---|---|---|---|
| C | ft - m/km | 100 - 300R | 210 - 800R/800V | 390 - 1.7V | 390 - 2.6V | | 980 - 4.0V |
| | ft | **102** RA | **220** | **400** | **400** | | **1000** |
| D | ft - m/km | 100 - 300R | 210 - 800R/800V | 390 - 1.7V | 390 - 2.6V | | 980 - 5.0V |
| | ft | **102** RA 3) | **220** | **400** | **400** | | **1000** |

➜ SYD ILS34L

## FAA circling area[67]

〈TERPS〉

| Aircraft Category/kts | A/100 | B/135 | C/180 | D/205 | E/240 |
|---|---|---|---|---|---|
| Radius from Threshold(nm) | 1.3 | 1.5 | 1.7 | 2.3 | 4.5 |
| Min Obstacle clearance | | | 300ft | | |
| Min Visibility | 1.0sm | | 1.5sm | 2.0sm | |

〈NEW TERPS〉

| Circling MDA in ft MSL | ACFT Approach Category and Circling Radius (R) in NM | | | | |
|---|---|---|---|---|---|
| | CAT A | CAT B | CAT C | CAT D | CAT E |
| 1000 or less | 1.3 | 1.7 | 2.7 | 3.6 | 4.5 |
| 1001 - 3000 | 1.3 | 1.8 | 2.8 | 3.7 | 4.6 |
| 3001 - 5000 | 1.3 | 1.8 | 2.9 | 3.8 | 4.8 |
| 5001 - 7000 | 1.3 | 1.9 | 3.0 | 4.0 | 5.0 |
| 7001 - 9000 | 1.4 | 2.0 | 3.2 | 4.2 | 5.3 |
| 9001 and above | 1.4 | 2.1 | 3.3 | 4.4 | 5.5 |

➜ JFK 22R ILS

---

67 Old TERPS가 적용되는지 아니면 "NEW TERPS"가 적용되는지는 chart를 통해서 확인할 수 있다.
Circling area에 관한 정보 https://www.skybrary.aero/index.php/Circling_Approach_-_difference_between_
ICAO_PANS-OPS_and_US_TERPS

Approach chart를 통해서 ICAO 규정이 적용되는 것인지 아니면 TERPS(FAA)가 적용되는 것인지 반드시 확인해야 한다. 위의 SYD 공항은 ICAO, 뉴욕JFK 공항은 NEW PERPS가 적용된다. 따라서 그 circling area도 다르게 되는 것이다. 비행기의 category가 높을수록 더 빠른 True Air Speed가 요구되고 더 넓은 Turning radius가 요구된다. 따라서 더 넓은 지역의 obstacle clearance가 필요하고 이를 위해서 더 높은 Weather minima와 Circling minima가 적용되는 것이다.

**High category of aircraft → Higher True Air Speed(TAS) → Higher Circling minima**

**Check aircraft circling category**

**Check circling area radius(nm)**

**Check circling minima (ft)**

조종사는 자신의 비행기의 Circling category에 따른 circling area를 파악하고 그 범위 내에서 circling maneuver를 해야 할 것이다. 이와 관련되어 에어차이나 항공의 B767기가 부산 김해공항 circling approach 도중 북쪽 산악 지역에 추락한 사고가 대표적인 경우이다.

Circling maneuver는 visual approach이다. 따라서 어떠한 경우라고 visual reference를 잃게 되는 상황이 생기면 이는 approach를 계속할 수 없는 절대적인 경우이다. Missed approach를 해야 한다. Visual approach에서 visual reference를 잃었는데 그럼 뭐를 보고 missed approach를 해야 한다는 것인가? Missed approach의 가장 큰 위험 요소는 terrain이다. 이 terrain을 피할 수 있는 최선의 위치는 공항 바로 위, 따라서 Circling approach 중 Missed approach를 하게 되는 순간에는 우선적으로 공항 위로 접근해서 상승하는 것이다. [68]

---

68  **1.4.5.5.4 Missed Approach Procedure While Circling(LIDO/IA/PANS-OPS)**
    If visual reference is lost while circling to land from an instrument approach, the missed approach specified

**Missed approach in circling maneuver**

**Step 1. Turn toward the airport and Climb**

**Step 2. Maintain circling maneuver airspeed**

**Step 3. Obtain ATC instruction**

만약 Missed approach가 Circling maneuver 전 Instrument approach 단계에서 실시된다면 그 Instrument approach에 정해진 Missed approach를 따르면 될 것이고, Circling maneuver가 시작되면 이전의 Instrument approach의 Missed approach procedure는 더 이상 적용될 수가 없게 된다.

---

for that particular procedure shall be followed. The transition from the visual (circling) maneuver to the missed approach should be initiated by a climbing turn, within the circling area, towards the landing runway, to return to the circling altitude or higher, immediately followed by interception and execution of the missed approach procedure. The indicated airspeed during these maneuvers shall not exceed the maximum indicated airspeed associated with visual maneuvering.

# CHAPTER

# 10

Landing

> - Good approach can make Good landing
> - Flare is not to stop descending
> - Touchdown within Touchdown Zone

　Landing만큼 조종사마다 다른 테크닉을 구사하는 순간도 없을 것이다. 대부분의 조종사들은 자기 나름의 방식으로 Landing을 하게 되는데 심지어 비행기 제작사의 매뉴얼조차도 Landing 테크닉에 대해서 대략적인 방향만 제시할 뿐이지 정확한 기술적인 부분까지 설명하지는 않는다. 따라서 Landing을 어떻게 해야 하는지 그 기술적인 부분까지 언급하지 않겠다. 하지만 조종사들이 잘못 이해하고 있는 부분에 대해서 살펴보기로 하겠다.

→　Princess Juliana airport

# Transition Instrument to Visual reference

Instrument approach 함에 있어서 대부분의 경우 ILS approach를 사용할 것이다. ILS는 이름 그대로 'Instrument Landing System', 즉 Instrument를 이용하여 Approach 에서부터 Landing까지 하는 것이다. Autoland를 포함하는 개념이지만 Low Visibility Operation이 아니면 대부분 Landing은 manual로 하는 것이 일반적이다.

자 그렇다면, 여러분은 Landing을 하기 위해서 언제 계기판에서부터 외부 Visual reference로 전환하는가? 100ft? 200ft? 아니면 50ft? 너무 낮은가? 이를 알기 위해서 우선 ILS equipment와 visual reference가 어떻게 설치되어 있는지부터 알아보자.

Glide Slope 안테나는 Runway threshold로부터 750ft~1250ft에 설치되어 있 는 반면에 'PAPI(Precision Approach Path Indicator)'는 1500ft(aiming point-big white pad)에 설치되어 있다. 즉, Glide slope이 PAPI보다 앞쪽에 위치해 있기 때 문에 Runway에 가까워질수록 ILS의 Glide Slope과 PAPI의 indication에 차이가 나게 된다. Glide Slope을 정확하게 따라가면 대략 200ft 이하에서 PAPI는 Low indication(3 red and 1 white)을 보이게 되는 것이다.

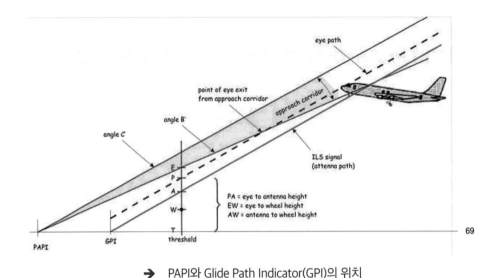

→ PAPI와 Glide Path Indicator(GPI)의 위치

### ILS Glide Slope - Primary reference
### PAPI - Secondary reference

일반적으로 비행기는 Flare 과정을 거치면서 aiming point보다 뒤에 touchdown 하게 될 것이고 PAPI를 따라가는 경우엔 Touchdown Zone 뒷부분에 touchdown 하게 될 확률이 높다. 결론적으로 ILS approach를 하는 경우엔Visual reference(-PAPI)를 활용하더라도 Glide Slope을 primary reference로 하여 지속적으로 따라 가야 한다. Minimum을 지나도 말이다.

Autoland를 생각하면 이해가 쉬울 것이다. Autoland를 하는 경우에 비행기 System은 PAPI를 인식하지 못한다. ILS의 Glide Slope signal에서 주어지는 대로 Approach를 하고 Landing을 하는 것이다. 조종사도 마찬가지다. 오히려 조종사 는 PAPI를 시각적으로 인식할 수 있기 때문에 Autoland보다 더 많은 정보를 가지 고 있다고 할 수 있다. Visual reference와 ILS Glide Slope을 종합적으로 활용하

---

69  Transport Canada, Precision Approach Path Indicator Harmonization with Instrument Landing System

되 주된 reference는 ILS Glide Slope이 되어야 한다는 것이다. 따라서 Threshold 를 지날 때 ILS Glide Slope을 정확하게 따라간다면 PAPI는 1 white/3 red로 보일 것이다. 이것이 정상이다.

Landing을 위해서 minima아래로 하강을 하다 보면 많은 경우에 Glide slope보 다 높아지고 따라서 PAPI도 3 white/1 red 심지어 4 white/0 red가 되어 급하게 touchdown을 시도하는 상황이 발생하는 것을 경험했을 것이다. Final approach 그대로 pitch를 유지했는데도 말이다. 왜 이런 현상이 생기는 걸까?

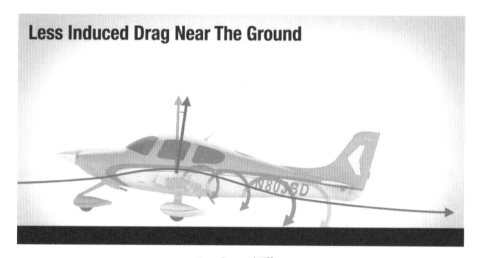

→ Ground Effect

'Ground Effect' 때문이다. 비행 학교에서 많이 공부했던 그 Ground Effect가 대 형 항공기에서도 그대로 적용된다. Ground effect란 비행기(fixed wing aircraft) 가 지면에 가까워지면서 Induced Drag(저항)이 줄어들어 상대적으로 Lift(양력) 이 증가하는 현상을 말한다.[70] 이러한 Ground effect는 비행기 Wing span의 절

---

70  Ground effect, In fixed-wing aircraft, ground effect is the increased lift(force) and decreased aerodynamic drag that an aircraft's wings generate when they are close to a fixed surface. When landing, ground effect can give the pilot the feeling that the aircraft is "floating". When taking off, ground effect may temporarily reduce the stall speed. The pilot can then fly just above the runway while the aircraft accelerates in ground

반 길이의 고도에서 발생한다. A380의 wing span은 80m이다. 그렇다면 Ground effect는 착륙 전 40m, 즉 130ft의 고도에서 발생한다. A320의 wing span은 대략 35m, 그렇다면 60ft의 고도에서 Ground effect가 발생한다는 결론이 나온다. 일 반적으로 'Glide slope -3°, Pitch attitude +2.5°, Vertical Speed(V/S) -700fpm'로 final approach를 하게 되는데, 이 Pitch를 touchdown할 때까지 계속 유지한다면 Rate of Descent(ROD)는 어느 순간 줄어들게 된다. 즉, Glide slope -3°를 유지하 지 못하고 그보다 높게 short final approach가 된다는 것이다. 이유는 말했듯이 Ground Effect때문이다. Ground effect가 발생하는 고도에서부터 Drag가 줄어 들고 상대적으로 Lift가 증가하게 되어 rate of descent, 즉 Vertical speed가 줄어 들게 된다.

## Ground effect altitude → prepare for pitch change

따라서 조종사는 자신의 비행기의 Ground Effect 고도(half of wing span)를 알고 있어야 하고, Ground Effect에 들어 갔을 때 Pitch를 약간 더 낮춰줘야 한다. 그래야 Glide Slope -3°를 유지할 수 있다. 특히 소형기보다는 wing span이 큰 대 형기의 경우엔 Ground Effect가 Landing에 미치는 영향이 상대적으로 크고 float-ing이 될 가능성이 높기 때문에 Landing flare를 함에 있어서 이를 반드시 고려해 야 할 것이다. 착륙 직전에 계기판만 볼 수 없기 때문에 Ground effect가 있을 것 이라는 것을 염두에 두고 pitch change를 준비하라는 의미이다.

---

effect until a safe climb speed is reached. When an aircraft flies at a ground level approximately at or below the half length of the aircraft's wingspan or helicopter's rotor diameter, there occurs, depending on airfoil and aircraft design, an often noticeable ground effect. This is caused primarily by the ground interrupting the wingtip vortices and downwash behind the wing. When a wing is flown very close to the ground, wingtip vortices are unable to form effectively due to the obstruction of the ground. The result is lower induced drag, which increases the speed and lift of the aircraft(Wikipedia/ground effect).

# Flare is NOT to stop descending

'Flare'란 무엇인가? 모든 조종사들은 이 Flare를 멋지게 해서 부드러운 touchdown 을 위해 끝까지 본능적으로 최선을 다할 것이다. 너무나 당연한 말이지만 정작 'Flare' 가 뭐냐고 물으면 정확하게 답하기 어렵다. Flare는 Approach phase에서 Landing phase로 전환하는 과정이다. 그렇다면 질문을 다르게 하나 해 보겠다.

'Flare는 Rate of Descent(Vertical Speed)를 zero(0)으로 만들어 descent(하 강)를 멈추는 것인가?' 정답은 'NO'이다. Flare는 final approach phase에 있어서 threshold 위 50ft부터 touchdown할 때까지 Rate of Descent를 줄여 주는 과정이 다. 통상 -3° Vertical Speed -700fpm의 하강율로 ILS approach를 하게 되는데 Flare 과정을 거치면서 이 Rate of Descent를 점진적으로 줄여서 runway에 touchdown 하는 것이다. 하강을 멈추는 것이 아니다.

많은 조종사들이 부드러운 touchdown을 위해서 하강율을 줄이다 못해 하강을 하 지 않게 되는 현상이 생긴다. 이로 인해서 runway에 touchdown하지 못하고 floating 을 하게 되는 것이고 touchdown zone을 넘어 착륙하게 되는 것이다.

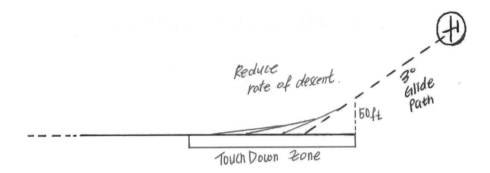

→ Touchdown할 때까지 하강율을 줄이되 하강을 멈추지는 말아야 한다.

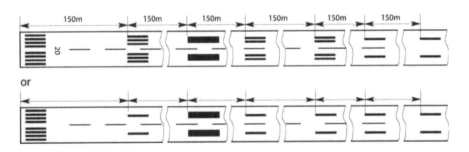

Longitudinal spacing: 150m.

→ Touchdown zone marking & lighting

Landing을 함에 있어서 touchdown zone[71]은 안전한 착륙을 위해 조종사에게 주어지는 visual reference이다. 지나간 runway는 내 것이 아니다. 즉, touchdown zone에 착륙을 함으로써 한정된 runway length안에 비행기를 stop시킬 수 있다는 말이다. Touchdown zone은 runway의 길이에 따라 다르지만, 일반적으로 threshold로부터 첫 3,000ft 그리고 runway 길이의 절반 중 작은 것으로 정해진다. FAA와 ICAO의 기준에 따라서 runway touchdown zone marking(aiming point의 위치)이 조금 다르기도 하지만 touchdown zone의 전체 길이에 대해서는 동일하게 적용된다.

만약 이 touchdown zone을 넘어서 touchdown을 할 것으로 판단이 되면 조종사는 Go Around을 해야 하는 것이 안전을 위한 가장 확실한 방법이다. 하지만 기상조건(특히 활주로 표면 상태-Runway Surface Condition)이 좋고 인천 공항처럼 긴 활주로인 경우에는 조종사의 경험과 재량에 의해서 Landing을 계속할 수도 있을 것이다. Safe Landing을 확보할 수 있다는 전제하에서 말이다. 하지만, 어느 하나라도 확실하지 않다면 그리고 의심이 든다면 반드시 Go Around를 시행해야 할 것이다.

→ Crosswind landing

---

71  **TOUCHDOWN ZONE[ICAO]** - The portion of a. **runway**, beyond the threshold, where it is intended. landing aircraft first contact the **runway**. **TOUCHDOWN ZONE** ELEVATION - The highest. elevation in the first 3,000 feet of the landing surface.

조종사에게 착륙에 가장 영향을 많이 주는 요소를 꼽으라면 단연 Wind라고 할 것이다. 그 중에서도 'Crosswind'는 조종사들에게 가장 신경 쓰이는 factor라고 할 수 있겠는데, 그러면 왜 crosswind가 신경 쓰이는 걸까? 그 이유는 두 가지이다. 첫째, Runway 폭이 무한정 넓은 것이 아니라 45m, 60m 등으로 제한되어 있기 때문이다. 둘째, Landing gear의 structure damage를 줄이기 위해서 항공기 동체 세로축Longitudinal axis과 활주로의 중앙선Runway centerline이 일직선이 되어야 한다는 것이 그것이다. 그렇다면 답은 나왔다. Crosswind landing에서 가장 중요한 것은 'Runway Centerline'이다. 제한된 Runway 폭 안에서 Runway centerline과 일직선이 되게 touchdown해야 하기 때문이다. 그러면 어떻게 해야 하는 걸까? 이에 대해서 답하기 전에 먼저 질문 하나 던져 보자.

Landing을 위해서 조종사는 무엇을 control하는가? Flare에서 하강율을 줄이기 위해서 Pitch Attitude를, Runway centerline을 위해서 Bank를 그리고 비행기를 Runway longitudinal axis와 일직선으로 하기 위해서 Rudder control을 하는 것이 전부다. Crosswind landing도 이와 동일하다. 많은 조종사들이 Crosswind landing에서 이 세 가지 control을 짧은 시간에 한꺼번에 하려고 하기 때문에 Crosswind landing에 어려움을 겪는다고 생각한다. 그렇다면 이 세 가지 동작을 분리해서 순서대로 하면 쉽지 않을까? 구분 동작으로…….

**Crosswind Landing 3 steps**

**Step 1. Follow FD(Flight Director) until threshold(keep crabbing)**

**Step 2. Normal Flare by reducing Rate of Descent(keep crabbing)**

**Step 3. Press the Rudder to align with Runway centerline(De-crabbing)**

FD(Flight Director)는 조종사에게 얼마의 bank를 주어야 하는지, 어느 정도의 pitch change를 해야 하는지를 알려 주는 최고의 tool이다. Flare가 시작되는 threshold(50ft)까지 최대한 정확하게 Flight Director를 따라가라. Crosswind landing이라고 해서 Flare가 다른 건 아니다. Flare의 목적은 Rate of Descent를 줄여 주는 것이라고 말하지 않았던가. Crosswind landing에서도 동일하다. Wind에 대해서 너무 신경 쓰지 말고 'Wind calm'의 landing이라고 생각하고 Flare를 하라. 비행기가 touchdown하기 직전에 Rudder를 눌러서 runway centerline에 맞춰라(De-crabbing). 너무 일찍 Rudder input을 하면 touchdown하기 전에 바람의 영향으로 Runway centerline에서 밀려 나갈 수 있기 때문이다.[72] Rudder input에서 중요한 것이 Rudder kick이 아니라 'Rudder press'이다는 것이다. 빠르게 순간적으로 kick을 하는 것이 아니라 지긋이 누르듯이 Rudder를 press하는 것이다. 그래야 upwind 쪽의 wing이 바람에 의해 상대적으로 올라가는 현상(Rudder input으로 Runway centerline과 align 하면서 Upwind 쪽의 날개에 더 많은 양력이 발생한다)을 줄일 수 있는 것이다.[73]

  Crosswind landing을 심리적인 요인이 많이 작용한다. 실제로 Hard landing의 경우를 보면 crosswind이니까 rudder control에 집중한 나머지 flare를 충분히 하지 않게 된다. Flare와 De-crabbing을 동시에 하려고 하지 말아야 한다. 앞에서 말했던 그 구분 동작을 생각해 보면 이해가 될 것이다. 생각을 너무 많이 하지 마라. Crosswind landing도 다른 모든 landing 과 다를 게 없다. 단지 rudder를 평소보다 조금 더 눌러 준다는 거, 그거 하나뿐이다. 겁먹지 마라. 나 또한 Crosswind landing은 불편하다. 하지만 Landing을 할 때마다 항상 이렇게 가슴속으로 외친다. 'Wind Calm…….'

---

72  Brake pedal을 효과적으로 밟기 위해서 발뒤꿈치를 바닥에 닿지 않고 발 전체를 rudder pedal위에 올려 crosswind rudder input과 braking을 하는 테크닉도 고려해 볼 만하다.

73  Runway centerline과 align하기 위해서 de-crabbing하는 순간에 upwind 바람이 불어오는 쪽의 wing은 그 반대쪽 wing보다 상대속도가 빠르기 때문에 양력lift가 더 많이 생긴다. 이로써 upwind 쪽의 wing이 들려 올라가는 현상이 생기는 것이다.

# CHAPTER

# 11

Missed Approach
& Go Around

2016년 8월 두바이의 사막 열기가 한창인 오후 EK521편이 DXB Runway12L 위에서 화염에 휩싸였다. 282명의 승객과 18명의 승무원을 태운 B777-300ER기는 Landing gear를 반쯤 접은 채 활주로 위를 한쪽 엔진과 동체로 미끄러지더니 이내 걷잡을 수 없는 불길이 그 큰 비행기를 뒤덮었다. 객실 승무원들의 노련함과 반복된 훈련으로 다져진 냉정함으로 20여 명의 부상자를 제외하고는 비행기 탑승자 중 사망자는 없었다. 하지만 두바이 공항DXB 소속 소방관 한 명이 목숨을 잃었다. 도대체 그들에게 무슨 일이 일어난 것일까?

→ EK521 crash in DXB

두바이 특유의 여름 활주로 위의 뜨거운 열기 그리고 사막과 해안에서 교차로 불어오는 바람 때문에 Windshear 현상은 한낮의 비행기 착륙을 힘들게 한다. 그날도 Windshear가 불었고 Touchdown zone을 넘어서 일차 접지를 한 비행기는 기장의 결정에 따라 'Go Around'를 실시한다. 하지만 그들은 정확한 절차를 수행하지 않았다. 기장은 TOGA 버튼을 눌러 Go Around를 시행했지만 Pitch만 들어 올려진 채, throttle은 그대로 Idle 상태였다. 이를 제대로 확인하지 않은 조종사들은 Landing gear retraction을 했고 Power가 없는 비행기는 Landing gear가 채 retract되기도 전에 활주로에 그대로 떨어진 것이었다. 조종사의 부적절한 Go Around procedure의 수행과 B777 Automation의 이해 부족이 만든 사고였다.

수많은 착륙을 하면서 Go around를 실제로 해 본 경험은 많지 않을 것이다. Go around를 미연에 방지하기 위한 절차들 특히 unstabilized approach를 방지하기 위해서 Stabilized criteria/requirement를 만들어 두고 있고, ATC는 항공기 간의 적절한 간격 분리를 위해서 규정에 따라 traffic separation을 하고 있다. 하지만 예상치 못한 경우는 언제든지 발생할 수 있다. 이러한 경우에 조종사는 Go Around를 시행한다. 조종사의 결정이든 아니면 ATC의 결정이든 말이다.

## Pitch + Power = Performance(Energy = Airspeed + Altitude)

비행기 기종마다 Go around procedure가 정해져 있지만 조종사가 해야 할 단 두 가지는 바로 'Pitch & Power'이다. 이 두 가지만 제대로 하면 비행기는 지상의 충돌을 멀리하고 Go around를 위한 훌륭한 performance를 내어 준다. 그 performance는 바로 'Airspeed & Altitude', 즉 비행기의 Energy가 그것이다.

비행기가 Go around에 안정이 되면 그다음에 충분한 여유를 두고 Flap change & Landing gear retraction, Navigation, Communication을 하면 된다. Pitch & Power 외에는 급하게 할 것이 전혀 없다. 여유를 가지고 천천히 하면 된다. Flap

늦게 올린다고 Landing gear 늦게 올린다고 비행기의 performance가 안 나오는 것은 아니다.

EK521 조종사들은 Pitch & Power를 제대로 control하지 않았다. Pitch는 있었지만 Power가 없었다. 그리고 Flap과 Landing gear를 올리는 데 급급했다. 충분한 Energy를 가지고 우선 활주로에서 멀리 떨어져 높게 위로 올라가야 되지 않겠는가? 그것이 Go around이다.

# Go Around as final protector

우리에게도 Go around에 대한 인식이 잘못되어 있었던 적이 있었다. 모든 조종사들은 Go around를 피하기 위해서 어떻게든 착륙을 하려고 애를 썼고, 항공사들 또한 Go around에 따른 비용적 손실만을 따진 채 Go around를 한 조종사를 질책하기도 했었다. 하지만 이는 Go around를 피하려다 사고가 나면 그 피해는 Go around 연료 비용을 훨씬 넘어서는 엄청난 것이 기다리고 있다는 것을 망각한 근시안적 태도였다. 다행히 지금의 항공사들의 Go around를 대하는 시각은 많이 달라졌다. 오히려 Go around를 시의적절하게 수행하면 높은 평가 점수를 주기도 하고, 반대로 Go around가 필요한 경우에 억지로 Landing을 한 조종사에게는 심하면 징계까지 주기도 한다.

그렇다면 Go around는 비행 절차에 있어서 어떠한 의미를 가지는가? 여러분의 FCOM(Flight Crew Operation Manual)의 목차를 한번 살펴보라. Go around가 Normal Procedure에 들어 있는지 아니면 Abnormal Procedure에 들어가 있는지. Go around는 'Normal Procedure'이다. 그렇다. 이는 분명히 Normal Procedure 이다. 캔버스에 연필로 그림을 그리다 잘못되면 지우개로 지워서 새롭게 다시 그리듯이Approach & Landing을 안전하게 마칠 수 없는 상황이 생기면 Go around

를 해서 새롭게 안전한 Approach 그리고 Landing을 시도하면 되는 것이다. Go around가 바로 그 캔버스의 지우개와 같은 존재이다. 그래서 Go around는 Flight safety를 지켜 주는 마지막 수호자Final Protector라는 것이다.

➔   Go around by traffic(runway not clear)

Approach를 하는 동안 항상 'Go around mind'를 가져라. '언제든 어떠한 상황이든 심지어 착륙에 자신이 없어지는 심리적 불안감이 생기든, 안전한 착륙에 영향을 주는 상황이 발생하면 Go around를 한다.'라는 그런 마음을 가져야 한다는 것이다. Go around는 어떠한 이유에서도 발생할 수 있다. 기상조건에 의해서든 아니면 그 외의 이유에 의해서든 말이다. 무엇에 의해서 Go around를 하는지 그 이유는 중요하지 않다. 지금 현재 안전한 착륙을 위한 준비가 되어 있지 않다는 것이 중요한 것이다.

Go around가 Normal Procedure이라고는 하지만 다른 정상 절차들처럼 매일 반복적으로 수행하는 절차는 결코 아니다. 그만큼 현실적으로 그 수행에 있어서 경험이 상대적으로 적다는 말이다. 이를 위해서는 미리 그 절차에 대해서 PF와

PM이 approach briefing에서 review를 해 보아야 할 것이다. 짧은 시간(critical time) 그리고 낮은 고도에서 두 조종사 PF/PM의 유기적인 조화가 성공적인 Go around를 위해 필수적이기 때문이다. 언제 닥칠지 모르는 Go around이지만 매일 하는 procedure가 아니기 때문에 각자의 절차와 action에 대해서review를 해야 한다는 것이다. 머릿속으로는 알아도 실제 상황에서는 제대로 나오지 않는 경우가 많다는 것을 조종사인 우리는 이미 잘 알고 있다. 그렇지 않은가?

# Pilot Monitor as final decision maker

얼마 전까지만 해도 PF의 상대 개념으로 PNF(Pilot Not Flying), 즉 비행을 하지 않는 조종사라고 했다. 하지만 두 명의 조종사를 필요로 하는 비행기에서 CRM을 강조한다는 의미로 PM(Pilot Monitoring), 즉 비행을 관찰하는 조종사로 그 개념이 바뀌었다.

PF에 대한 PM은 과연 어떠한 존재인가? PF가 order하는 대로 실행하는 단순한 conductor인가 아니면 PF를 관찰하고 적극적인 조언(Suggest)을 하는 advisor인가? PNF에서 PM으로 그 용어가 바뀐 이유는 간단하다. PF의 비행에 적극적으로 참여하라는 의미이다. 불필요하게 간섭하고 끼어들라는 얘기가 아니라 PF가 보지 못하는 것, PF가 놓치고 있는 것들을 적극적으로 조언하고 의견을 교환하라는 의미이다.

역설적으로 PF는 자신의 비행이기에 실수나 놓치는 부분을 회복하려고 노력한다. 하지만 PM의 위치에서 보면 PF의 행동이 때로는 비합리적일 수도 있고 나아가 무모할 수도 있다. 예전에 simulator에서 이와 관련된 실험을 한 적이 있었다. Crosswind landing을 하는데 short final에서 교관이 비행기를 거의 활주로를 벗어나는 곳에 갖다 놓았다. 알다시피 Simulator는 순간 이동이 되니까 가능한 경우이다. 누가 봐도 safe landing이 불가능한 상황이지만 PF는 기어코 내려 보겠다고 터무니없는 banking을 주었지만 결국엔 PM의 'Go around' call에 의해서 Go around를 한 경우였다. 조종사의 심리를 테스트한 것이었다.

➔　PM은 보고 있을 수도 있다, PF가 보지 못하는 것들을.

PF는 보질 못하지만 PM은 볼 수 있다. Runway에 다가갈수록 PF가 하지 못하는 결정을 PM이 하게 되는 경우가 생긴다. 왜냐하면 PM은 객관적인 시각을 유지하고 있기 때문이다. 따라서 PM이 결국엔 최종적인 Go around 결정권을 가지게 된다고 말할 수도 있다. PF는 PM의 객관적 기준에 의한 결정을 존중하고 따라야 할 것이다. 이것이 CRM이다.

# Missed approach phase design

    Departure procedure처럼 Missed approach도 지상의 장애물을 피하기 위해 turning 또는 요구되는climb gradient가 정해져 있다. 일반적으로 'Missed approach climb gradient 2.5%'으로 정해지지만 각각의 공항 특성에 따라서 더 높은 climb gradient가 요구되기도 한다.[74]

---

74    TERPS missed approach climb gradient: Where a single minimum is shown in the IAC approach minima section and no climb gradient is stated, obstacle clearance is assured by maintaining a **minimum climb gradient of 3.3%**(as opposed to the 2.5% in PANS-OPS procedures). Additional approach minima with climb gradients of more than 3.3% may also be published in the same section of the IAC. These climb gradients and their associated MDA/H or DA/H values serve as alternative options and all approach minima in the section will show the individual climb gradient required(LIDO/GEN/RAR/TERPS/Missed approach).

| 28L<br>TERPS | | Cat 1<br>GA 5.5%<br>1) 2) | Cat 1<br>GA 3.3% | Cat 1<br>GA 3.3%<br>APL U/S | LOC DME<br>GA 5.5%<br>2) 3) | LOC DME<br>GA 3.3%<br>3) | Circling 4)<br>New TERPS |
|---|---|---|---|---|---|---|---|
| C | ft - ft/SM<br>ft | 200 - 1800R/0.5V<br>**220** | 780 - 1.75V<br>**790** | 780 - 2.5V<br>**790** | 450 - 4500R/0.88V<br>**460** | 850 - 2.0V<br>**860** | 1550 - 3.0V<br>**1560** |
| D | ft - ft/SM<br>ft | 200 - 1800R/0.5V<br>**220** | 780 - 1.75V<br>**790** | 780 - 2.5V<br>**790** | 450 - 4500R/0.88V<br>**460** | 850 - 2.0V<br>**860** | Not authorized |

➡    SFO ILS28L

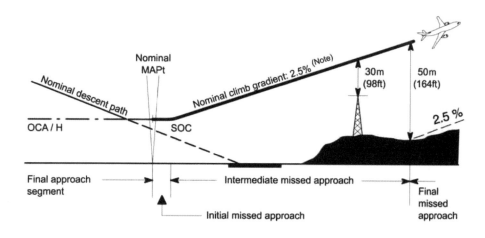

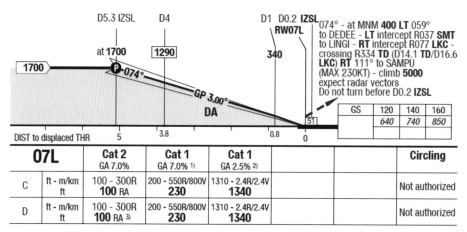

074° - at MNM **400 LT** 059°
to DEDEE - **LT** intercept R037 **SMT**
to LINGI - **RT** intercept R077 **LKC** -
crossing R334 **TD** (D14.1 **TD**/D16.6
**LKC**) **RT** 111° to SAMPU
(MAX 230KT) - climb **5000**
expect radar vectors
Do not turn before D0.2 **IZSL**

| GS | 120 | 140 | 160 |
|---|---|---|---|
| | 640 | 740 | 850 |

| 07L | | Cat 2 GA 7.0% | Cat 1 GA 7.0% 1) | Cat 1 GA 2.5% 2) | | | Circling |
|---|---|---|---|---|---|---|---|
| C | ft - m/km ft | 100 - 300R **100** RA | 200 - 550R/800V **230** | 1310 - 2.4R/2.4V **1340** | | | Not authorized |
| D | ft - m/km ft | 100 - 300R **100** RA 3) | 200 - 550R/800V **230** | 1310 - 2.4R/2.4V **1340** | | | Not authorized |

→   HKG 07L ILS

홍콩HKG 공항을 살펴보자. 주위의 산악지형으로 인해서 Missed approach climb gradient가 2.5%보다 높게(CAT 2 GA 7.0%, CAT 1 GA 7.0%) 정해져 있고, 만약 이러한 특정된 climb gradient를 충족하지 못한다면 DA/MDA를 높여서 Missed approach path의 지상 장애물을 피할 수 있게 하는 것이다. 이러한 이유에서 HKG 07L의 CAT I GA 2.5% minima(1340)가 CAT I GA 7.0% minima(230)보다 훨씬 높다는 것을 볼 수 있다.

대부분의 항공기들은 정상적인 상황에서 이러한 climb gradient를 충족시키는

데 큰 어려움은 없을 것이다. 그러면 이러한 climb gradient를 충족시키지 못하는 경우는 무엇일까? Engine fail의 경우가 그것이다. Engine fail에 따른 approach 를 함에 있어서 그 Climb gradient가 approach chart에 정해진 climb gradient requirement를 충족할 수 있는지 반드시 확인해야 하고 만약 이를 충족할 수 없다면 그에 따른 적합한 높은 minima DA/MDA를 적용해야 할 것이다. 각 기종의 performance section에서 Engine fail performance(Climb gradient with One Engine Inoperative)를 어렵지 않게 찾을 수 있을 것이다.

만약 Missed approach climb gradient를 충족하지 못한다면, approach를 시작하기 전에 미리 ATC에게 Chart상의 Missed approach procedure가 아닌 별도의 Go around instruction을 요청할 수도 있을 것이다. 말했듯이 climb gradient는 지상의 장애물을 피하는 것이 그 주요 목적이기 때문이다.

# Missed Approach vs. Go Around

착륙을 하지 못하고 reclimb을 하는 control에 대해서 Missed approach, Go around, Balked landing, Rejected landing 등 여러 가지 용어가 있지만 이 모든 것이 착륙을 하지 않고 다시 상승하는 것을 의미한다는 것에는 동일하다. 그렇다면 이 중에 Missed approach와 Go around의 차이는 무엇인가? 우선 approach chart를 한번 보자.[75]

인천 공항 Runway 33R ILS minima section이다. 여기에 보면 Missed approach procedure가 선명하게 나와 있다. 즉, Missed approach procedure는 Runway 33R ILS approach의 일부라는 것이다. 어느 지점에서 Missed approach를 해야 하는지 정확한 point가 정해져 있다(MAP). 그렇다면 ILS approach를 하면서 Missed Approach Point(MAP)에서 착륙을 못하고 다시 상승해야 하는 경우는 언제일까? 그렇다. visibility가 착륙에 적합하지 못하고 minima에서 runway 또는 visual references가 보이지 않는 경우이다.

---

75  Missed approach와 Go around를 명확하게 구분하는 자료는 아직 못 봤다. 여기의 설명은 나름의 논리를 가지고
    개인적 의견을 기술한 것이다.

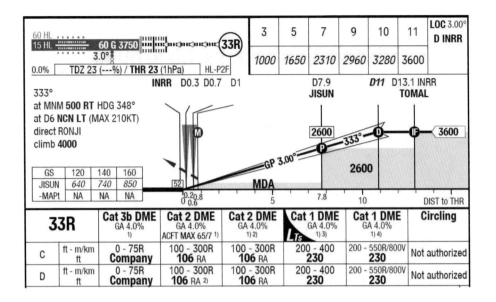

만약 minima에서 활주로가 보여서 착륙을 위해 계속 고도를 낮추다가 Windshear 때문에 다시 상승을 해야 한다면, 이는 missed approach인가? 아니다, 이것은 Go around이다. 왜냐하면 엄밀히 말해, missed approach procedure가 시작되는 missed approach point(MAP)를 지났기 때문에, Runway 33R ILS approach 의 missed approach procedure를 더 이상 적용할 수 없다.[76] Missed approach는 말 그대로 approach를 miss한 것이고, 이처럼 landing 직전에 다시 상승하는 것은 Landing을 miss한 것이다.

**Missed approach - Follow published missed approach procedure**

**Go around - Follow instruction from ATC**

결론적으로 말해서, Instrument approach를 하면서 Missed Approach Point

---

76   The missed approach should be initiated not lower than the DA/H in PA procedures, or at a specified point in NPA procedures not lower than the MDA/H(LIDO/GEN/RAR/PANS-OPS/Missed approach).

(MAP)에서 다시 상승하는 경우만 Missed approach이고 그 외의 모든 경우의 착륙 중 상승은 Go around라고 하겠다. 이들을 구분하는 의미는, Go around의 경우엔 엄밀히 말해서 Missed approach procedure를 따라 가는 것이 아니라 ATC로부터 새로운 instruction을 받아야 한다는 것이다. 이것이 포인트이다.

　참고로, ATC는 missed approach든 go around이든 ATC가 필요한 경우에 언제나 "Go around"라고 용어로 지시한다. 왜냐하면 Missed approach는 조종사의 관점과 판단에서 이루어지는 절차이기 때문이다.

# CHAPTER

# 12

......................................................................

# Taxi in
# and Parking

**It ain't over till it's over!**
**끝날 때까지 끝난 게 아니다!**

Touchdown에 성공을 하면 이제는 비행기를 조종사가 안정적으로 control할 수 있는 속도(Ground Speed)로 줄여야 하는 숙제가 남아 있다. 비행하는 동안 내내 빠른 스피드의 비행기에 적응이 되어 있었기 때문에 touchdown을 하고 나면 느려 보이는 비행기도 실제 속도는 조종사에게 인지된 속도보다는 빠르다. 이것이 'After touchdown energy management'이다.

비행기를 활주로에 안전하게 착륙시킨 후엔 한정된 활주로 폭과 길이 안에서 비행기의 속도를 조종사가 필요한 만큼 줄여 계획했던 Exit으로 비행기를 활주로에서 벗어나게 하는 것이 그 주된 목적이 된다. 이제부턴 flying이 아니라 driving이다. 여기서 명심할 것은, 나 혼자만 driving하는 공항이 아니라는 것 그리고 ATC도 완벽하지는 않다는 것이다.

➔ Vacating Runway via Rapid EXIT

# Runway remaining distance marking and lights system

Landing rollout을 하면서 현재 나에게 얼마의 활주로가 남아 있는지를 조종사가 인지하는 것은 Energy management에 있어서 필수 항목이다. 공항의 Marking system 중의 하나로서 활주로 주변을 따라서 설치되어 있는 숫자판이 현재의 지점에서 남아 있는 활주로의 거리를 표시해 주는 sign board이다. 이는 주간에 사용되기 위해서 설치된 것이고 야간의 경우에는 활주로의 Lighting system을 이용해서 남아 있는 활주로의 거리를 조종사에게 알려 주게 된다.

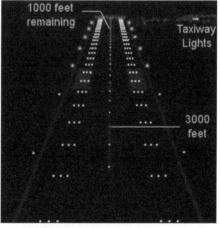

→ Runway remaining distance sign board & Lighting system

주어진 정보를 통해서 조종사는 자신에게 놓인 상황을 파악하고 나아가 이러한 정보들을 판단의 근거로서 적극적으로 적용하여 활용하여야 하는데, 'After touchdown energy management'에서도 외부에서 주어지는 남아 있는 활주로 거리에 대한 정보를 가지고 비행기의 속도를 어떻게 줄여 나가야 하는지 그 판단의 근거로 활용해야 할 것이다. 이와 관련된 일종의 Rule of thumb을 테크닉으로 제시하려고 한다.

활주로 Lighting system에 대해서는 기본적인 내용이라 항공사에서 비행을 하는 조종사라면 충분히 알고 있는 내용일 것이다. Landing rollout을 하면서 조종사가 Runway centerline lights가 'White + Red'로 바뀌고 있다면 이는 남아 있는 활주로900ft라는 것을 알 수 있을 것이고, 따라서 비행기의 ground speed는 대략 90kt 이하로 속도를 줄여야 한다. 더 나아가 Runway Edge lights가 'Amber'로 바뀌고 있다면 남아 있는 활주로는 600ft이므로 ground speed를 60kt 이하로 그리고 Runway centerline lights가 'All Red'로 바뀐다면 남아 있는 활주로는 300ft, 따라서 ground speed는 30kt 이하로 해야 한다는 것이 여기서 제시하는 'After touchdown energy management' 테크닉이다.

활주로 표면 상태 Runway surface condition에 따라서 이러한 speed는 달라질 수 있는데, 예를 들어 Wet condition의 활주로라면 더 낮은 속도로 줄여 나가야 할 것이다. 말했듯이 Rule of thumb이다. 조종사의 경험과 합리적 판단이 추가적으로 더 해져야 할 것이다. 물론 이러한 숫자가 절대적인 것은 아니지만 주어진 정보를 이용해서 비행기 control에 적극적으로 활용할 수 있는 참조가 될 것이며, 이를 바탕으로 특히 짧은 runway의 경우 speed control에 있어서 유용하게 사용될 수 있을 것이다.

| Lighting system | Remaining distance from runway end | Desired ground speed |
|---|---|---|
| Runway Centerline Lights White + Red | 900ft | 90kt |
| Runway Edge Lights Amber | 600ft | 60kt |
| Runway Centerline Lights All Reds | 300ft | 30kt |

# Rapid Exit & 90°Exit

Landing rollout 후 Runway vacating을 함에 있어서 조종사에게 중요한 speed 는 Airspeed가 아니라 Ground speed이다. 활주로를 벗어나는 EXIT point는 그 design에 따라서 Rapid Exit 과 90°Exit으로 크게 나눌 수가 있는데, 조종사가 계 획한 Exit point에 따라서 어느 정도의 Ground speed로 활주로를 벗어날 것인지 미리 생각하고 있어야 한다. 'Rapid Exit'의 경우에는 비행기의 Ground speed가 빨라도 급격한 Turn을 요구하지 않기 때문에 이름 그대로 Rapid exit을 할 수 있 는 데 반해, '90°Exit'의 경우에는 비행기의 Nose gear steering을 안정되게 할 수 있는 속도로 충분히 감속을 해야 한다. 말했듯이 조종사가 느끼는 속도와 실제 비 행기의 속도에는 차이가 있기 때문에 반드시 Ground Speed를 확인하고 SOP에 따른 속도로 runway vacating을 해야 할 것이다.

MROT(Minimum Runway Occupancy Time)또는 HIRO(High Intensity Runway Operations)라는 명칭으로 복잡한 공항의 경우 Landing traffic에게 최 대한 짧은 시간 동안 활주로를 사용할 것을 요구하고 있다. 이와 관련해서 각각의 Exit point에 따른 Landing distance의 정보를 제공하기도 하고 RET(Rapid Exit Taxiway)의 최대 ground speed를 나름대로 규정해 놓고 있다.

## High Intensity Runway Operations (HIRO)

During HIRO in force, pilots are strongly requested to use the following rapid exit taxiways and vacate the landing RWY within 60sec of timeframe. ACFT unable to comply with these procedures should notify ATC as early as possible.

| RWY | Rapid Exit Taxiway | Distance from Treshold |
|-----|-----|-----|
| 15L | **C2** | 2250m / 7381ft |
| | C1, D1 | 2566m / 8418ft |
| 15R | **B3** | 2250m / 7381ft |
| | B2 | 2566m / 8418ft |
| 33L | **B5** | 2250m / 7381ft |
| | B6 | 2566m / 8418ft |
| 33R | **C4** | 2250m / 7381ft |
| | C5, D6 | 2566m / 8418ft |
| 16 | **N3** | 2050m / 6725ft |
| | N2 | 2550m / 8366ft |
| 34 | **N5** | 2050m / 6725ft |
| | N6 | 2550m / 8366ft |

Preferred rapid exit taxiways are in bold.
The design speed of all RET is 50kt.

→ 인천 공항 HIRO for arrival

하지만 이러한 RET 최고 속도 규정도 각 공항마다 그리고 활주로의 디자인마다 그 허용 속도가 다르고, 특히 활주로의 표면조건(Runway surface condition)에 따라서 조종사를 이를 다르게 해석해야 한다. 인천 공항의 예에서 보듯이 50kt이니까 50kt로 활주로를 벗어나면 되겠지 하고 해석하면 안 된다. 조종사가 자신 있게 그리고 안정적으로 비행기를 steering할 수 있는 속도가 바로 적절한 속도이다. 조종사마다 안정적으로 느끼는 속도가 모두 다르기 때문에 어느 하나의 숫자로 정해질 수 있는 것이 아니다. Chart에 나와 있는 speed는 절대적인 것이 아니라, 말 그대로 Design 또는 Max speed이지 'Optimum speed'는 아닌 것이다.

그보다도 중요한 것은 조종사가 활주로를 벗어나는 속도에 자신감이 있어야 하고 불편함이 없어야 한다. 50kt가 아닌 40kt이라도 조종사가 아직 현재의 속도로 활주로를 벗어날 자신이 없으면 더 줄여야 되는 것이다. 왜냐하면 이것은 규정이 아니라 조종사에게 주어지는 참고 사항이기 때문이다.

→ Skidding off runway

# Safe Parking Zone

비행기가 공항에 도착하면 Jet bridge bay이든 Remote bay이든 비행기를 parking할 수 있는 장소가 주어진다. 이렇게 지정된 parking bay로 이동을 한 다음 절차에 따라서 비행기를 parking하게 되는데, 그렇다면 여러 parking bay가 좁은 간격으로 줄지어 있는 상황에서 과연 어디까지 내 parking bay인가, 즉 어느 구역이 아무런 장애물도 없이 내 비행기의 parking만을 위한 공간인가를 조종사는 알 필요가 있다.

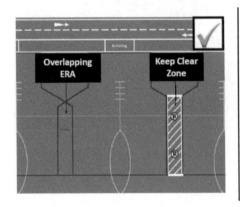
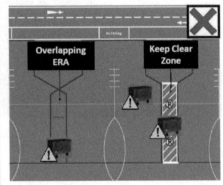

→ Parking bay의 Red boundary 확인

이러한 parking bay의 경계를 위해서 각각의 bay마다 red line으로 그 구역을 표시해 두고 있는데, 조종사는 parking bay로 turn을 하기 전에 이 구역이 아무런 장애물도 없이 clear되어 있는지 확인해야 한다. 만약 이 구역이 ULD(Unit Load Device) 등으로 인해 침범이 되어 있다면 Ground control에 이를 알려 parking bay clear를 시켜야 한다. 비행기의 날개가 높으니까 괜찮겠지 하고 생각해서 그냥 진입하면 안 된다. 비행기 날개는 그 위로 지나갈 수 있을지라도 Jet blast, 즉 엔진에서 나오는 thrust로 인해 지상 장비가 영향을 받을 수도 있기 때문이다. 따라서 'Red parking zone'은 비행기의 dimension뿐만 아니라 이러한 jet blast의 영향까지 고려하여 design되어 있는 것이다.

# CHAPTER

# 13

# ATC communication

비행을 하면서 항상 드는 생각이 하나 있는데, '왜 비행 용어와 관제 용어를 영어로 해야 할까?'이다. 알려진 대로 미국 사람인 라이트 형제가 비행기를 만들어서일까? 아니면 항공(Aviation)이라는 분야가 영어를 기반으로 하는 문화권에서 시작되었기 때문일까? 생각해 보지만, 그 근원이 어찌되었든 결과적으로 영어를 어색하게 느끼는 나라들에겐 여간 불편한 것이 아니다. 특히 동북아 삼국(한국, 중국, 일본)의 경우엔 영어를 접하는 기회가 다른 어느 나라들보다 적었기 때문에 비행을 하는 조종사들 또한 영어를 기반으로 한 ATC(Air Traffic Control)가 하나의 큰 장벽으로 다가오기도 한다. 이는 사실이다.

---

ATC communication is not English speaking skill
- Use Standard Phraseology in ATC
- Prepare my message and Expect ATC instruction
- "SAY AGAIN!"

---

    비행 시 control이 최우선이 되어야 한다는 비행의 대전제인 'Aviate Navigate Communicate'를 감안하더라도 Communicate가 단지 뒤에 있을 뿐이지 필요 없다는 얘긴 아니다. 맞다. 비행에 있어서 조종사에게 있어서 ATC의 능숙함은 충분조건은 아니지만 필요 조건인 것은 분명하다. 그렇다면 영어를 능숙하게 유창하게 해야 하는 수밖에 없는데, 이미 우리의 언어 두뇌가 한국어로 꽉 차 있기 때문에 차라리 다시 태어나는 게 더 빠를지도 모른다.

    그렇다면 영어권 조종사들처럼 유창하게 영어를 구사하지는 못하더라도 적어도 비행에 있어서 communication에 의한 비행 안전 위협을 최소화할 수 있는 방법은 있어야 할 거 아닌가? 고맙게도 이런 우리의 상황을 아는지 ICAO는 두 가지를 말해 주고 있다.

'ICAO standardized phraseology shall be used in all situations for which it has been specified. In all communications, the consequences of human performance which could affect the accurate reception and comprehension of messages should be taken into consideration.'

첫째, ICAO는 적어도 비행에 관련된 용어를 규정하고 있는데 이를 'Standard Phraseology'라고 하며, 비행에 관련된 부서들은 이를 바탕으로 하여야 한다는 것이다.

둘째, communication을 함에 있어서 메시지에 대한 상대방의 이해 및 수신 능력을 고려하여야 한다는 것이다. 즉, 영어의 구사 능력이 모두 다를 수 있다는 것을 전제로 한 것이라고 할 수 있다.

자, 이렇게 ICAO가 비영어권의 조종사들을 위해서 이렇게 명확하게 규정해 놓고 있는데 우리는 이를 기반으로 해서 ATC communication의 장벽을 같이 한번 넘어 보도록 하자.

# Standard Phraseology

비행의 각 단계에 따라서 조종사와 ATC 사이에 주고받는 용어가 영어라는 특정한 언어로 정해져 있다. 영어의 문법적인 면으로 보면 이는 상당히 틀린 것이 많고 사실 문법적으로 말도 안 된다. 심지어 영어권 객실 승무원들에게 ATC를 듣게 하면 대부분 못 알아듣는다. 왜냐하면 ATC communication은 영어의 완벽한 문장이 아니라 영어를 이용한 조종사와 ATC 사이의 암호에 가깝기 때문이다. 따라서 ATC를 위해 영어 공부를 열심히 하는 것도 좋지만 이보다 더 중요한 것은 어떠한 공식 용어Standard Phraseology가 사용되는지를 먼저 익혀 두는 것이 더 중요하고 효과적일 것이다.

Standard Phraseology는 그 구성이 상당히 체계적이고 구체적이지만 사실 비행 단계별로 조종사에게 많이 사용되는 용어들은 제한적이다. 조종사 스스로가 한번쯤 Standard Phraseology 부분을 찾아서 지금 내가 실제 비행을 한다면 어떠한 용어가 주로 사용되겠는가를 생각해 보면서 공부를 해 보는 것을 강력히 추천한다. 왜냐하면 처음에 Standard Phraseology를 공부하기엔 좀 귀찮고 '그냥 다른 조종사들이 사용하는 용어를 쓰면 되지 뭐.'라고 넘겨 버릴 수도 있지만 다행히도 용어라는 것이 한번 입에 붙으면 잘 떨어지지 않는다. 한번 공부해 놓으면 조종사 생활 내내 쓸 수 있는 진짜 내 것이 된다는 것이다. 내가 처음 항공사에서 A320을 타면서 배운 ATC 용어들을 오랜 시간이 지나 A380을 타고 있는 지금에도 대부분 그대로 사용하고 있는 걸 보면 그 말은 사실인 것 같다.

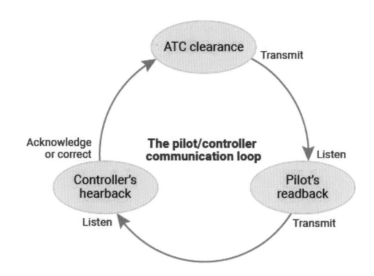

특히 영어권 공항이나 공역에서 비행을 하게 되는 경우에는 더욱 더 Standard Phraseology에 충실해야 한다. 일반적인 영어로 유창하게 하면 모를까 나라마다 액센트가 다르고 그 이해도가 다르기 때문에 불필요한 설명을 장황하게 늘어놓는 상황이 생긴다. 필요한 내용만 정해진 공식 용어로 간략하게 의사전달을 함으로써 하나의 상황을 서로 다르게 해석하는 miscommunication을 방지할 수 있다.

또한 예기치 못한 상황이 발생했을 때 그 책임 소재를 밝히는 데에 있어서도 Standard phraseology를 사용했는지 여부가 중요한 근거로 작용할 수 있다. 따라서 영어를 능숙하게 잘하더라도 최대한 Standard Phraseology에 근거해서  ATC communication을 하기를 바란다. 여러분이 가지고 있는 English proficiency level이 English test가 아니라 'Aviation English test'인 이유도 여기에 있다.

# Prepare my message
# and Expect ATC instructions

   Communication, 즉 의사소통이라는 것은 상대방을 위해서 하는 것이다. 다시 말해, 내가 아무리 좋은 내용을 전달하려고 해도 상대방이 나의 뜻을 이해하지 못하면 아무런 의미가 없다. 특히 많은 비행기들이 하나의 동일한 공동 주파수를 사용하고 있는 경우엔 조종사는 자신의 message를 효율적으로 전달하기 위해서 교신 하나하나에 신중을 기할 필요가 있다. 물론 앞에서 강조한 Standard Phraseology를 전제로 말이다.

**Pilot's message should be simple, easy and precise!**

**(교신은 간결하고 명확하게 하라!)**

여기 두 가지 다른 형태의 조종사 message가 있다. 한번 비교를 해 보자.

Pilot A: Beijing, airbus123, we have some cloud in front of us around 100nm ahead, we need to deviate it by 40nm to the right side, maybe come back after waypoint 'CANDY'

Pilot B: Beijing, airbus123, request up to 40nm right of route due to weather

정답은 묻지 않겠다. 대화의 상대방인 ATC가 들었을 때 정확한 의미 전달이 되게 하는 것이 전달자, 즉 transmitter의 가장 중요한 임무이다. 그러기 위해서는 표준 용어(Standard Phraseology)를 사용하여 간결하고 쉬운 문장으로 의사전달을 해야 하며, 교신을 하기 전에 머릿속으로 어떠한 말을 할 것인지 천천히 그리고 명확하게 그 문장을 정해 놓고 교신을 시작해야 한다. 마음속으로 한번 연습을 해 보라는 얘기다(Prepare your message).

비행은 어느 정도 짜인 큰 틀에서 그 과정이 반복되는 행위이다. 예를 들어 ILS Approach에서 Radar vector를 받는다면, ATC가 어느 지점에서 고도를 낮추고 어느 고도에서 속도를 줄이게 하는지 계속하다 보면 그 pattern이 보인다. 물론 공항마다 그 차이가 조금씩 있겠지만 큰 틀에서 보면 대동소이하다. 물론 이러한 능력을 갖추기 위해서는 비행의 경험이 많이 필요하겠지만, 일반적인 비행 개념Airmanship으로도 충분히 판단할 수 있다고 생각한다. 다시 말해 ATC가 나에게 무슨 instruction을 앞으로 줄 것인지 비행의 진행과정(Flight phase)을 보면서 예상을 해야 한다는 것이다. Departure인 경우엔 SID에 따라서 speed와 Direct waypoint를 예상할 수가 있을 것이고, Cruise의 상황에서는 주위 항공기의 고도에 따라서 내가 더 상승할 수 있는지 아니면 ATC가 나에게 속도를 줄이라고 할 것인지를 예상해 볼 수 있을 것이다. Approach의 경우에도 마찬가지 내가 어느 비행기 뒤에 따라서 Radar vector가 될 것인지 그러면 그에 따라서 ATC가 나에게 speed/altitude를 어떻게 줄 것이지 미리 예상을 해 두면 당황하지 않고 ATC instruction을 놓치지 않을 것이다. 특히 Landing 후에 Taxi instruction은 영어권 조종사이건 아니건 가장 잦은 ATC 실수를 하는 부분이다. 왜냐하면 경우의 수가 많기 때문이다. Landing을 준비하면서 예상되는 Exit point와 그에 따른 가능한 Taxi instruction을 미리 예상해서 준비해야 한다. 그러면 ATC로부터 받은 taxi instruction을 쉽게 이해할 수 있을 것이다.

➔ 준비하고 예상하면 교신이 쉬워진다.

# "SAY AGAIN!"

모든 조종사들이 잘 알고 있지만 실제로 하기엔 조금 망설여지는 말이 있다. 바로 'Say again!'이다. ATC 내용을 못 들었을 때 다시 묻는 정확한 Standard phraseology이지만 과연 오늘 비행에서 몇 번이나 들었을까? 이 말을 하면 왠지 나만 못 알아들은 것 같고 조종사로서 좀 창피하기도 하고 그럴 것이다. 그래서 주저하게 되는 말이기도 하다. 나도 100% 공감한다.

| ROGER | A"I have received all of your last transmission."<br>*Note: Under no circumstances to be used in reply to a question requiring "READ BACK" or a direct answer in the affirmative (AFFIRM) or negative (NEGATIVE).* |
|---|---|
| SAY AGAIN | "Repeat all, or the following part, of your last transmission." |
| SPEAK SLOWER | "Reduce your rate of speech." |
| STANDBY | "Wait and I will call you."<br>*Note: The caller would normally re-establish contact if the delay is lengthy. STANDBY is not an approval or denial.* |

→　Standard phraseology 'Say Again'

하지만 Say Again의 자신감을 가져야 한다. 왜? 사고보다 나으니까.

PM으로서 비행을 하면서 ATC instruction을 잘못 들었을 때 대부분 어떻게 하는가? 아마 옆에 있는 조종사에게 물을 것이다. '방금 ATC가 뭐라 그랬지?' 아니면 기장이 확 끼어들어 '이거야.'라고 하든가 그럴 것이다. 앞에서 내가 이런 내용을 기술한 적이 있다.

## ATC communication?
### 1×0=0

여기서 '1'은 ATC를 들었다고 주장하는 조종사(실제로 정확하게 들었는지도 잘 모름), '0'은 ATC를 잘 못 들었다고 하는 조종사를 말한다. Cockpit에서 ATC communication은 덧셈이 아니라 곱셈이 되어야 한다. 두 조종사 중 한 명이 못 들었으면 두 조종사 모두 못 들은 것이다. ATC를 알아들었다고 주장하는 조종사는 자기가 들은 그 내용이 정확하다고 100% 확신할 수 있는가? 물론 정확하게 들었을 수도 있다. 하지만 두 조종사가 ATC 내용을 동일하게 인지한 경우보다 더 정확하다고 말할 수는 없다. 그렇다면 어느 쪽이 더 확실하고 안전한 쪽인가? 두 조종사가 동일하게 인지한 경우가 더 확실하고 안전할 확률이 높은 쪽이라는 것은 두 말할 나위가 없다. 앞에서 우리가 분석해 본 Tenerife의 KLM과 PanAm B747 항공기 사고를 보면 쉽게 이해가 될 것이다. 그래서 ATC communication은 곱셈이라는 것, 즉 '1 x 0 = 0'이라는 것이다. 이렇게 '0'이 되면 뭘 해야 되겠는가? 그렇다 'Say Again'이다. 이거 말고는 없다. 'Say Again'에 자신감을 가져라. 여러분은 ICAO에서 정한 ATC Standard phraseology를 훌륭하게 하고 있는 것이다. 그리고 이런 자신감으로 'Say Again'을 하는 조종사의 말에 겹쳐서 다른 조종사는 자기가 들은 내용을 말하지 말기를 바란다. 그러면 그들은 더 자신감을 잃고 그 두 번째 ATC도 더 못 듣는다. 이건 부탁이다.

## It is really confusing!!!

→ 누가 맞는지 확신하는가? Say again!

# CPDLC

'CPDLC, Controller-Pilot Data Link Communications' 관제사와 조종사가 Data Link를 이용해서 의사소통을 하는 것을 말한다. 쉽게 얘기해서 관제사와 조종사가 비행을 하면서 소위 메신저로 서로의 의사 교환을 한다는 것이다. 음성 메시지가 아닌 문자 메시지를 주고받는 것이다. 이런 CPDLC를 이용한 ATC communication을 하기 위해서는 일정한 장비가 구비되어 있어야 하는데 이는 항공기의 기종에 따라 다르기도 하고 이러한 장비는 항공기의 구매 option이기도 하다.

기존의 ATC communication 방법으로는 Radio voice communication VHF/HF가 주로 사용되어 왔지만 항공기 수의 폭발적인 증가와 더불어 communication의 용이함과 신뢰성을 확보하기 위해서 CPDLC를 사용하는 지역이 점차적으로 증가하고 있다. 특히 Remote Oceanic Airspace Control(Polar route, Pacific, Atlantic, Indian Ocean)을 위해서 HF와 함께 CPDLC가 사용되고 있는데 기존 HF voice communication의 한계를 극복하기 위한 훌륭한 수단이 되고 있다.

CPDLC를 이용하기 위해서는 항공기에 Data Link가 정착되어 있어야 하고 현재의 FIR 구역이 CPDLC service(Data Link)를 사용 가능한 상태로 유지해야 한다. CPDLC를 사용하기 위해서는 Log on을 먼저 해야 하는데 대부분 해당 FIR의

4-digit code가 사용된다. 현재까지는 한국의 인천 FIR은 CPDLC service지역이 아니다. 개인적인 의견으로는 한국은 지리적으로 태평양을 건너기 위한 중요한 마지막 FIR이고, 인천 FIR을 거쳐서 비행하는 항공기의 관제의 신뢰성과 용이함을 위해서 CPDLC service가 필요하다고 생각한다. 유럽의 경우에도 VHF coverage의 범위에 드는 FIR이지만 늘어나는 항공기들의 관제 수요를 위해서 CPDLC service를 넓히고 있으며 항공사들로 하여금 CPDLC사용을 권장하고 있는 것이 지금의 현실이다.

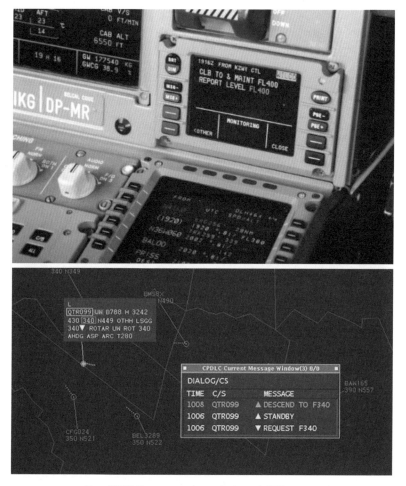

➔  CPDLC message in cockpit and ATC screen

## 〈CPDLC service region〉

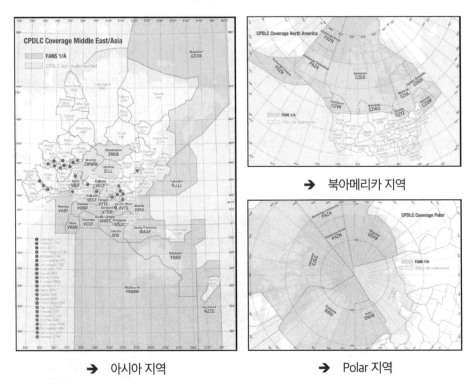

➔ 아시아 지역

➔ 북아메리카 지역

➔ Polar 지역

# MAYDAY/PANPAN/Fuel emergency & Minimum fuel

조종사가 ATC 관제사에게 보내는 메시지들은 그 중요도에 따라서 구분이 되어 있는데 이를 'Category and Priority order of message'라고 한다. 각각의 조종사와 비행기가 처해 있는 상황이 모두 다르기 때문에 ATC 관제사는 받는 모든 메시지를 동일한 우선순위인 first come first service의 개념으로 처리할 수는 없다. 상황에 따라서 그 중요도와 우선순위를 정해야 한다.

| Message Category and Order of Priority | Radiotelephony Signal |
|---|---|
| a) Distress calls, distress messages and distress traffic | MAYDAY |
| b) Urgency messages, including messages preceded by the medical transports signal | PAN, PAN or PAN, PAN MEDICAL |
| c) Communications relating to direction finding | - |
| d) Flight safety messages | - |
| e) Meteorological messages | - |
| f) Flight regularity messages | - |

'MAYDAY'[77]는 Distress의 상황, 즉 현재의 상황이 지속된다면 심각한 인명 또는

---

77  Distress: a condition of being threatened by serious and/or imminent danger and of requiring immediate assistance(LIDO/GEN/COM).

물질적 손해가 발생한다는 경우를 말한다. 비행의 경우엔 Engine Fail/Fire, Cabin or Cargo Fire, Aircraft fuselage damage, Bomb on board 또는 Hijacking 등 Red warning이 그것이다. 이러한 경우에 ATC 관제사는 Category of message상 최상위의 message로 간주하고 최우선 순위의 관제를 제공한다. 조종사는 ATC로부터 최선의 assistant를 받기 위해서 가능하다면 충분한 정보와 조종사의 의도 intension를 제공해야 한다.

- ATC communication In Emergency situation -

(1) name of the station addressed(time and circumstances permitting);

(2) the identification of the aircraft;

(3) the nature of the distress condition;

(4) intention of the person in command;

(5) present position, level(i.e. flight level, altitude, etc., as appropriate) and heading.

'PANPAN'[78]은 Urgent의 상황, 즉 현재의 상황에서 더 나아가면 자신의 안전 또는 다른 인명이나 항공기의 안전이 위협받을 수 있는 경우를 말한다. 비행에 있어서 'Engine Fire under control, Cabin or Fire under control, Unreliable airspeed, sick passenger on board 또는 주위의 다른 항공기가 위험에 처해 있는 것을 목격한 경우' 등 ATC 관제사에게 현재의 상황을 알려야 할 필요가 있고, 지금은 아니지만 향후 즉각적인 도움이 필요할 수도 있는 경우들이 그것일 것이다. 따라서 관제사는 재량에 따라서 해당 항공기에게 우선권을 줄 수도 있고 그렇지 않을 수도 있다. 만약 조종사의 판단으로 현재의 상황이 점점 악화되어 더 높은 위험 수위에

---

78  Urgency: a condition concerning the safety of an aircraft or other vehicle, or of some person on board or within sight, but which does not require immediate assistance(LIDO/GEN/COM).

도달할 수 있는 상태라면 'MAYDAY'로 상향 조정해야 할 것이다.

일반적인 위험 상황과 분리해서 연료의 위험 상황에 대해서는 독립적으로 규정하고 있는데, 이것이 'Fuel emergency status'이다. 아마도 위의 MAYDAY/PANPAN보다 훨씬 현실적으로 겪을 수 있는 확률이 높은 경우가 아닐까 생각한다. 조종사의 판단에 의해서 현재 남아 있는 연료 상황에 대해서 ATC 관제사에게 이를 알리고 필요한 assistant를 받는 것을 말한다. 연료 상태에 대한 조종사와 관제사의 명확한 이해를 위해서 Fuel emergency status를 구분해서 규정하고 있는 것이다.[79]

| Standard Phraseology | | |
|---|---|---|
| Circumstances | Pilot | ATC |
| Declaration of fuel emergency | MAYDAY, MAYDAY, MAYDAY FUEL | ROGER MAYDAY (any appropriate information) |

'MAYDAY FUEL', 현재의 연료 상태로 안전한 착륙을 한다면 Final Reserve fuel 이하로 Landing을 하게 되는 상황을 말한다. 따라서 관제사는 모든 다른 항공기에 우선(priority)해서 최단 거리 그리고 최단 시간으로 착륙을 유도하게 된다.

| Standard Phraseology | | |
|---|---|---|
| Circumstances | Pilot | ATC |
| Indication of minimum fuel state | MINIMUM FUEL | ROGER [NO DELAY EXPECTED or EXPECT (delay information)]. |

'MINIMUM FUEL', Emergency가 아닌 연료 부족을 예상해서 ATC에게 이를 알려주는 경우가 있는데 이를 Minimum Fuel status라고 한다.[80] 현재의 ATC clearance

---

79   The PIC shall declare a situation of fuel emergency by broadcasting **MAYDAY, MAYDAY, MAYDAY FUEL**, when the calculated usable fuel predicted to be available upon landing at the nearest aerodrome where a safe landing can be made is less than the planned final reserve fuel(LIDO/GEN/COM).

80   The PIC shall advise ATC of a minimum fuel state by declaring "**MINIMUM FUEL**" when, having committed to land at a specific aerodrome, the PIC calculates that any change to the existing clearance to that aerodrome may result in landing with less than planned final reserve fuel(LIDO/GEN/COM).

를 유지하지 못하고 변경(악화)된다면 착륙 시 Final Reserve fuel이하로 Landing을 할 가능성이 있는 경우를 말한다. 따라서 조종사는 ATC로 하여금 현재의 clearance를 계속 유지하라는 의미를 담고 있고, ATC에게는 조종사가 지금은 우선순위가 필요하지 않지만 경우에 따라서 우선순위가 필요하게 될 수도 있다는 의사 전달의 의미도 함께 가지고 있다.

결과적으로 이러한 'MINIMUM FUEL'을 ATC에게 통보하고 나면 연료상 더 이상의 악화를 막을 수 있게 되는 것이다. 이것이 포인트이다. Minimum fuel은 Emergency가 아니기 때문에 필요하다면 조종사는 Minimum fuel declare를 할 수 있어야 한다. 만약 이를 지체해서 연료의 상태가 더 악화되고 항공기와 승객을 위험에 빠트리는 우를 범할 수도 있기 때문이다. 이것의 정확한 예가 나에게 있었다. 두바이 공항 Arrival에서 Holding을 한 후 그 Holding에 따른 EAT(Expected Approach Time)는 현재의 연료 상태로서는 충분했다. Holding을 나온 후 Radar vector 중 ATC가 다시 Holding으로 돌아가라는 지시를 했다. 활주로 방향을 바꾼다는 이유에서다. 이 상태로는 연료의 상태가 Landing에서 Final Reserve fuel보다 적을 것으로 판단하고 ATC에게 'MINIMUM FUEL'을 declare했고(활주로 방향을 바꾸면 연료가 부족해질 수도 있다는 것을 의미), ATC는 이것의 의미를 정확하게 파악하고 활주로 방향을 바꾸지 않고(현재의 활주로 상태를 유지) 예상되었던 Radar vector로 Landing을 하게 했다. 즉, 현재의 ATC clearance로서는 문제가 없었지만 ATC clearance가 변경되면서 연료의 부족이 예상되었던 것이다. 따라서 ATC는 기존의 Clearance를 그대로 유지해서 Radar vector를 준 것이다. Minimum fuel은 emergency가 아니다. 지체할 필요 없이 필요하다고 판단되면 declare해야 한다.

# CHAPTER

# 14

................................................................

# Abnormal
# Situations

언젠가 A380 FCOM Abnormal section에서 얼마나 많은 Emergency/Abnormal event가 있는지 한번 훑어본 적이 있었다. 정확히 세어 보지는 않았지만 얼추 100개는 족히 넘을 듯해 보였다. 어디 이것들뿐이겠는가? 각각의 event들이 서로 결합되고 나눠지면서 수많은 조합들이 생길 테니 그 수를 헤아리는 것이 아마도 무의미할 것이다.

　이렇게 다양한 Abnormal situation은 단지 manual 속에 있는 것이 아니라 언제든 실제 비행이 일어날 수 있고 엄연히 발생해 왔던 것들이다. 그러면 어떻게 해야 할까? 이 모든 경우의 수를 다 공부하고 암기해서 만일의 사태에 대비를 철저히 해야 할까? 설령 이 모든 경우의 수를 다 외운다고 하더라도 실제 비행은 시뮬레이터가 아니기에 주위의 변화무쌍한 조건들에 의해서 얼마든지 영향을 받을 수 있다. 수학 문제를 풀 때 공식을 이용하듯이 만약 비행에도 일정한 공식이 있다면 그리고 그 공식을 이해하고 있다면 어느 정도의 큰 틀(Big Picture)에서 Abnormal situation을 다루고 해결할 수 있지 않을까?

> **Fly first, at all times!**
> - Aviate
> - Navigate
> - Communicate

　Abnormal situation에 있어서 대전제가 되는 것이 바로 'Aviate Navigate communicate'이다. 현대과학 최첨단의 결정체인 오늘날의 비행기도 하늘을 나는 기본

원리는 1세기 전 라이트 형제가 만든 비행기와 똑같다. 어떠한 상황에서도 비행기의 control을 가장 중요하게 그리고 최우선으로 해야 한다. 설령 비행기 엔진에 불이 나더라도 비행기는 곧바로 떨어지지 않는다. 비행기의 controllability가 존재하는 한 조종사는 비행기의 control에 최우선(priority)을 두어야 한다. 'Aviate'가 그것이다.

비행기가 조종사의 손안에, 즉 control이 되고 나면 그 다음에 해야 할 일은 가야 할 길을 찾는 것이다. 'Navigate'가 그것이다. 주위의 장애물과 항공기들을 피해서 조종사의 의도대로 길을 찾아 가는 것이다. 그 다음 지금 일어나고 있는 상황들을 ATC에게 통보를 하고 필요한 사항들을 요청하는 것이다. 'Communicate'가 그것이다.

만약 이 세 가지의 순서가 바뀌어서 가야 할 길을 찾고 ATC에게 필요한 요청을 다 했는데 비행기가 control되지 않고 있다면 이는 아무런 의미가 없는 행동들이 되어 버린다. 'Aviate Navigate Communicate'의 그 순서가 중요한 것이다. 이를 'Prioritization', 즉 '비행의 우선순위화'라고 한다. 비행의 대전제이다.

→ 지금 이 순간
   중요한 것은?

# Time Critical situation

Abnormal situation에 적절하게 대응하기 위해서는 우선 그 상황들의 본질(Nature of problem)을 이해해야 한다. 이를 위해서 전체의 Abnormal situation을 두 가지로 분류하는데, 그것이 바로 'Time Critical & Non-Time Critical situation'이다. 현재의 상황에 대응함에 있어서 조종사에게 시간이 여유롭게 주어지느냐, 그렇지 않느냐에 따라서 분류한 것이다.

→ Engine Fire and Structure damage

그렇다면 Time Critical situation에는 어떠한 경우가 있을까? 다행히도 많지 않다. 가장 먼저 떠오르는 Engine Fire는 어떤가? 그렇다, 그 처음의 순간에는 'Time Critical situation'이다. 근데 Engine Fire가 적절한 절차에 의해서 extinguish된다면 이는 Non-Time Critical이 된다.

즉, Time Critical situation이란 Uncontrolled Fire(통제 불능 화재) Airplane serious damage(항공기의 심각한 손상) 등 현재의 상태로 비행을 지속할 수 없기 때문에 최단 시간 안에 비행기를 착륙시켜야 하는 상황을 말한다.

**Time Critical situation → MAYDAY → LAND ASAP(as soon as possible)**

조종사는 다른 어떠한 action보다 비행기를 control하는 데 더 많은 집중을 해야 한다. Task sharing이 진가를 발휘해야 하는 순간이다. 비행의 control을 맡은 PF 는 비행기의 controllability를 자기의 손안에 넣고 있어야 할 것이고, 반면에 PM은 PF의 지시에 따라서 할 수 있는 Abnormal procedure를 수행해야 할 것이다. 객실의 승무원들은 주어진 시간에 안전한 착륙이 될 수 있도록 객실의 착륙 준비를 마쳐야 하고 조종사에게 알려야 할 상황이 발생하면 이를 지체없이 조종사에게 통보해서 그들의 판단을 도와야 할 것이다. 어차피 현재의 상황을 회복할 수 있는 절차가 없는 상황에서는 그에 따른 추가적인 손실을 최대한 막으면서 비행기를 최단 시간 안에 안전하게 착륙시켜야 하기 때문이다. 하지만 이 또한 급하게 서두르라는 말은 절대 아니다. 모든 절차를 수행하되 신속하게 지체없이 하라는 의미이다. 'Aviate-Navigate-Communicate'의 그 순서를 절대로 잊지 말아야 한다.

# Non-Time Critical situation

이와 다르게 'Non-Time Critical situation'은 적절한 절차(Abnormal procedure) 를 통해서 현재의 상황을 안전하게 유지 관리할 수 있거나, 또는 나아가 회복을 할 수 있어서 비행을 일정 시간 동안 안전하게 지속할 수 있는 상황을 말한다. 앞서 언급한 Engine Fire의 경우에 Fire가 존재할 때는 Time Critical situation이지만 Fire가 extinguish되고 나면 Non-Time Critical situation이 된다. 즉, 조종사에게 한숨 돌릴 여유를 준다는 말이다. 다행히도 대부분의 Abnormal situation이 여기에 속한다.

**Non-Time Critical situation → PANPAN → Consider LAND**

앞에서 분석해 봤던 Air transat A330의 fuel leak은 조종사에게 그 상황을 충분히 분석하고 그 원인을 파악할 수 있는 시간을 주는 Non-Time Critical situation이다. 연료가 새고 있지만 연료 탱크의 모든 연료가 순식간에 빠져나가 버리는 것은 아니다. 그 원인에 대해서 충분히 조사해 볼 수 있는 시간적 여유가 조종사에게 주어진 것이다.

PANPAN call까지 가지도 않고 적절한 조치를 취하고 비행을 계속하는 경우가 대부분일 것이다. Annunciation panel에 caution/warning light가 들어왔다고 해서 놀랄 것 없다. 내 옆에서 비행하고 있는 동료와 의견을 나누고 조언을 들어야 한다. 그런 다음 시간을 가지고 현재의 상황을 충분히 파악하고 그에 따른 추가적 부수적 영향(subsequent impact)까지 고려를 한 다음 최종 결정을 해도 되는 그런 상황이다.

→   Non-Time critical 상황에서는 생각할 시간이 주어진다. 여유를 가져라.

# 서두르지 마라! Do Not RUSH!

이러한 시간적 여유에 따른 분류인 'Time Critical/Non-Time Critical situation'에
도 공통되는 것이 있다. 서두르지 말라는 것이다. 시간을 지체하라는 것이 아니라
정확하게 확인하고 조치를 취해도 늦지 않다는 의미이다. 심지어 Engine Fire의
상황에서도 무엇이 문제인지 정확하게 확인을 하는 그 몇 초의 시간 때문에 비행
기가 뒤집어지지는 않는다. 오히려 그 몇 초의 여유를 가지지 못해서 수많은 생명
을 잃게 할 수도 있다.

→ Transasia 235

엔진 하나가 Flame out 되어도 나머지 하나의 엔진으로 충분히 회복해서 안전하게 착륙을 할 수 있었지만 Transasia 235편 ATR72기는 살아 있는 엔진을 OFF 시키는 어이없는 실수로 수많은 생명을 잃었다. 급할 거 없다. 어떠한 상황에 처하더라도 문제가 뭔지 정확하게 파악을 해야 하고, 그러기 위해서는 단 몇 초라도 정확하게 확인을 할 시간적 여유가 필요하다. 그리고 나서 주어진 Abnormal procedure를 수행해도 전혀 늦지 않다. 반드시 명심해야 할 사항이다.

Abnormal situation은 비행기가 아닌 조종사 스스로와의 싸움이다. 조종사의 심리가 많은 부분을 차지한다는 말이다. 조종사도 인간인지라 갑작스러운 상황에서 당황하고 급하게 된다는 것을 너무나도 잘 알고 있다. 따라서 Abnormal situation이 발생했을 때 마음을 다스리고 여유를 가지는 나름의 방법을 품고 있으면 많은 도움이 될 것이다.

어떤 조종사는 '뭐지, 어디 한번 볼까?'라며 스스로 시간을 가지기도 하고, 또 어떤 조종사는 'OK, Aviate Navigate Communicate.'라고 하면서 비행의 대전제를 다시 크게 복창하며 여유를 가지려고 하기도 한다. 뭐가 됐든 여유를 가질 수 있는 그 어떤 것도 좋다. 나름의 방법을 고안해 보는 것이 필요하다.

결론적으로 Time Critical이든 Non-Time Critical이든 서두르지 않는 것에는 동일하다. Time Critical이라고 해서 action을 빨리 하라는 의미가 아니다. 현재의 Abnormal situation을 가지고 기장으로서 어떻게 할 것인지 그 Command Decision을 신속히 그렇다고 서두르지는 말고 합리적인 시간 내에서 지체없이 하라는 뜻이다. Action이 아니다.

〈Swissair Flight 111〉

언제: 1998년 9월 2일

어디서: Atlantic Ocean, near St. Margarets Bay, Nova Scotia, Canada

항공사: Swissair

항공기: MD-11(HB-IWF)

탑승 승무원 & 승객: 14/215

탑승자 전원 사망(229명)

뉴욕에 있는 UN 본부는 스위스 제네바에서 개최되는 많은 국제회의를 위해 UN 직원들을 스위스 제네바로 자주 출장을 보냈었고, 반대로 제네바에 위치한 국제기구들의 직원들은 뉴욕의 UN 본부로 여행을 많이 했었다. 그래서 사람들은 뉴욕-제네바 구간을 운항하는 스위스항공 111을 'UN shuttle'이라고 불렀었다.

1998년 9월 2일, 그날도 다름없이 많은 UN 직원들과 사업가들 그리고 과학 연구원들이 스위스항공 111기에 몸을 실었다. 뉴욕 현지 시간 20:18(00:18 UTC) 스위스항공 111편의 MD-11기는 목적지 스위스 제네바 국제공항을 향하여 뉴욕 JFK 국제공항을 이륙했다. 항로는 캐나다 남동부를 거쳐 대서양을 횡단하는 일반적인 루트였다.

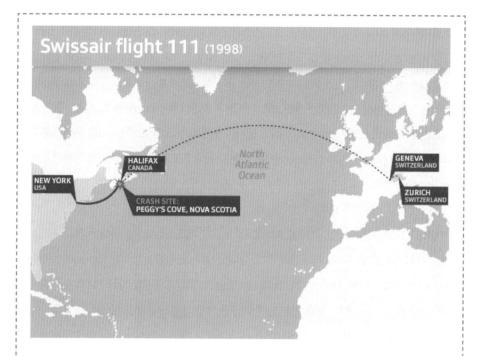

이륙 52분 후(01:10UTC), 스위스항공 111편의 기장 Urs Zimmermann(당시 50세, 총 비행 시간 10,800시간)과 부기장 Stefan Löw(당시 36세, 총 비행 시간 4,800시간)는 cockpit air conditioning에서 새어 나오는 연기와 함께 타는 냄새를 맡는다. 몇 분 뒤 연기는 더 심해져 기장은 현재의 관제 구역인 Moncton ACC(Area Control Center, cancada)에 긴급 상황(Urgent)인 "PANPAN" call을 한다. 비상 상황(Emergency)의 'MAYDAY'가 아니었다.

기장은 Divert를 결정하고 ATC에 보스턴의 Logan 국제공항으로 Divert할 것을 요청한다. 보스턴 Logan 공항은 현재 위치에서 234nm 떨어진 곳이었다. 하지만 Moncton ACC는 긴급 상황이라는 판단 하에 가까운 캐나다 Halifax 국제공항을 제안하고 기장은 이를 받아들인다. Halifax 공항은 현재 위치에서 76nm 떨어진 공항이었다.

01:18UTC, Moncton ACC로부터 스위스항공 111을 인계 받은 Halifax ATC는 공항 활주로까지 최단 거리로 Radar vector를 제공한다고 통보한다. 하지만 기장은 현재 고도 21,000ft 그리고 남은 거리가 30nm밖에 되지 않았기 때문에 고도를 낮추기 위한 추가 거리를 요청하면서 Fuel Dump 지역을 같이 요구한다. 착륙 무게를 조절하기 위해 fuel dumping을 하기 위해서였다.

이로부터 6분 뒤 01:24UTC, 기장은 스위스항공 Smoke abnormal procedure에 따라 cabin으로 가는 electric power를 OFF하고 air conditioning & ventilation system 중의 일부인 recirculation fan을 OFF하게 된다. 하지만 이는 결과적으로 Autopilot을 잃게 되고 cockpit의 연기는 더욱 심해지는 치명적인 상황으로 이어진다. 기장이 fire fighting을 하고 있는 동안 부기장은 manual로 비행기를 control하려고 했지만 이미 cockpit의 모든 panel이 화염으로 통제 불능인 상태이고 연기가 심한 cockpit은 비행을 위해 참조할 수 있는 계기가 전무한 상태였다.

01:24UTC, 부기장은 비상 상황인 "MAYDAY" call을 하고 manual로 비행을 하고 있다는 말을 마지막으로 교신에서 사라졌다. 01:25UTC, Halifax ATC의 레이더 Scope에 보이던 transponder도 잠시 뒤 사라졌으며, 그 후 6분 뒤인 01:31UTC 스위스항공 111의 모습이 레이더에서 완전히 사라졌다. 불과 21분 만에 이 모든 일들이 일어났다(01:10~01:31UTC).
스위스항공 111기의 사고는 5년간의 조사 기간 그리고 캐나다 역사상 가장 많은 조사 비용(C$57 million, US$48.5 million)이 든 사고로 기록에 남게 되었다. 그 이유는 마지막 5분 31초의 CVR과 FDR이 없었고, 스위스항공 111기가 수면과 300kt, 350gravity의 에너지로 충돌하면서 비행기가 산산이 부서져 조각났기 때문이다. 분석할 잔해가 없었던 것이다.

스위스항공은 당시 세계 최고 수준의 항공사였고 이와 걸맞게 세계 최초로 IFE(In Flight Entertainment)를 비즈니스와 퍼스트 클래스에 갖추고 있던 항공사였다. 지금은 보편화된 IFE가 그때로서는 혁신에 가까웠고 이로 인해서 항공사는 승객 유치에 큰 효과를 보고 있었다. 스위스항공111편의 MD-11기도 비즈니스와 퍼스트 클래스에 IFE를 장착했었다. 하지만 이 항공업계의 혁신이 스위스항공 111편의 사고에 주된 원인이 될 줄은 그 어느 누구도 예상하지 못했었다.
사고조사위원회의 조사 결과에 의하면, 스위스항공 111편의 MD-11기에 장착된 IFE의 전기선에서 처음 발화가 되었고 그 위치가 cockpit 바로 위였다. 항공기에 사용되는 모든 재질은 불연소재(nonflammable)여야 했으나 MD-11은 아니었다. 이것이 화재의 직접적인 원인이 되었다. 이것이 제작사인 Macdonald Douglas 사가 일정 부분의 사고 책임을 피할 수 없는 이유이다.

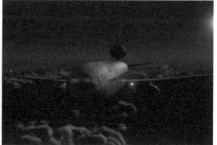

자 그럼, 이제 조종사의 flight operation으로 넘어가 보자.

그들에게 주어진 21분 동안 일어난 것들을 가지고 여러분과 내가 스위스항공 111편의 기장 이라고 가정하고 질문을 단답형으로 하나씩 풀어 보려고 한다.

> 문제 1, cockpit에 화재로 연기가 나는 것은 Emergency인가? Yes.
>
> 문제 2, 화재로 인한 Emergency는 Time Critical situation인가? Yes.
>
> 문제 3, Time Critical이면 MAYDAY인가? Yes.
>
> 문제 4, MAYDAY이면 LAND ASAP(as soon as possible)인가? Yes.
>
> 문제 5, Landing과 Abnormal procedure 중 어느 것이 우선인가? Landing.

이 모든 것들이 스위스항공 111편 기장 Zimmermann이 놓친 부분이다. 원인을 알 수 없는 화재는 100% 심각한 Emergency 상황이다. 이러한 상황에 대한 기장의 인식이 너무 가벼웠다. 21분이라는 시간은 cruise 고도에서 착륙을 할 수 있는 고도로까지 profile을 조절하기에 충분한 시간이었다. 하지만 기장은 Divert하는 Halifax 공항에 대한 정보가 많이 없었고 화재의 상황에만 집중을 하고 있었던 것으로 보인다. Halifax 공항에 대한 정보가 없더라도 화재라는 비상 상황에서 주위의 모든 것들이 스위스항공 111편에 맞춰져 있었고, ATC도 모든 도움을 줄 준비가 되었지만 기장은 이를 요청하지 않았고 받지도 않았다.

당시 스위스항공의 emergency procedure는 상당히 복잡했다고 한다. 기장 Zimmerman도 이러한 복잡한 procedure를 마치는 데 급급한 나머지 비행 자체, 즉 Aviate에 집중하지 않았을 것으로 판단된다. 활주로를 바로 앞에 두고 Landing을 하지 않고 Fuel dumping을 위해 시간을 지체하는 동안 비행기가 화염에 휩싸이게 한 것은 기장으로서 'Prioritization'을 적절하게 하지 못했다는 비판을 면할 수 없다. 비행의 대전제인 'Aviate Navigate Communicate' 그 뒤에 Procedure가 위치한다. 기장은 이러한 기본적인 원칙에 충실하지 않았던 것이다

스위스항공 111편은 Halifax 공항의 활주로에 착륙을 할 충분한 시간을 가졌다. 하지만 그들은 그 시간을 어떻게 사용해야 하는지 이해하지 못했다. 더군다나 215명의 승객과 객실 승무원들은 마지막 순간까지도 자신들에게 곧 무슨 일이 일어날 것이지도 모른 채 그렇게 사라져 갔다.

*Aviate*

*Navigate*

*Communicate*

# My airplane, my crews 그리고 my passengers

수 세기 전 아라비아 상인들은 아시아와 유럽을 오가며 동서양의 문물들을 연결시켜 주고 서로의 문화를 알리는 중요한 일을 하고 있었다. 지금처럼 순간 이동에 가까운 이동 수단이 발달되지 않았던 그 시절엔, 힘겨워하는 낙타의 등에만 의지해서 끝이 없을 것만 같은 험난한 사막을 가로질러 갔을 것이다. 하룻밤을 지낼 오아시스를 찾는다면 그나마 다행, 그러다 행여 지나가는 상인들을 드넓은 사막 한가운데에서 만난다면 그들은 사막에서 단비를 만난 것처럼 기뻐했을 것이다.

모닥불을 피워 놓고 서로가 가진 작지만 소중한 식량들을 조금씩 나눠 가며 그들은 서로의 이야기를 풀어 놓았을 것이다. '아라비안 나이트'에 나오는 이야기들처럼 말이다. '아라비안 나이트'를 사람들은 전설이라고 그냥 지어낸 이야기라고 하지만 그건 아무도 모르는 일이다. 진짜 있었을지도.

아무려면 어떤가. 그들은 자신들이 그동안 겪은 일들을 서로에게 전해 주면서 소위 경험을 공유하는 밤을 보냈을 것이다. 동쪽 끝으로 가면 이런 나라가 있는데 사람들은 어떻게 생겼다는 둥, 또 어떠한 곳에는 도적들이 많이 나오니 가지 말라는 둥. 그 뭐가 되었든 또는 그게 사실이든 아니든 그들의 이야기는 서로에게 작게나마 도움이 되었을 것이다. 그들이 하는 이야기들에 무슨 전문적인 지식이 있었겠는가? 단지 수년간에 걸친 그야말로 발품을 팔아 느끼고 겪은 것들이었을 것이다. 이런 이야기들은 그들이 만난 또 다른 상인들에게 전해졌을 것이고 그곳을 지나는 사람들에게 어두운 밤하늘의 북극성처럼 작은 길잡이가 되었을 것이다.

→ 알라딘의 배경 도시로 예상되는 홍해의 북쪽 끝 요르단 아카바(Aqaba)

이 책은 아라비안 나이트의 상인들처럼 그렇게 쓰였다. 사막의 늦은 밤, 우연히 만난 중동 상인들이 모닥불에 둘러 앉아 그동안 서로가 보고 듣고 겪었던 것들을 나누었던 것처럼 말이다. 다양한 지역에서 온 조종사들이 하늘을 사랑한다는 단 하나의 공통점만을 가지고 작은 탁자에 둘러 앉아 커피 한잔으로 마른 목을 축여가며 서로가 보고 듣고 그리고 겪은 것들을 나누는 그런 모습으로 이 책을 쓴 것이다.

한 명의 조종사가 모든 것을 다 알고 듣고 보고 경험할 수는 없다. 심지어 같은 것을 보고도 각자의 조종사들은 서로가 다르게 생각할 수도 있을 것이다. 그들의 기본적인 지식 배경 그리고 비행을 바라보는 철학이 다를 수 있기 때문이다. 하지만 단 한 가지 분명한 것은 그들 모두가 같은 곳을 바라보고 있다는 것이다. 나의 비행기 나의 승무원 그리고 나의 승객들을 안전하게 최종 목적지까지 데려다 놓는 것이 바로 그것일 것이다.

새롭게 비행의 길로 접어든 조종사들에게 이미 그 길을 걸어 본 자들의 이야기 하나는 그들이 수많은 시간 책상에 앉아서 고민하는 것보다 더 효과적일 수 있다. 경험을 가진다는 것은 이미 그 길을 같은 고민으로 가 봤고 무엇이 더 효과적이고 중요한 것인지 머리가 아닌 가슴으로 느꼈을 것이다. 하지만 여기선 중요한 전제가 하나 있다. 그 길을 정말 고민하면서 합리적이고 이성적인 개념과 가치관으로 비행을 겪었어야 한다는 것이다. 조종사의 옷을 입고 비행기에 실려 다니는 그런 조종사가 아니어야 한다는 말이다.

비행의 일 분 일 초도 그 전과 완전히 동일한 경우는 없을 것이다. 매 순간순간 다른 형태의 상황이 벌어질 것이고 그때그때 적절하게 대처를 해야 할 것이다. 말이 쉽지 그게 어디 잘 되겠는가? 'SOP(Standard Operational Procedures)'를 말하고 싶은 것이다. 모든 다른 형태로 일어나는 상황들을 일일이 규정해 놓을 수는 없는 노릇이다. SOP는 큰 틀에서 대원칙을 정해 놓은 것이다. 어제의 비행과 오늘의 비행이 다르더라도 SOP라는 틀에 끼워 넣어 보면 얼추 적절하고 합리적인 결과가 나온다는 것이다. SOP는 안전한 비행을 위한 그 첫 번째 단계이다.

→ 'SOP, Standard Operational Procedures'는 조종사에게 어떠한 의미인가?

적어도 SOP만 잘 따라도 큰 문제는 생기기 않을 확률이 그만큼 높아지는 것이다. 이것이 내가 SOP를 바라보는 철학이다. 때로는 귀찮아 보이는 절차procedure에 대해서 쓸데없는 것을 정해 놓았다는 말을 하기도 한다. 하지만 그 SOP 한 줄을 만들기 위해서 사람들은 수많은 시간을 생각하고 고민했을 것이며, 어쩌면 큰 사고가 난 다음에야 비로소 그 한 줄이 바뀌었을 수도 있다. 그래서 SOP는 비행 안전의 그 첫 시작일 뿐만 아니라 비행을 안전하게 맺는 마지막 문(closing door)이기도 하다.

SOP는 개울을 가로 질러 놓여 있는 징검다리라고 생각한다. 작은 개울을 건너기 위해 행여나 바지 자락이 물에 닿을까 다리를 길게 쫙 벌려 성큼성큼 건너는 그 징검다리 말이다. 이렇게 힘겹게 개울을 건너는 사람들은 생각할 것이다. '아. 여기에 나무 판자라도 하나 얹어 놓으며 쉽게 건너겠구만!' 그 돌 징검다리 위에 놓인 작은 판자들이 바로 '조종사의 경험'이다. 말했듯이 SOP가 모든 상황을 예상하고 규정할 수는 없다. 그 큰 틀을 만들어 놓으면 그때그때의 각기 다른 상황에 대한 대처는 조종사의 경험과 철학airmanship이 그 빈틈을 메워 줘야 한다는 것이다. 돌 징검다리와 판자 그리고 SOP와 조종사의 경험, 이 둘은 비슷한 모양새다.

'Made in Korea' 자랑스런 한 줄이다. 북쪽 끝 시베리아 작은 가게에서도, 남쪽 끝 뉴질랜드 크라이트처치의 공항에서도 이 작지만 자랑스런 한 줄을 어렵지 않게 만나 볼 수 있다. 내가 타고 있는 비행기 그리고 여러분이 타고 있는 비행기에는 이 작은 한 줄이 적혀 있지 않다. 아쉽게도 말이다. Made in Korea가 쓰여진 물건이 만들어질 땐 분명 한국인의 정서와 철학이 그곳에 들어갔을 것이다. 그처럼 다른 나라 사람들이 만든 물건에는 또 그들 나름대로의 문화와 개념이 분명 들어갔을 것이다. Made in France, Made in USA의 비행기도 마찬가지일 것이다. 그들이 비행기를 만들 때 분명 그들의 문화와 정서 그리고 철학이 들어갔음이 분명하다. 문화적인 면에서 정서적인 면에서 그들은 우리 아시아인들과 다르고 이를 부인하는 사람은 없을 것이다. Cockpit procedure를 만들 때에도 그랬을 것이다. 그들의 정서와 문화에 기반해서 만들었을 것이며 이 비행기의 cockpit에 들어오는 조종사들은 그들처럼 그리고 그들의 문화처럼 그렇게 할 것이라는 전제하에 만들었을 것이다.

  동양인으로서 지닌 문화를 그곳에 직접적으로 접목시킬 수는 없다는 얘기다. CRM을 말하는 것이다. 어느 문화가 더 낫고 못 하고의 문제를 말하는 것이 아니다. 그들이 만들어 놓은 그들이 전제로 해서 정해 놓은 절차를 동양적인 마인드로 바꿀 수는 없다는 말이다. '이 비행기는 두 명의 조종사가 필요하다.'라고 FCOM 첫 장에 적혀 있다는 것은 이 비행기는 한 명의 조종사만으로는 부족하다는 뜻이기도 하다. 나의 옆에 앉아 있는 조종사를 존중하고 귀 기울여 들어야 한다. 이것이 CRM의 시작이고 그 끝이다. 이것이 내가 이 책의 많은 부분을 CRM에 할애한 이유이기도 하다.


  싱가폴에는 단 두 개의 계절이 있었다. 더운 계절과 매우 더운 계절이 그것이다. 한여름은 이미 지났지만, 그때의 10월은 나에게 여전히 버거운 그런 계절이었다. 누가 형인지 모를 라이트 형제의 얼굴이 새겨진 미국 FAA 조종사 자격증만 달랑 들고 무작정 찾아갔다. 싱가폴에 비행 학교라고는 하나밖에 없다는 Google의 말만 믿고 싱가폴 Seletar 공항에 갔다. 말이 공항이지 비행기 한 대 뜨고 내리지 않는 그곳의 수풀을 헤쳐 나가 비행 학교 비슷하게 생긴 건물을 찾아냈다. 드디어 찾았다는 안도감도 잠시, 문이 열리지 않았다. 싱가폴 특유의 습기 가득한 더운 날씨 때문인지 비행 학교에는 사람 하나 돌아다니지 않았다. 용기내서 문을 몇 번 두드리니 작은 키의 연세가 있으신 분이 나오셨다. 인상은 좋아 보였지만 초면이라 그리고 비행 유니폼을 입고 있어서 더 긴장이 되었다. 싱가폴에 있는 항공사에 조종사로 취업을 하려고 왔는데 비행 학교에 있는 분들은 그에 대한 정보가 많이 있을 것 같아 도움을 청하러 왔다고 했다. 대체로 미국의 비행 학교에 있는 교관들은 항공사 취업을 위한 준비로 많은 정보를 가지고 있는 것처럼 이곳 싱가폴에 있는 비행 학교도 비슷하리라 생각했다. 그래서 찾아온 것이다. 내 말에 이은 그분의 대답은 가히 충격적이었다. 이곳은 비행 학교가 아니라 싱가폴 항공 조종훈련생(Cadet pilot)의 교육원이라는 것이다. 마치 제주에 있는 정석 비행장처럼 그런 곳이라는 것이었다. 그분의 그다음 말이 나를 다시 흥분시켰다. 부원장을 만나서 내가 싱가폴 항공 조종훈련생으로 들어갈 수 있는지 알아보자는 것이었다. 이마에서 흐르는 땀을 이미 젖어 버린 손수건으로 연신 닦아 내며 상기된 눈으로 들어가 만난 부원장님의 모습은 인도계 여자분으로 카리스마가 철철 흘러내렸다. 그땐 그렇게 느꼈다. 그분은 나에게 딱 세 마디를 했다. 'Do you have citizen here in Singapore? Do you have permanent resident in Singapore? Otherwise IMPOSSIBLE'. 간단 명료하게 그리고 명확하게 불가능을 통보받았다. 희망에서 절망까지 채 10분이 걸리지 않았다. 건물 밖으로 나왔지만 발걸음이 떨어지지 않았다. 아쉬워서가 아니었다. 더 이상 갈 곳이 없었기 때문이었다. 30분 남짓 지났을까, 그 연세 지긋하신 분이 다시 나와서 나의 이야기를 물었다. 듣고 나서 그분이 이런 말씀을 했다. "I really want to help you." 난 이 목소리가 아직도 생생하게 내 귀에 남아 들린다.

그 후 그분과 몇번의 만남과 그리고 그분의 조언으로 싱가폴에서 가족과 같은 작은 항공사에 조종사로 취업을 하게 되고 지금 여기 열사의 땅 두바이까지 오게 된 것이다. 그분은 싱가폴 항공 Flight Engineer 출신으로 이곳 싱가폴 항공 훈련원에서 교관을 하고 계신 분이었다. 그분은 나에게 앞으로 계속 나아갈 수 있는 용기를 주셨다. 그분이 내가 갈 조종사 자리를 마련해 준 것은 아니다. 단지 나의 얘기를 듣고 어깨를 토닥거려 준 것이었다. 선배는 그래야 한다. 한국인이지만 한국에서 느껴 보지 못한 선배의 따뜻함을 이곳 싱가폴에서 처음 느낀 것이었다. 사막의 모닥불 주위에 둘러앉은 그 아라비아 상인들처럼 말이다.

조종사라는 직업처럼 넓은 세상을 볼 수 있는 직업도 없을 것이다. 북극점을 바로 옆에 두고 비행을 하는가 하면 그 반대의 끝 아무도 오지 않을 것 같은 곳에 멀리 높이 솟은 뉴질랜드 south island의 화산들을 보면서 세상의 끝을 의심해 보기도 한다. 내가 가장 맛있게 먹었던 돼지국밥은 부산 아지매가 80년 전통으로 끓여준 그것이 아니라, 뉴질랜드 남쪽섬 크라이스처치에서 찬바람을 뚫고 겨우 찾은 한국식당에서 넘치듯 내온 그 돼지국밥이었다. 세상의 풍파를 모두 겪은 듯한 인생 선배들의 이야기는 종로 파고다 공원의 할아버지들의 이야기가 아니라, 캐나다 토론토의 Michelle Lee라는 한국식당 사장님의 인생 이야기였다. 혼자서 먹는 국밥 한 그릇에 익숙해진 나는 베테랑 혼밥인이었지만 그런 내가 어색해 보였는지 아니면 갑작스레 내린 소낙비에 흠뻑 젖은 내 모양새가 애처로웠는지, 그 연세 지긋하신 사장님은 내 앞에 턱 하니 앉으셔서 첫 타향살이 80년대의 토론토 이야기 그리고 나이아가라 폭포 앞에 차린 경양식집의 실패담과 고향 순창의 집안 이야기까지 내 작은 소주잔에 듬뿍 담아 주셨다. 책의 마무리를 여기서 쓴다고 하니 자기의 얘기도 꼭 넣어 달라고 신신당부를 하셨지만, 그렇게 안 하셨어도 쓸 생각이었다.

그래서 조종사라는 직업은 할 만하다.

비극적인 비행 사고만 줄줄이 써 놓고 뭔 소리냐고 할지도 모르지만, 조종사는 사람들이 한번쯤은 꿈꿔 왔던 그런 직업이지 않은가? 여러분은 그런 일을 하고 있는 것이다. 자부심을 가져도 좋다. 그럴 자격이 있는 것이다. 하지만 한번의 비행기 사고는 그 어떤 다른 사고들보다 치명적이고 돌이킬 수 없는 결과를 가져온다는 것도 사실이다. 다행히 진보된 항공기의 성능과 항공 문화의 발전으로 치명적인 비행 사고는 예전보다 현저히 줄어들고 있지만 그렇다고 사라졌다는 뜻은 아니다. 그 줄어들었지만 아직도 잠재적으로 존재하는 비행의 사고들조차도 현실로 일어나지 않게 그렇게 우리 조종사들이 만들어 가자는 것이다. 그러고 싶은 것이다. 내가 쓴 이 책을 통해서 조종사들 중 단 한 명이라도 자신이 하고 있는 오늘의 비행을 한번쯤 무심코라도 되돌아볼 수 있는 순간을 가졌다면 그것만으로도 난 이 책이 가진 존재의 의미는 충분하다고 생각한다. 내가 이렇게 말할 수 있는 건, 본의 아니게 한국이 아닌 외국에서 한국과 다를 수 있는 많은 걸 보고 느꼈기 때문이다. 이러한 비행의 다양성을 느끼면서 조종사는 어떠해야 하는지 그 단순한 궁금함에 대한 해답을 찾았기 때문이다.

비행 전 walkaround를 하면서 비행기를 만져 본다. 어떤 때는 비행기가 힘들어하는 것 같기도 하고 어떤 때는 못된 망아지처럼 들썩대는 느낌을 받을 때도 있다. 그리고 토닥거려 준다. 그냥 내가 느끼는 거다. 이 순간만큼은 하늘에서 운명을 같이해야 하는 나의 비행기, 'My airplane'이기 때문이다. 잘 부탁한다는 뜻이기도 하다. 물밀듯이 밀려드는 승객들에 밀리고 치이는 객실 승무원들을 보면서 애처로워 하다가도 말도 안 되는 일들이 객실에서 일어나면 한숨이 절로 나오기도 하지만, 그래도 그들은 내가 챙기고 그리고 내가 아껴야 할 나의 승무원들, 'My crews'이다. 비행을 마치고 나면 나는 cockpit에서 나와 승객들이 떠난 빈자리들을 조용히 둘러본다. 승객들이 떠난 빈 객실을 보면 비행 내내 그들이 어떻게 시간을 보냈는지 짐작할 수 있다. 어떤 이는 조용히 잠만 잤을 것이며 또 어떤 이는 아이들에 시달려 밥도 제대로 못 먹었을 것이다. 그들이 있기에 우리 조종사가 존재하는 것이다. 그렇지 않은가? 그래서 그들의 비행을 행복하게 만들고 싶어진다. 나의 승객들, 'My passengers'이기 때문이다.

이 책의 제목이 '飛行의 定石, 하늘을 나는 방법' 이 아닌 '飛幸의 精石, 행복한 비행을 위한 마음가짐'인 이유가 여기에 있다. 그들의 비행을 행복하게 만들기 위한 우리 조종사의 마음가짐이라는 의미이다. 그리고 그 행복한 비행의 주어에는 여러분도 포함되어 있다.

2019년 여름 캐나다 토론토에서

# 비행(飛幸)의 정석(精石)

ⓒ 정성조, 2020

초판 1쇄 발행 2020년 2월 12일

지은이      정성조
펴낸이      이기봉
편집        좋은땅 편집팀
펴낸곳      도서출판 좋은땅
주소        서울 마포구 성지길 25 보광빌딩 2층
전화        02)374-8616~7
팩스        02)374-8614
이메일      gworldbook@naver.com
홈페이지    www.g-world.co.kr

ISBN    979-11-6536-115-0 (93550)

이 도서의 국립중앙도서관 출판예정도서목록(CIP)은 서지정보유통지원시스템 홈페이지(http://seoji.nl.go.kr)와 국가
자료공동목록시스템(http://www.nl.go.kr/kolisnet)에서 이용하실 수 있습니다. (CIP제어번호: CIP2020003906)